台科大 since 1997

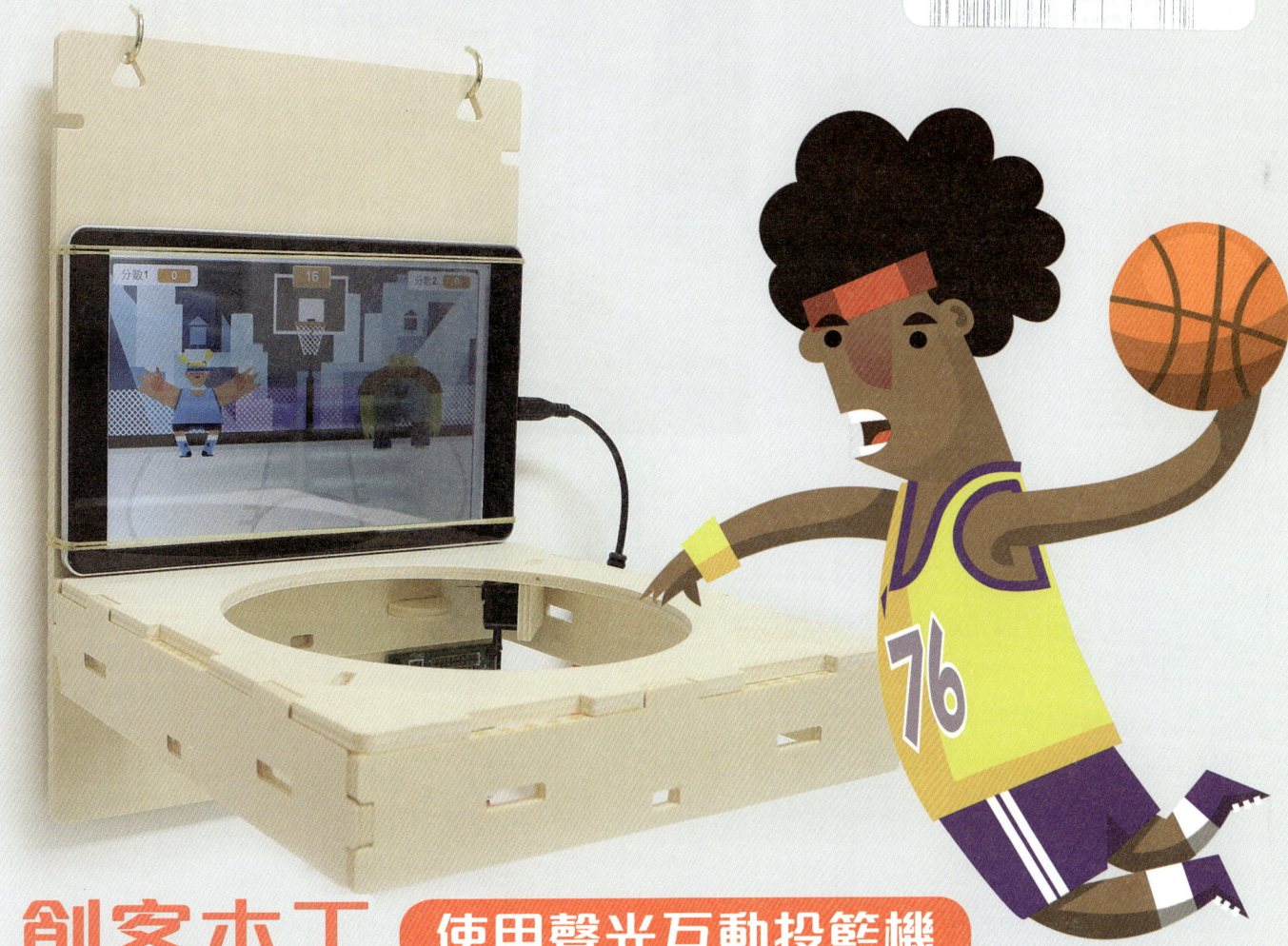

創客木工 使用聲光互動投籃機
結合 3D Onshape 建模
含雷雕製作
與 Scratch 3.0 程式設計

廖宏德（硬漢爸）・張芳瑜　編著

為方便讀者學習，本書提供程式範例檔案，請至本公司網站「MOSME 行動學習一點通」（mosme.net）下載，請直接於首頁的搜尋欄輸入本書相關字（例如：書號、書名、作者）進行書籍搜尋，尋得該書後即可在「學習資源」下載檔案。

Preface
前言

　　「投籃機」是一種十分受年輕人歡迎的室內休閒遊戲機台，常設置於各大賣場及遊樂場，也常作復健器材使用。前幾年有一個實際案例：一位家住台中豐原，因中風造成半身癱瘓的老太太，由於兒子買了一組「投籃機」回家給她當復健器材，休養期間老太太的心肺功能及站立平衡都恢復的相當好，復健師認為由於「投籃機」提供分數視覺回饋與音效趣味，可以讓復健者因為得到成就感而慢慢增加運動強度與時間，讓手眼協調與身體平衡方面的復健進行的極有效率，相同的應用，套在幼童發展及發展遲緩的兒童身上也會有不錯的成效。

　　雖然投籃機優點甚多，但市面上一台投籃機的價格動輒四、五萬元起跳，就算用租賃方式也是所費不貲。此外，投籃機的體積相當龐大，一般家庭無法有足夠空間供放置，所以本書將教導讀者DIY製作一組方便好收納的「投籃機」。「投籃機」的製作方式充分考量到手作新手及老手，提供了初階、中階、進階等由簡入深的不同設計變化，以電控互動介面結合Scratch圖形化程式設計，讓新手能輕鬆理解並應用，進而打造出一台聲光特效優於市售版本的「投籃機」。

> 創客精神就是一種不安於固定框架的創新行為
> 因為不想跟別人一模一樣的基因使然
> 所以硬是要加入自己天馬行空的想法與做法
> 創造出一個獨一無二、更棒的作品

目錄　Contents

主題 1　聲光互動投籃機的組裝

02 >> 內容豐富材料包，瞧瞧箇中玩意兒！
　　　聲光互動投籃機套件材料清單

04 >> 小小板子學問大，仔細端詳探究竟
　　　電控板功能簡介

07 >> 按部就班再加點創意，你的專屬投籃機就完成囉！
　　　聲光互動投籃機套件組裝步驟
　　　　07　單機組裝　　15　多機組合

主題 2　Scratch 帳號申請與介面認識

24 >> 人人都在玩 Scratch！真有這麼夯？
　　　電子積木 Scratch 簡介

25 >> 跟著我做，Scratch 操作更得心應手！
　　　網路版使用帳號申請

29 >> 免上網，離線也能輕鬆學習！
　　　離線編輯器下載安裝

30 >> 小學生真的就能學會程式設計耶！
　　　Scratch 程式開發平台說明

41 >> 寫程式就像組積木一樣簡單喔！
　　　電子積木功能簡介

主題 3　互動遊戲程式設計

- 初階　52　>> 我可以做出跟遊樂場一樣好玩的投籃機耶！
  單人投籃機
- 初階　60　>> 我會活用自由落體數學公式寫遊戲程式喔！
  單人投籃機加強版
- 初階　72　>> 你在遊樂場看過可以雙人PK對戰的投籃機嗎？
  雙人對戰投籃機
- 初階　82　>> 哥不是在投籃，哥是在拯救世界和平！
  勇者鬥惡龍
- 中階　94　>> 末日火龍也不是吃素的，豈能輕易任人宰割呢！
  勇者鬥惡龍對戰版
- 中階　107　>> 你繫好安全帶了嗎？準備飛回宇宙、浩瀚無垠！
  火箭升空

主題 4　進階互動遊戲程式設計

- 進階　122　>> 跟夥伴一起進入黑暗森林探險，看誰先找出幽靈！
  魔鬼剋星
- 進階　135　>> 代誌大條了！幽靈的兄弟姊妹都來了，快找幫手來助陣！
  魔鬼剋星加強版
- 進階　146　>> 想當林書豪還是王建民呢？球在手上由你自己決定！
  棒球九宮格

主題 5　Onshape 繪圖軟體與激光寶盒介紹

- 162　>> 最受歡迎的3D建模平台，你一定不能錯過！
  網路版使用帳號申請
- 163　>> 動動手指，跟我一起體驗Onshape的創造魅力吧！
  繪圖軟體操作示範
- 183　>> 智能易用的專業雷射切割機，帶你實現Maker的無限可能！
  激光寶盒（Laserbox）介紹
- 202　>> 附錄　實作題參考解答

主題 1

聲光互動投籃機的組裝

「投籃機」是一種老少咸宜的休閒遊戲機台，從 8 歲至 80 歲都能入手遊戲。傳統的投籃機皆為單人輪流比賽，如果善用本「投籃機」的多重組合功能，加上 Scratch Board 強大且容易設計遊戲的優點，就能讓單純的投籃機發揮多種玩法，還能讓 1 至多人同時進行趣味比賽。除了傳統的投籃機玩法之外，還可以組成一套「大型投準九宮格」，更多的玩法就靠你天馬行空的想像力。

創客木工結合 3D Onshape 建模含雷雕製作與 Scratch 3.0 程式設計

>> 內容豐富材料包，瞧瞧箇中玩意兒！

聲光互動投籃機套件材料清單

時　　間：45～60 分鐘（單打投籃機套件組裝計算）
工　　具：木工膠、小十字起子、斜口鉗、透明膠帶、報紙（若干張）
使用技能：勞作組合

◯ iPOE 單打投籃機套件內容物

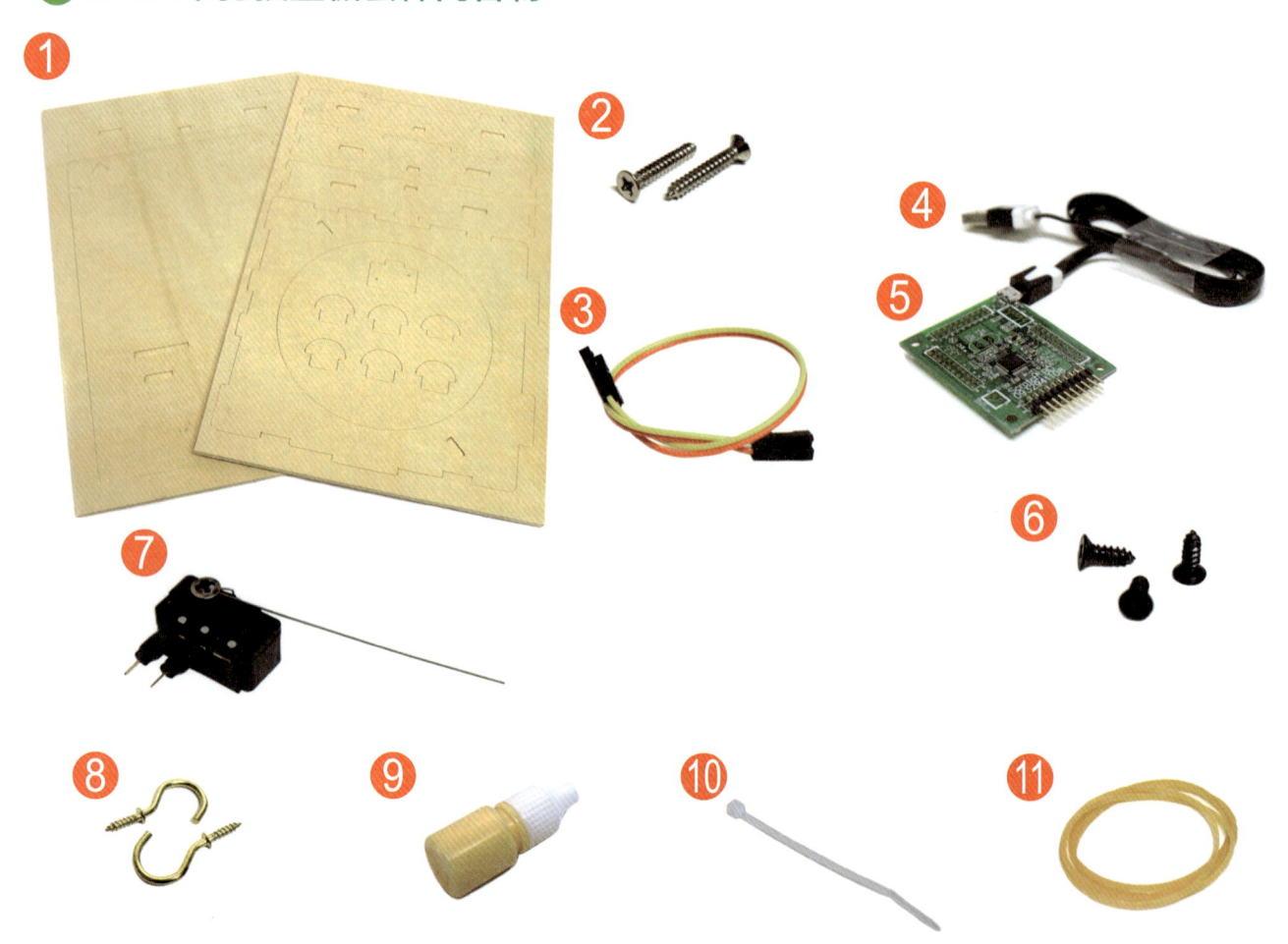

① 投籃機結構板（內有兩片）
② A 螺絲 2 顆
③ 母對母連接線 1 組（顏色以實際出貨為主，不影響功能）
④ USB 外接線 1 條
⑤ 電控板（Scratch Board）1 片
⑥ B 螺絲 3 顆
⑦ 感應開關 1 組
⑧ C 螺絲 2 顆
⑨ 木工膠 1 瓶
⑩ 束線帶 1 條
⑪ 橡皮筋 4 條

◎套件可洽勁園・紅動購買

主題 1　聲光互動投籃機的組裝

◯ iPOE 投籃機擴充機構包內容物

「單打投籃機套件」與「投籃機擴充機構包」的差別，在於擴充機構包沒有 Scratch 控制板，因此必須與單打投籃機套件連結才具備連接電腦或行動裝置遊戲的功能。

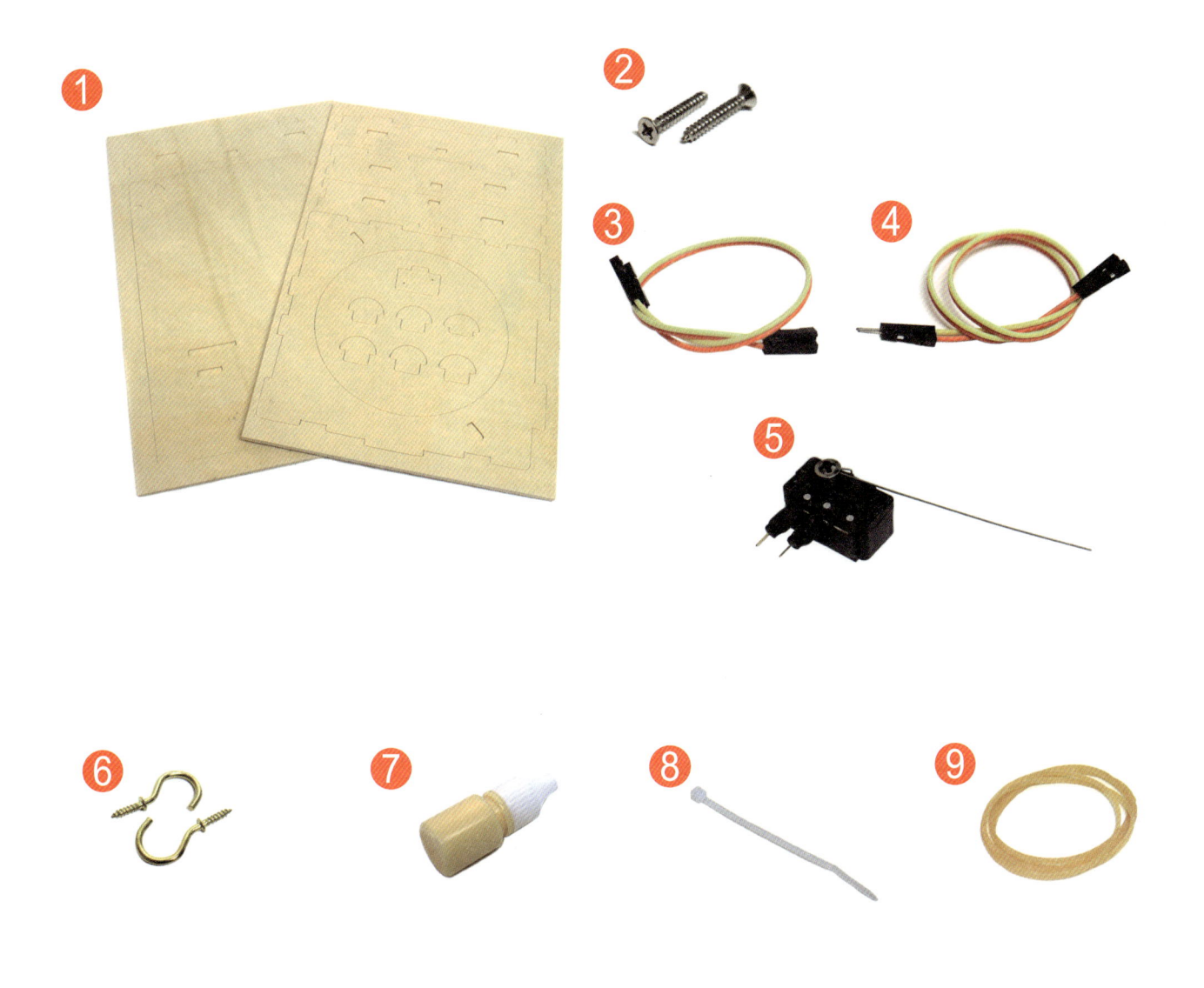

❶ 投籃機結構板（內有兩片）
❷ A 螺絲 2 顆
❸ 母對母連接線 1 組（顏色以實際出貨為主，不影響功能）
❹ 公對母延長連接線 2 組（顏色以實際出貨為主，不影響功能）
❺ 感應開關 1 組
❻ C 螺絲 2 顆
❼ 木工膠 1 瓶
❽ 束線帶 1 條
❾ 橡皮筋 4 條

◎套件可洽勁園‧紅動購買

>> 小小扳子學問大,仔細端詳探究竟
電控板功能簡介

本章節介紹偵測動作並轉換成電腦訊號的「電控板」(後續簡稱「Scratch Board」)。

Scratch 圖形介面程式開發者為麻省理工媒體實驗室終身幼稚園組,開發緣由是因為當時市面上沒有適合 8 歲小朋友應用的電控板,因此開發了 Scratch 來造福 8 歲以上無程式經驗初學者的學習。但是,也因為無程式經驗,初學者普遍無法理解為什麼要設定並連接 port?為什麼 USB 接頭拔掉後再接回去就不會動?為什麼電源接反可能會燒壞零件?即便是簡單搜尋路徑的操作,對初學者而言也是難事。基於以上理由,作者設計了一片不需基本電學基礎就能使用的「Scratch Board」,讓軟硬體整合設計門檻真正降低到能搭配 Scratch 創作,讓 8 歲以上的小朋友輕鬆上手學習。

□ Scratch Board 電控板及 USB 外接線

○ Scratch Board 介紹

為什麼「Scratch Board」能讓 8 歲的小朋友輕鬆上手學習呢?因為它具備以下特點:

1. 隨插即用免驅動程式(作業系統內建)。
2. 不需燒錄韌體。
3. 不用設定連接序列埠。
4. 感測元件正反端皆可插裝,不會燒毀。
5. 支援 USB 熱插拔,隨插即用。
6. 支援 Windows、Mac OS 與 Linux 作業系統。
7. 支援搭載 Android 系統智慧型手機與平板等行動裝置。

Scratch Board 電控板的功能說明與使用方式如下：

1. 電控板尺寸為 59mm（長）×47mm（寬）×10mm（高）。
2. 電控板最多可以有 41 組偵測接頭、1 個 USB 輸出接頭及 3 個螺絲固定孔。
3. 電控板作動方式是將「偵測開關」的動作反應轉換成「字元」輸出到電腦或行動裝置，對電腦或行動裝置端而言，電控板被視為是一個外接 USB Keyboard 裝置，由於作業系統已內建驅動程式，故不需再安裝驅動程式即可直接使用。
4. 「聲光互動投籃機標準套件」隨附的「標準版 Scratch Board 電控板」內建 10 組偵測接頭，可以直接控制 Scratch 程式，功能對照表如下：

接頭編號	功能說明
J5	提供標準 10 組字元（見上圖紅框標示）： 「1」、「2」、「3」、「4」、「5」、「6」、「7」、「8」、「9」、「0」輸出
CN1	Micro USB 輸出接頭

創客木工結合 3D Onshape 建模含雷雕製作與 Scratch 3.0 程式設計

◎ 進階版 Scratch Board 介紹

另有內建 40 組偵測接頭的「進階版 Scratch Board 電控板」可選購，請洽勁園‧紅動。

接頭編號	功能說明
J5	提供標準 10 組字元： 「1」、「2」、「3」、「4」、「5」、「6」、「7」、「8」、「9」、「0」輸出
J7	提供擴增 10 組字元： 「^（向上鍵）」、「V（向下鍵）」、「<（向左鍵）」、「>（向右鍵）」、「SP（空白鍵）」、「A」、「B」、「C」、「D」、「E」輸出
J4	提供擴增 10 組字元： 「F」、「G」、「H」、「I」、「J」、「K」、「L」、「M」、「N」、「O」輸出
J6	提供擴增 10 組字元： 「P」、「Q」、「R」、「S」、「T」、「U」、「V」、「W」、「X」、「Y」輸出
J3	預留字元「Z」輸出（可自行焊接使用）
CN1	Micro USB 輸出接頭

注意 由於「Scratch Board」是模擬 USB Keyboard 裝置訊號，因此使用時需將作業系統輸入法切換至「**英數輸入法**」，才能輸入 Scratch 可讀取的字元訊號。

主題 1　聲光互動投籃機的組裝

>> 按部就班再加點創意，你的專屬投籃機就完成囉！

聲光互動投籃機套件組裝步驟

◉ 單打投籃機套件「單機組裝」

1 拆開包裝，有兩片「**投籃機結構板**」。

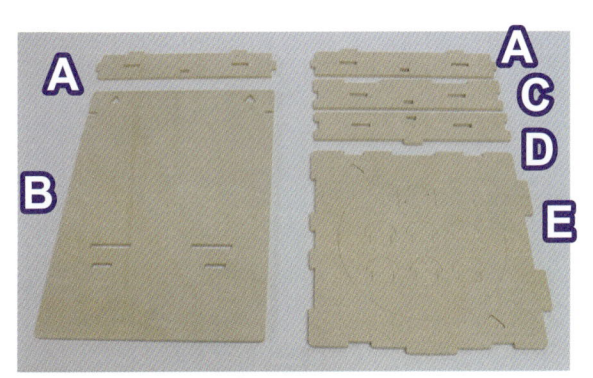

2 將「**投籃機結構板**」上所有零件片拆下，零件名稱如下：

- A. 左右支撐板　　　　　2 片
- B. 投籃機背板　　　　　1 片
- C. 後支撐板　　　　　　1 片
- D. 前支撐板　　　　　　1 片
- E. 投籃機面板 + 功能板　1 片
  （詳細說明如步驟 3）

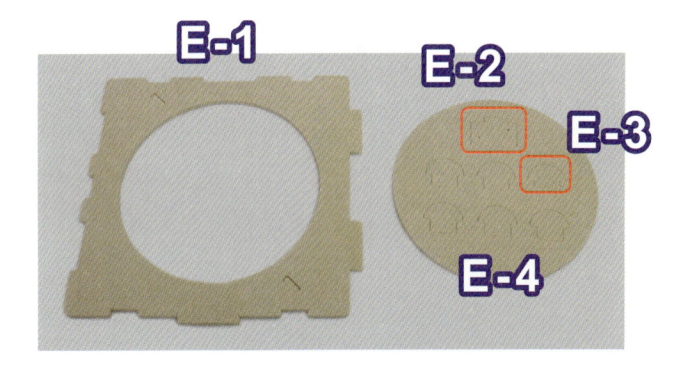

3 「**投籃機面板 + 功能板**」上所有零件名稱如下：

- E-1. 投籃機面板　1 片
- E-2. 開關固定板　1 片
- E-3. 短卡片　　　1 片（擴充功能使用）
- E-4. 長卡片　　　5 片

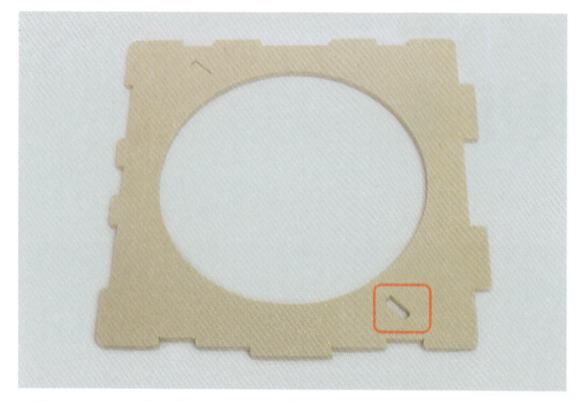

創客木工結合 3D Onshape 建模含雷雕製作與 Scratch 3.0 程式設計

4 將「（E-1）投籃機面板」紅框內的小木片取下。

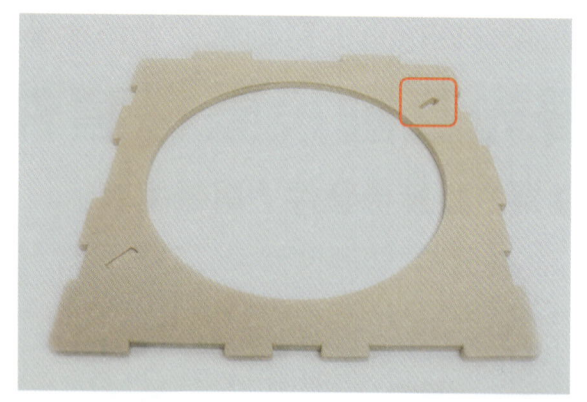

5 將「（E-1）投籃機面板」逆時針轉向 90 度。

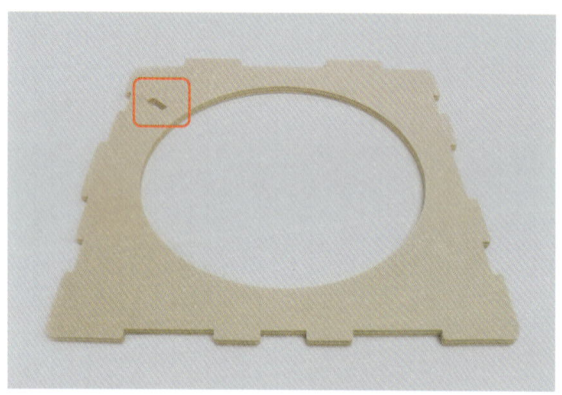

6 再將「（E-1）投籃機面板」翻面成上圖狀，準備加工。

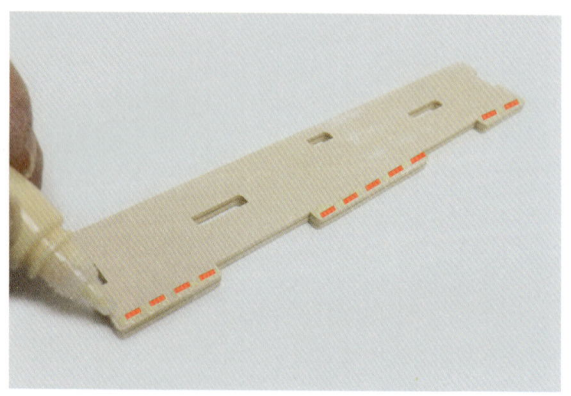

7 在圖中「（C）後支撐板」的紅色虛線位置塗上木工膠。

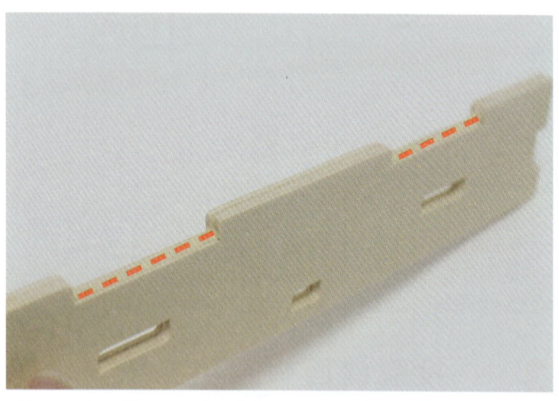

8 在圖中「（C）後支撐板」的紅色虛線位置塗上木工膠。

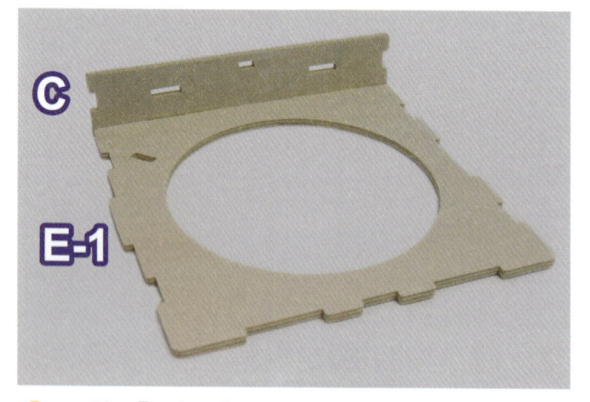

9 將「（C）後支撐板」放置在「（E-1）投籃機面板」後方。

主題 1　聲光互動投籃機的組裝

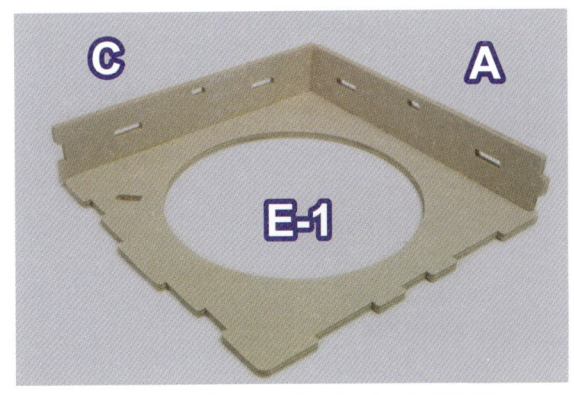

10 將 1 片「（A）左右支撐板」放置在「（E-1）投籃機面板」右方，放置前在零件接觸面都塗上木工膠。

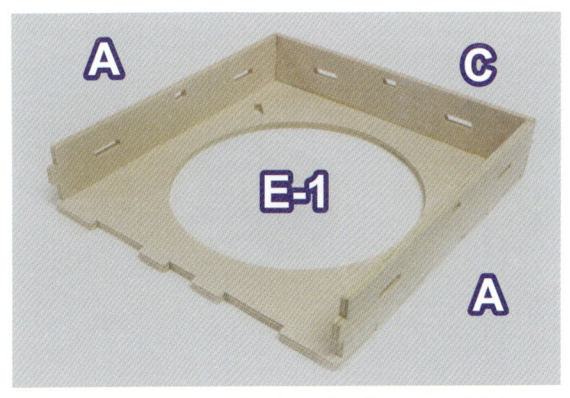

11 將另 1 片「（A）左右支撐板」放置在「（E-1）投籃機面板」左方，放置前在零件接觸面同樣塗上木工膠。

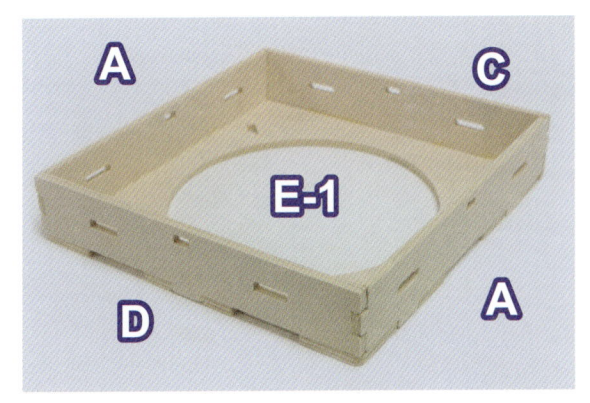

12 將「（D）前支撐板」放置在「（E-1）投籃機面板」前方，放置前在零件接觸面塗上木工膠。

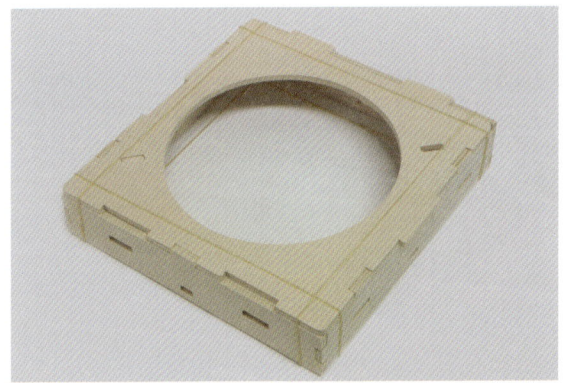

13 用 4 條橡皮筋將籃框四邊結構綁住固定，放置 15 分鐘，等待木工膠變乾定型。

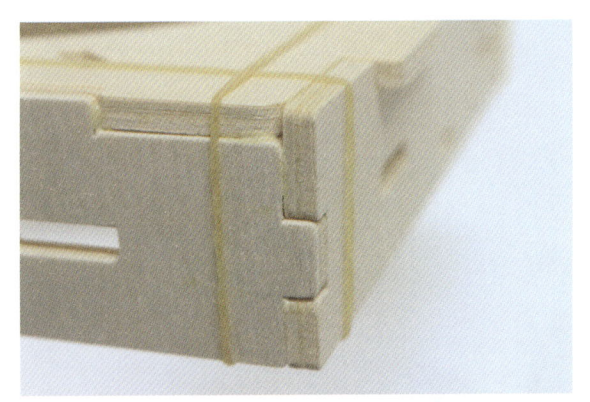

14 接續步驟 13，用 4 條橡皮筋將籃框結構四邊綁好後再加壓一下，讓各零件更密合。

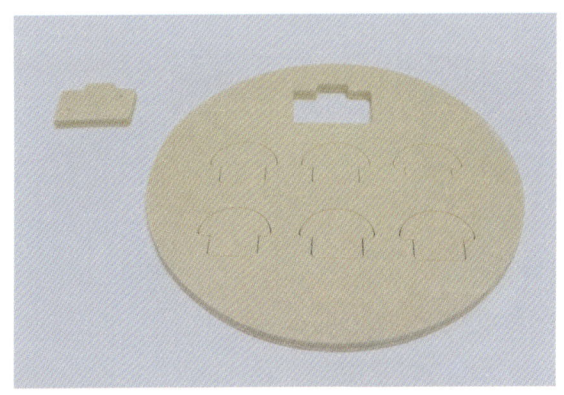

15 取下「（E-2）開關固定板」。

16 用 2 顆「**A 螺絲**」將感測開關固定在「**（E-2）開關固定板**」上。組裝時請注意 A 螺絲不要鎖太緊，以免感測開關內部卡住。

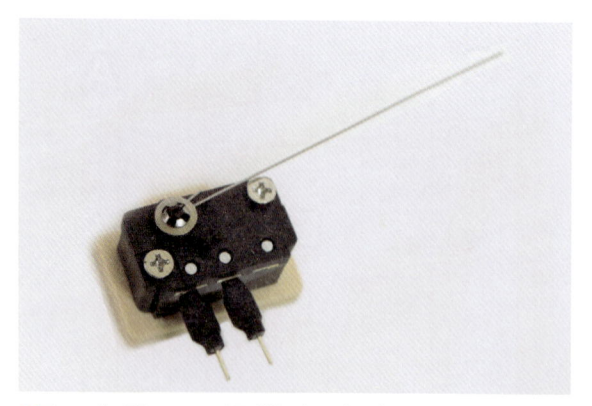

17 步驟 16 組裝完成後，如上圖所示。

18 按壓幾次感測開關測試，如果沒有出現「答答」彈跳聲，請將螺絲 A 轉鬆一點即可。

19 將「**（E-2）開關固定板**」放置在籃框結構內側，步驟 4 取下的長孔內，放置前在零件接觸面塗上木工膠。

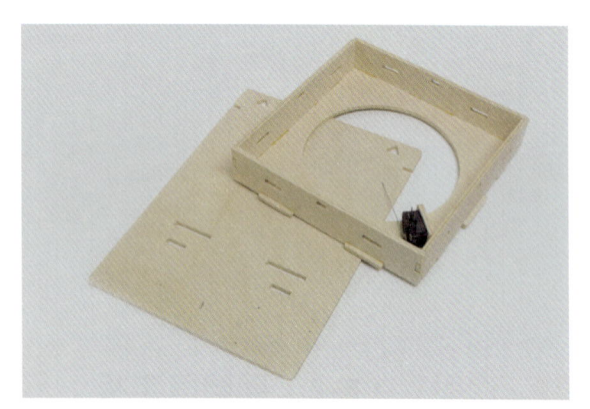

20 準備將「**（B）投籃機背板**」與籃框結構組合。

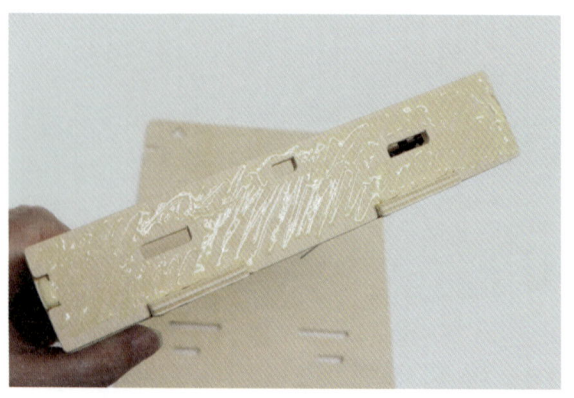

21 將「**（C）後支撐板**」整面塗上木工膠。

主題 1　聲光互動投籃機的組裝

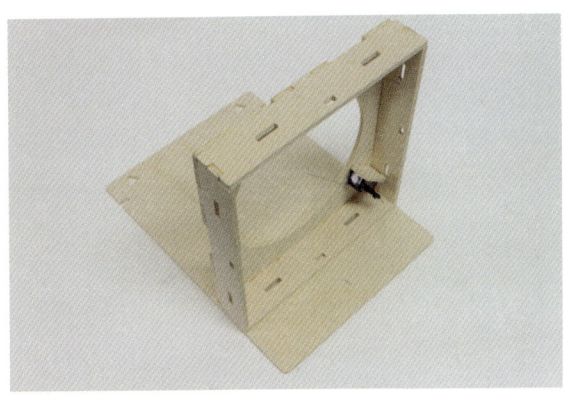

22 將「(B)投籃機背板」與籃框結構黏合。

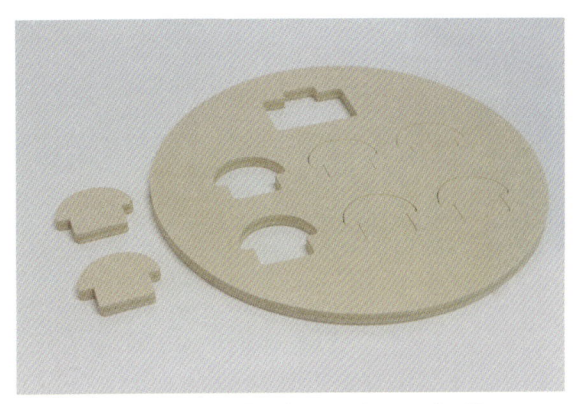

23 取下 2 片「(E-4)長卡片」。

24 將 2 片「(E-4)長卡片」尾端雙面塗上木工膠。

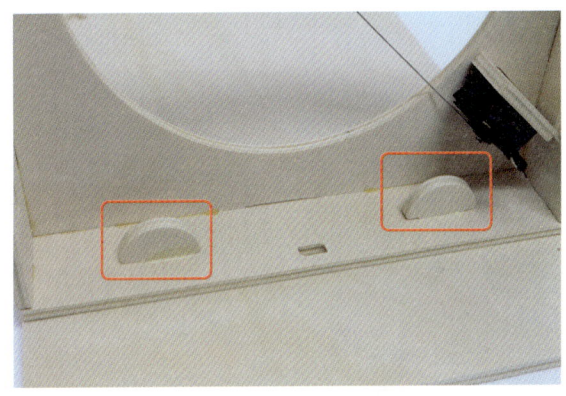

25 將 2 片「(E-4)長卡片」施力插入「(C)後支撐板」補強。

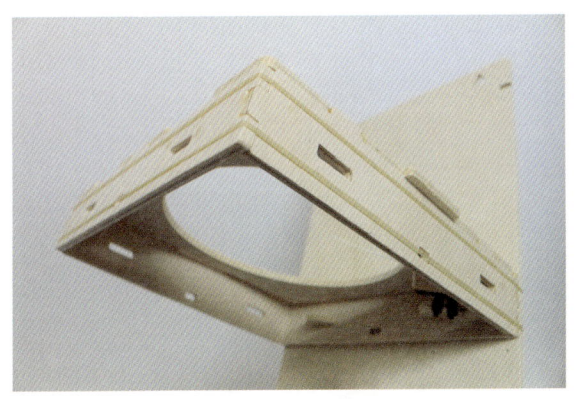

26 用 4 條橡皮筋將籃框結構與「(B)投籃機背板」綁住,放置 15 分鐘,等待木工膠變乾定型。

27 用 4 條橡皮筋將籃框結構與「(B)投籃機背板」綁好後再加壓一下,讓各零件更密合。

創客木工結合 3D Onshape 建模含雷雕製作與 Scratch 3.0 程式設計

28 用小十字起子將 3 顆「B 螺絲」固定電控板在「（B）投籃機背板」左下位置。

29 鎖入 B 螺絲時，以能將電控板固定即可，請避免將電控板鎖到彎曲變形。

30 將「**母對母連接線**」的兩條線插在上圖電控板上標註【1】字元的腳位（上下兩針為一組，須同時插入），連接線插入無方向性，正反皆可。

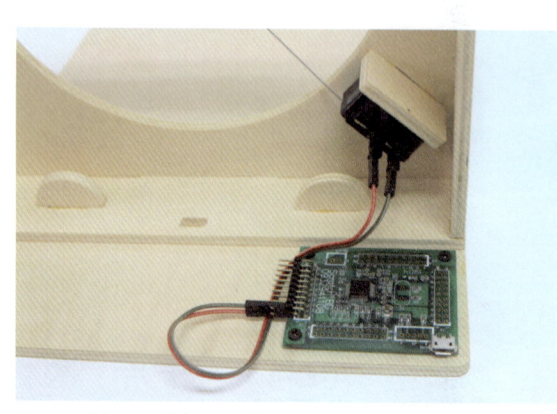

31 將母對母連接線插入感測開關腳位，插入針腳位置無方向性，正反皆可。

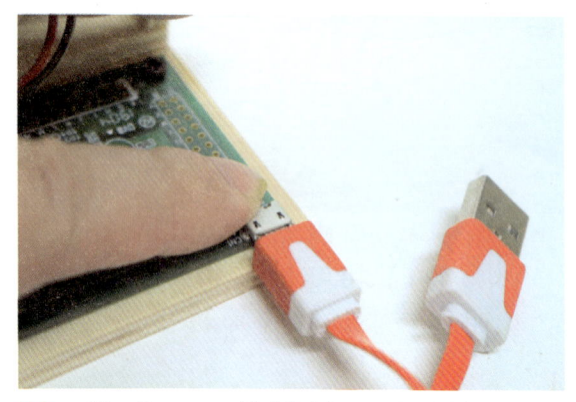

32 將「**USB 外接線**」小頭插入電控板的 Micro USB 接頭，插槽有方向性，若方向錯誤請勿強行插入，另外插入時用手指壓住 Micro USB 接頭，以免施力過大造成接頭剝離斷裂。

33 步驟 32 USB 外接線插入完成狀。

主題 1　聲光互動投籃機的組裝

34 使用一張報紙捏成蓬鬆圓球狀。

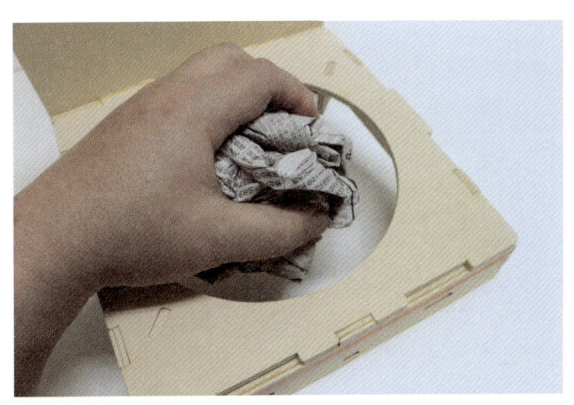

35 與籃框比較大小，確認球的大小投入籃框時可以碰觸到感測開關組，一顆球大約使用一張報紙即可。

36 使用透明膠帶將球纏繞成形，可以多捏幾個球同時遊戲。

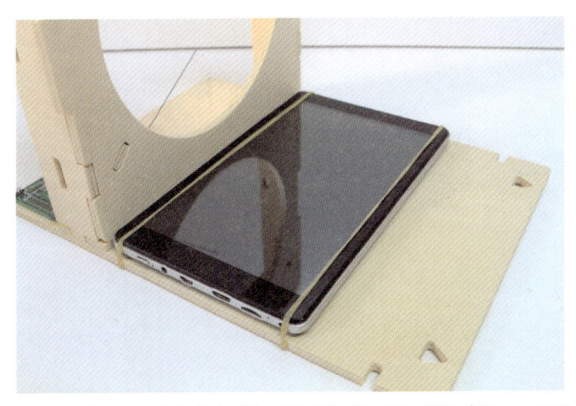

37 如果要連接行動裝置遊戲，可以將裝置放在背板上，並用橡皮筋固定。

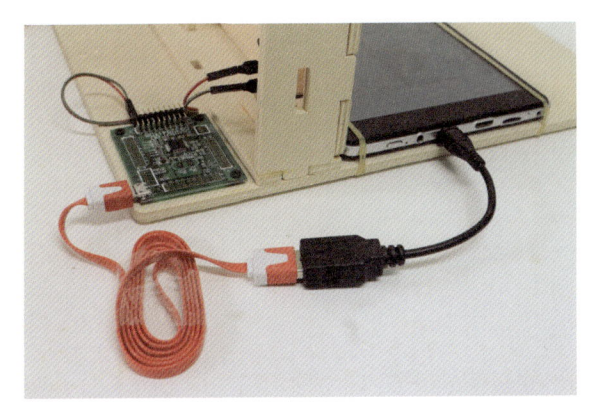

38 使用轉接線連接 USB 外接線與行動裝置。

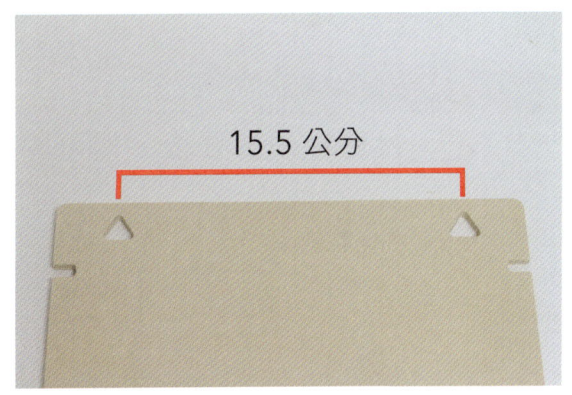

39 「（B）投籃機背板」上方吊掛孔間距為 15.5 公分。

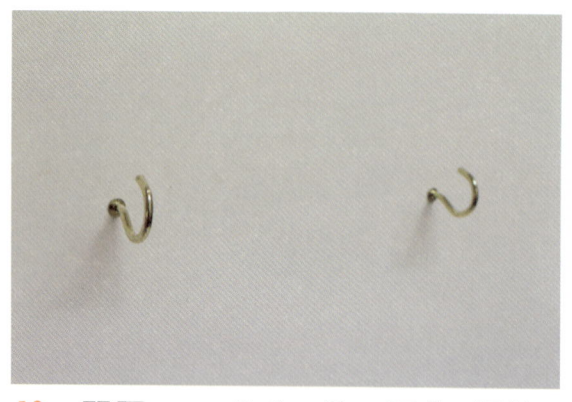

創客木工結合 3D Onshape 建模含雷雕製作與 Scratch 3.0 程式設計

40 間隔 15.5 公分，將 2 顆「**C 螺絲**」固定在木質支架或木板材質之穩定處上。

41 放上投籃機後可以將 C 螺絲轉向，以確保投籃機不會在遊戲中脫落。

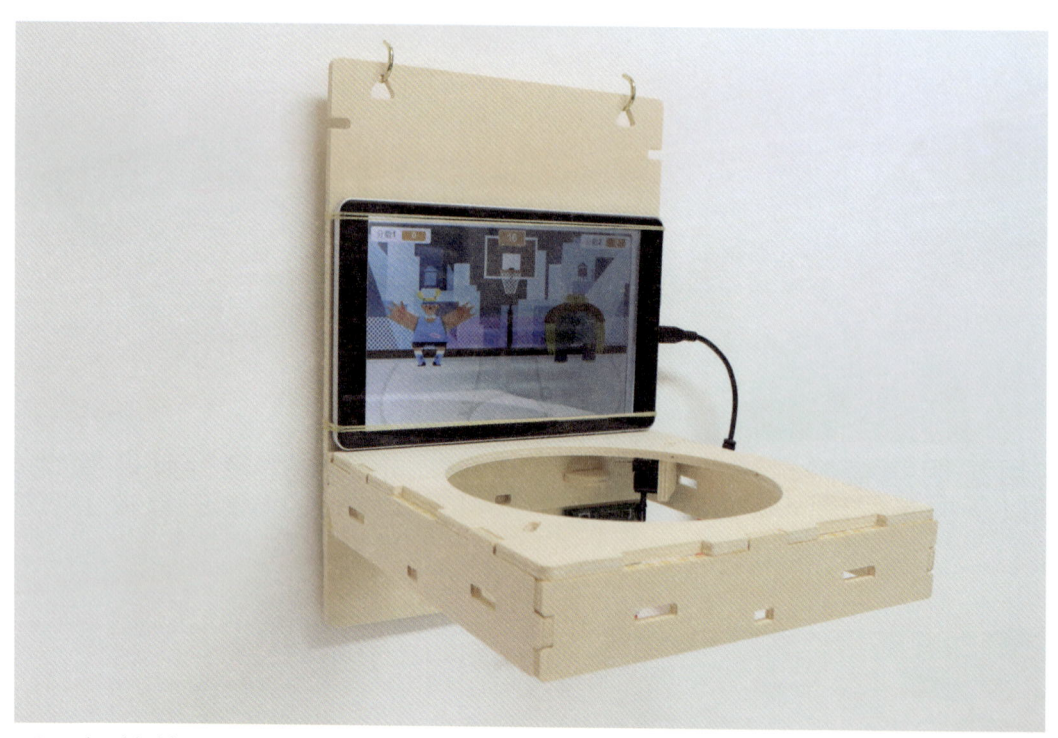

42 投籃機吊掛好後，即可開啟投籃程式開始遊戲。

主題 1　聲光互動投籃機的組裝

⬤ 投籃機標準套件「多機組合」

- **兩組投籃機互連方式（一）：兩組「單打投籃機套件」互連**

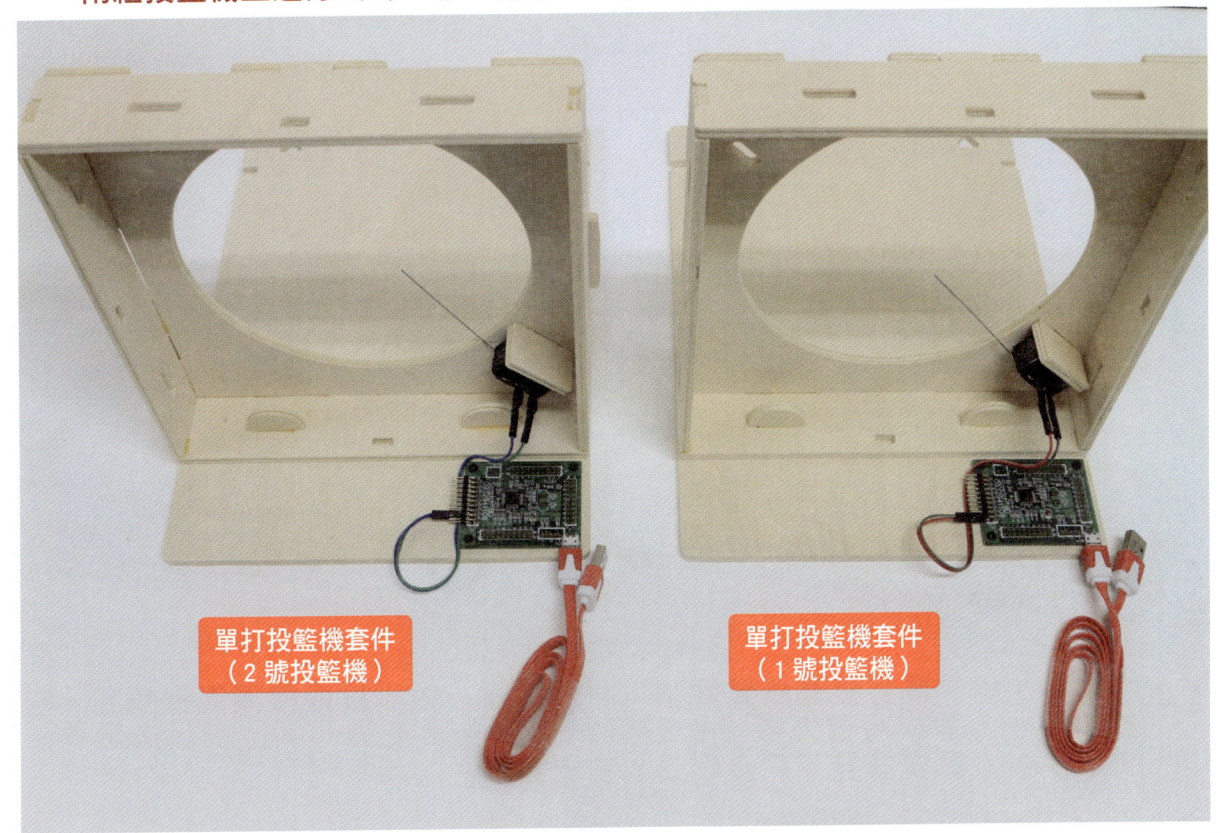

單打投籃機套件
（2 號投籃機）

單打投籃機套件
（1 號投籃機）

1 如果兩組「單打投籃機套件」互連，可以直接將兩組投籃機的「**USB 外接線**」同時接到電腦，或是先接到 USB Hub 再轉接到電腦，不過連接到電腦前，需先完成下列步驟 2、步驟 3 的設定作業。

2 設定步驟 1 圖中右方為「**1 號投籃機**」，感測開關組維持連接在電控板上【1】字元腳位。

3 設定步驟 1 圖中左方為「**2 號投籃機**」，感測開關組變更連接到電控板上【2】字元腳位。

如果要再互連多台投籃機，只要重複步驟 2、步驟 3 方式，將感測開關組變更連接到電控板上【3】～【0】字元腳位即可。

- **兩組投籃機互連方式（二）：1 組「單打投籃機套件」與 1 組「投籃機擴充機構包」互連**

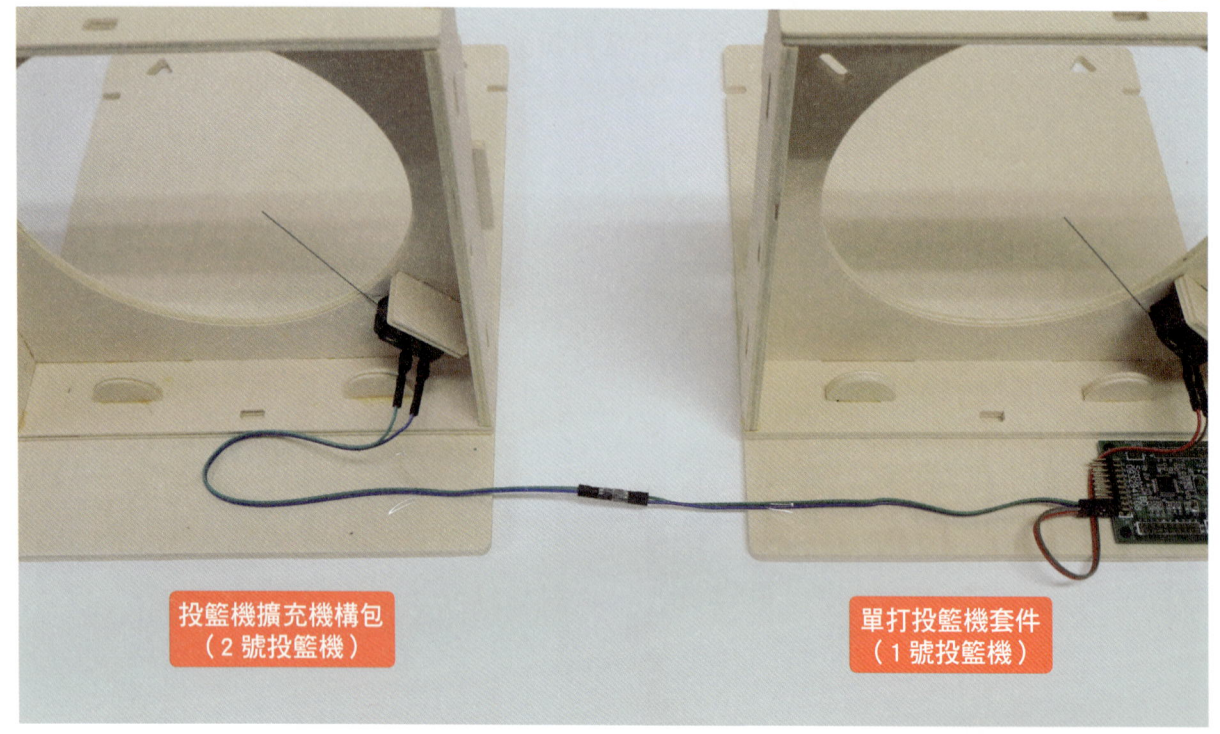

投籃機擴充機構包
（2 號投籃機）

單打投籃機套件
（1 號投籃機）

1 如果將 1 組「**單打投籃機套件**」（右邊）與 1 組「**投籃機擴充機構包**」（左邊）互連，需先將擴充機構包的感測開關組連接到「單打投籃機套件」上的電控板，方式詳見下列步驟 2、步驟 3。

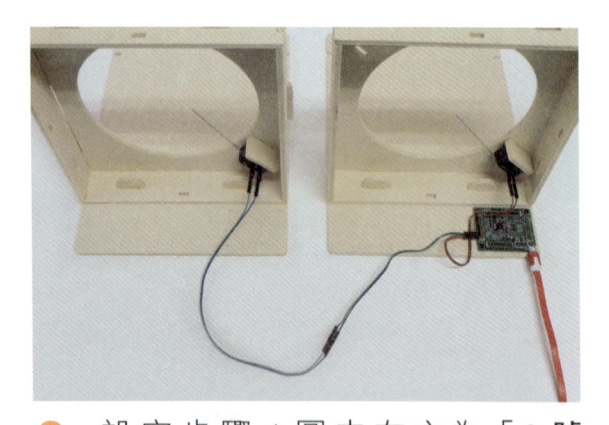

2 設定步驟 1 圖中左方為「**2 號投籃機**」，視所需間隔距離將感測開關組先連接「**公對母延長連接線**」，連接線可以先用透明膠帶固定。

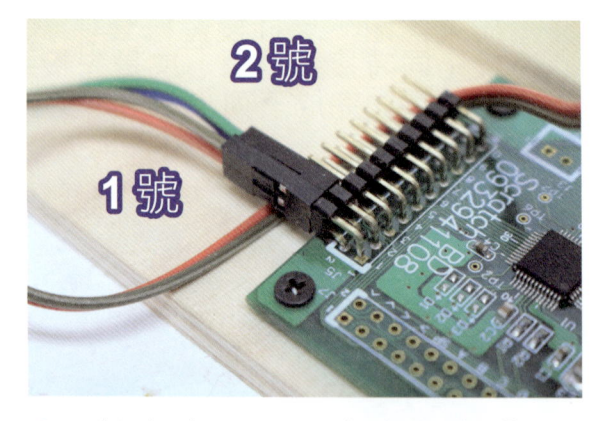

3 設定步驟 1 圖中右方為「**1 號投籃機**」，感測開關組連接到電控板上【1】字元腳位。左方的投籃機為「**2 號投籃機**」，感測開關組連接到電控板上【2】字元腳位。

如果要再互連多台投籃機，只要重複步驟 2、步驟 3 方式，將感測開關組連接到電控板上【3】～【0】字元腳位即可。

主題 1　聲光互動投籃機的組裝

- **九宮格：1 組「單打投籃機套件」與 8 組「投籃機擴充機構包」互連**

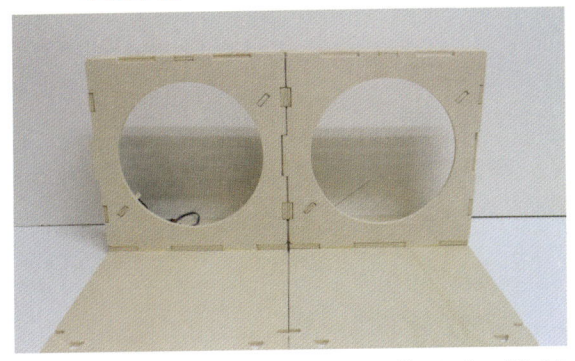

1 如前述，利用 1 組「**單打投籃機套件**」與 1 組「**投籃機擴充機構包**」互連，對接面先塗上木工膠。

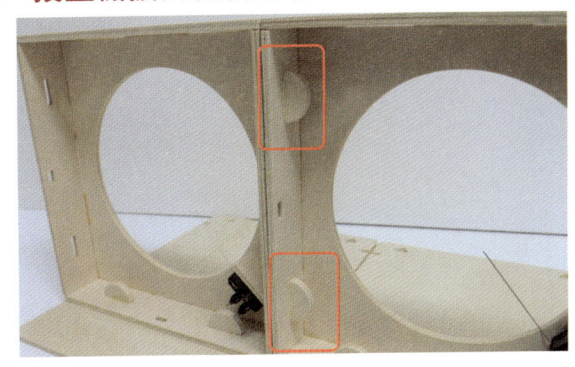

2 將 2 片「**（E-4）長卡片**」塗上木工膠後，施力插入對接孔補強。

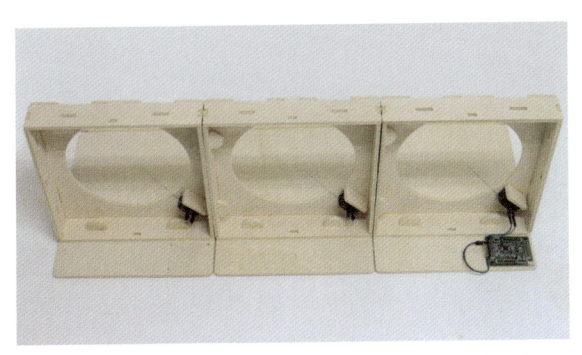

3 重複步驟 1、步驟 2，再組合 1 組投籃機擴充機構包。

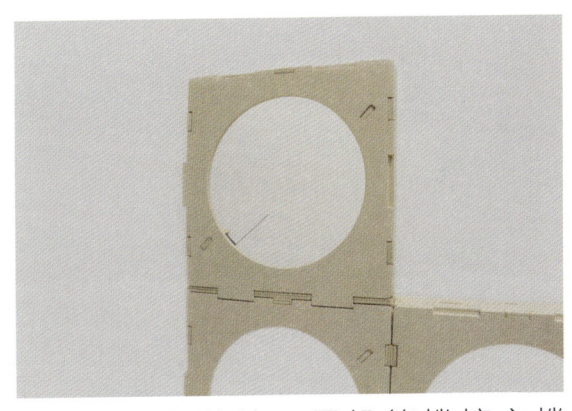

4 準備安裝第二層投籃機擴充機構包。第二層的 3 組投籃機擴充機構包不需安裝「**（B）投籃機背板**」。安裝前先在接觸面塗上木工膠。

5 將 2 片「**（E-4）長卡片**」尾端雙面塗上木工膠。

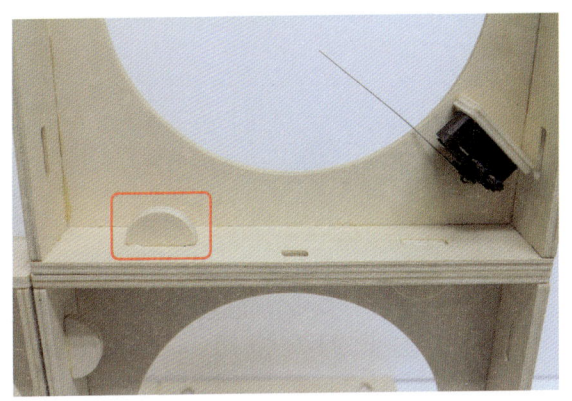

6 將 1 片「**（E-4）長卡片**」裝在上圖兩組投籃機左上側的補強口。

創客木工結合 3D Onshape 建模含雷雕製作與 Scratch 3.0 程式設計

7 將另一片「（E-4）長卡片」裝在上圖兩組投籃機右下側的補強口。

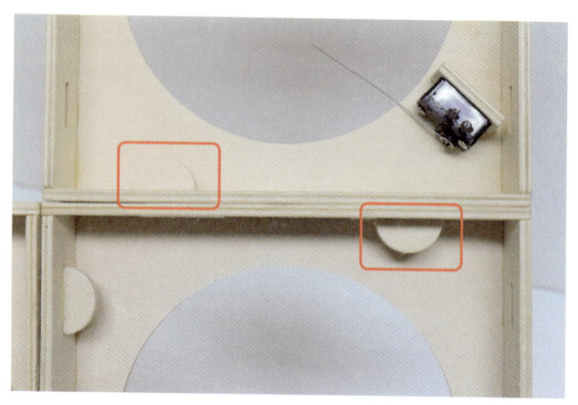

8 步驟 6、步驟 7 組裝完成狀。

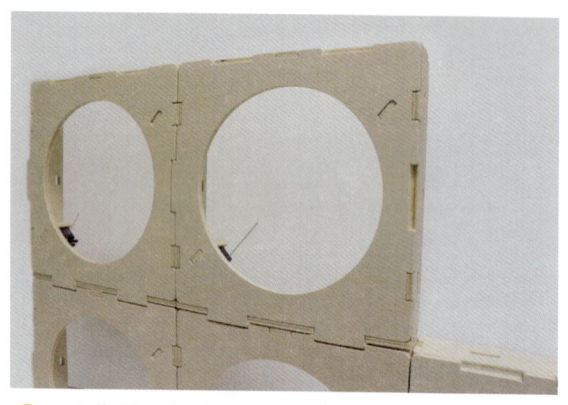

9 重複步驟 4～步驟 8，將第二層第 2 組「投籃機擴充機構包」組裝至上圖位置。安裝前先在接觸面塗上木工膠。

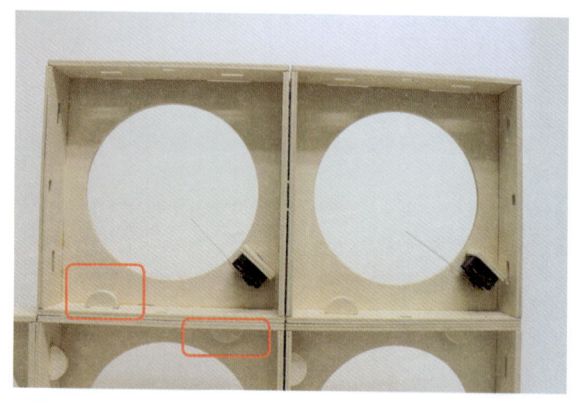

10 第二層第 2 組「投籃機擴充機構包」橫向組裝完成狀。

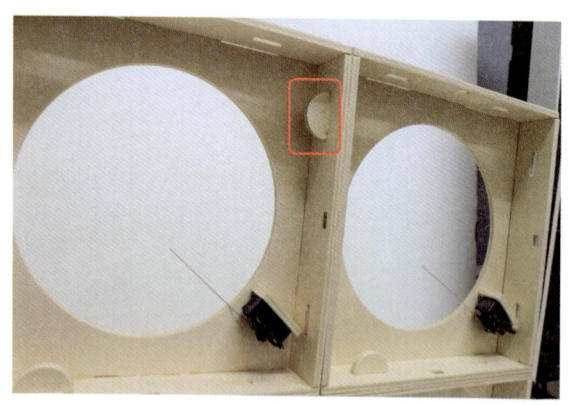

11 取 1 片「（E-4）長卡片」塗上木工膠，安裝在上圖兩組投籃機左上側的補強口。

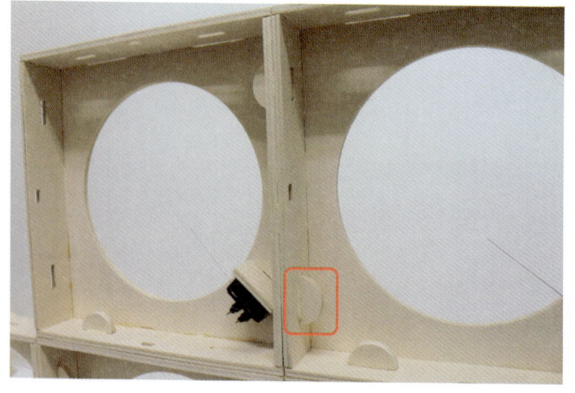

12 再取 1 片「（E-4）長卡片」塗上木工膠，安裝在上圖兩組投籃機右下側的補強口。

主題 1　聲光互動投籃機的組裝

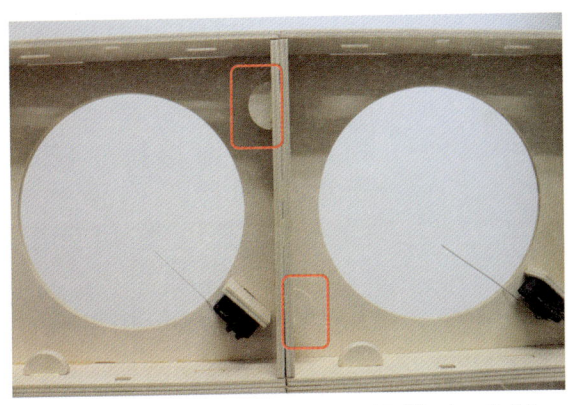

13 步驟 11、步驟 12 組裝完成狀。

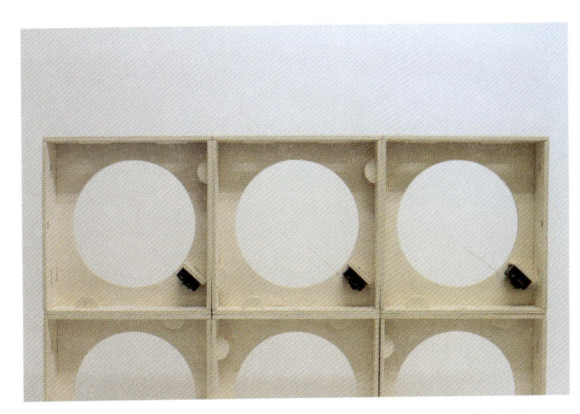

14 重複步驟 4～步驟 13，將第二層的 3 組投籃機擴充機構包安裝完成。

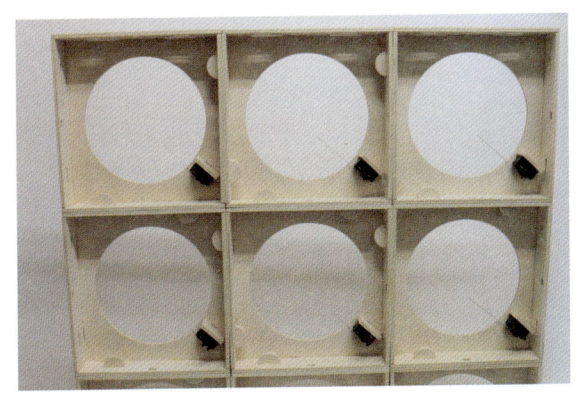

15 重複步驟 4～步驟 14，將第三層的 3 組投籃機擴充機構包安裝完成。

16 九宮格主結構的完成圖。

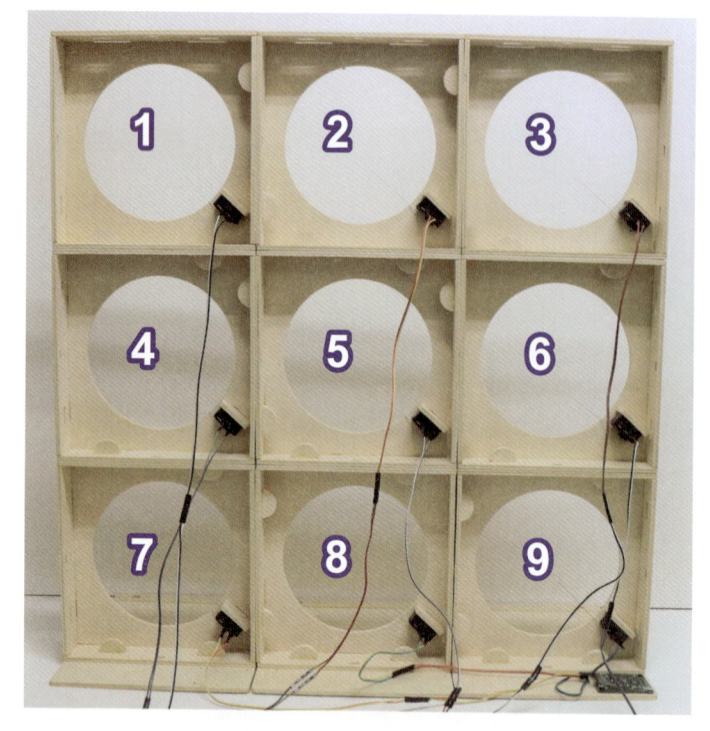

創客木工結合 3D Onshape 建模含雷雕製作與 Scratch 3.0 程式設計

17 將 9 條「**母對母連接線**」插入 9 組感測開關組針腳，視長度需求將「**公對母延長連接線**」接到母對母連接線作延長。插入針腳位置無方向性，正反皆可。

九宮格 9 組感測開關組對應輸入字元定義如左圖所示。

18 對照步驟 17 所示 9 組感測開關組輸入字元定義，連接線插在左圖標註電控板上對應【1】～【9】字元的腳位（上下兩針為一組，須同時插入），連接線插入無方向性，正反皆可。

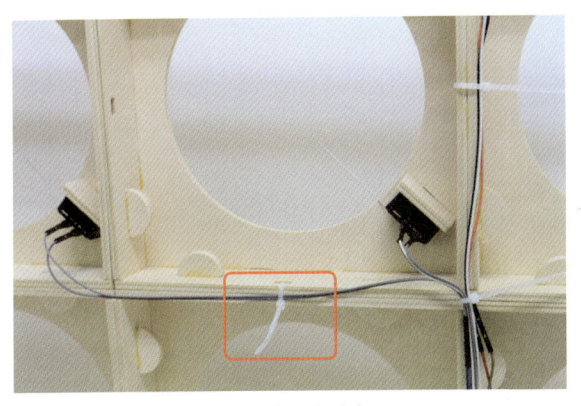

主題 1　聲光互動投籃機的組裝

19 用束線帶固定線材。

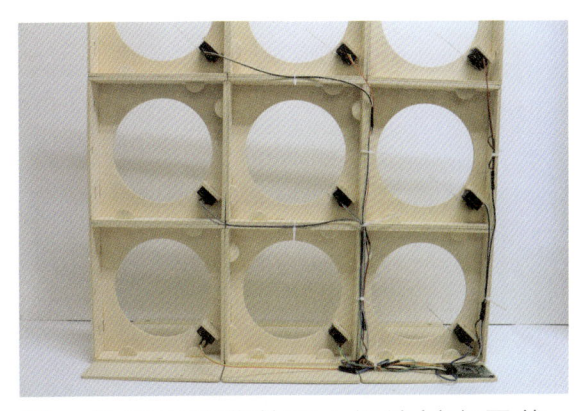

20 使用束線帶整理 9 組線材完畢狀。

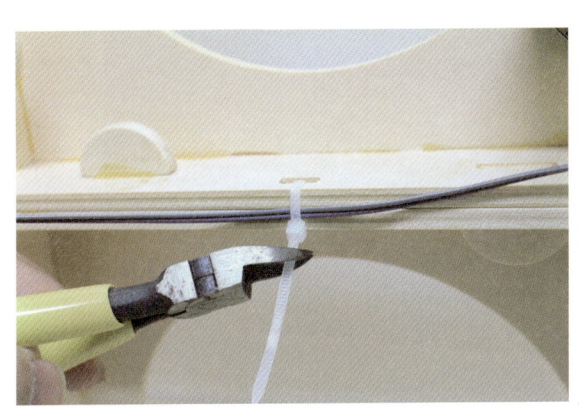

21 剪除束線帶多餘線頭。

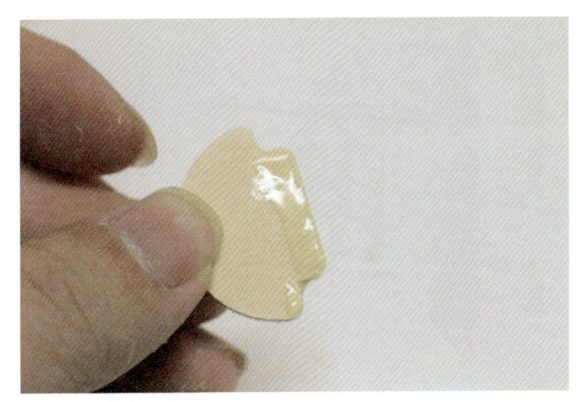

22 將 2 片「(E-3) 短卡片」尾端雙面塗上木工膠。

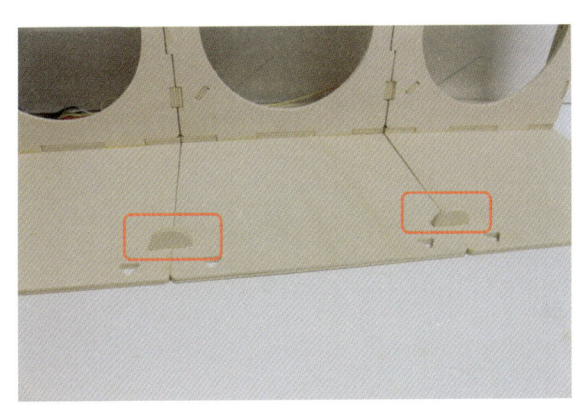

23 將 2 片「(E-3) 短卡片」插入「(B) 投籃機背板」補強。

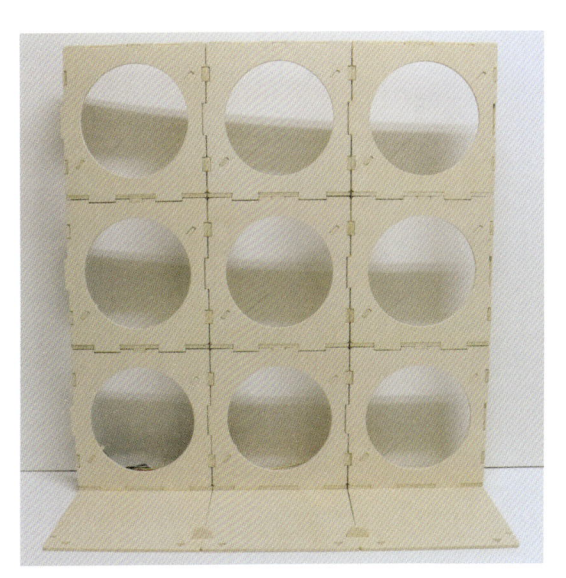

24 九宮格完成圖。

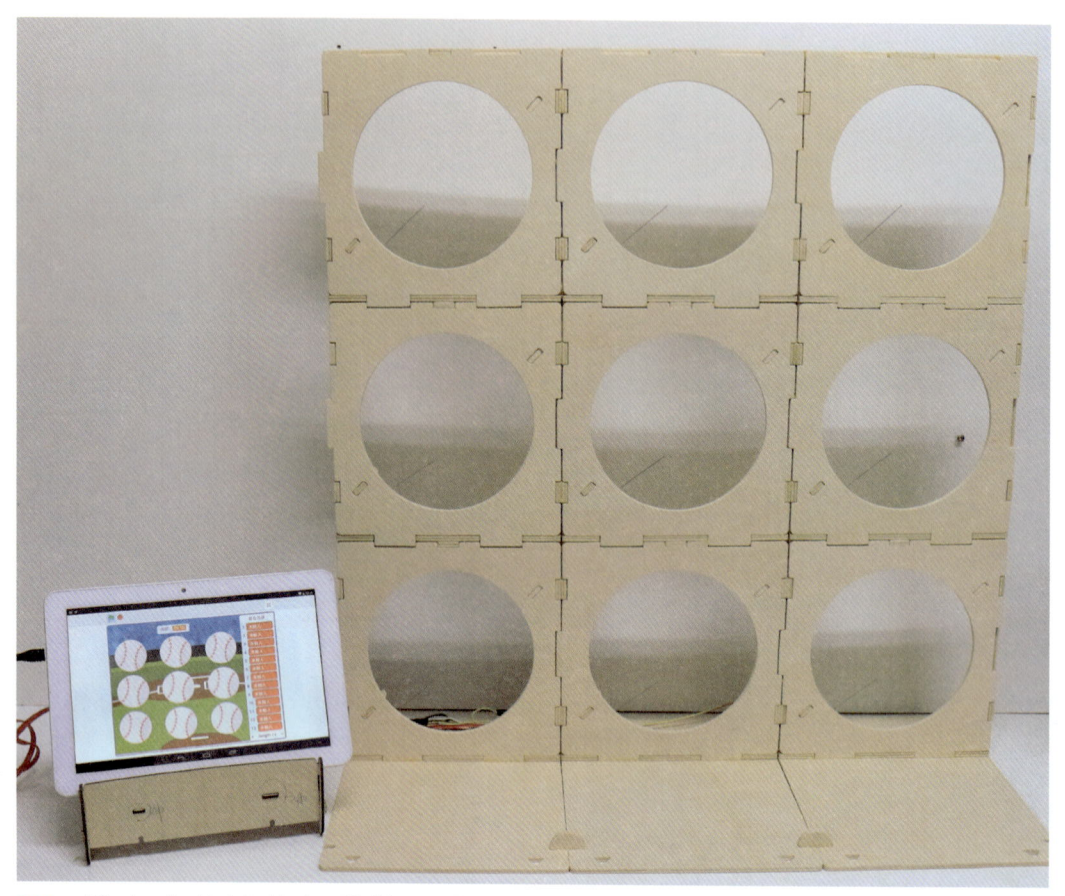

25 將九宮格連接行動裝置或電腦，開啟九宮格遊戲程式。

主題 2　Scratch 帳號申請與介面認識

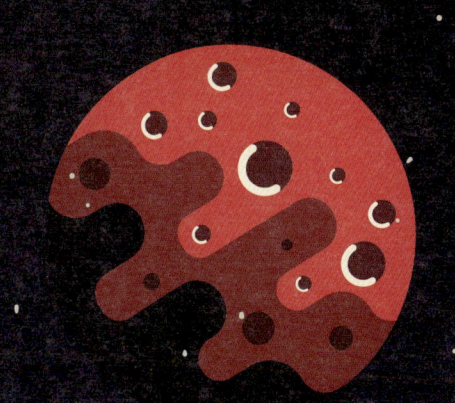

　　Scratch 從先前的 1.4 版本、2.0 版本，直到 2019 年 1 月 2 日已經正式發布 3.0 正式版，新版本採用 HTML5 編制，學習 Scartch 時，將可以在平台裝置與行動裝置作行動學習。

　　傳統學習程式設計，必須先熟背海量的程式指令和語法，直到 Scratch 出現後，才讓程式學習變得簡單，其中最受用的便是小學生及非程式設計本科的學生。透過 Scratch 輕鬆上手的特點，學生可學習程式設計前最重要的能力──程式邏輯與運算思維，後續再學習更專業的程式設計內容，從基礎開始，向下扎根。

　　接下來就跟著本書一步步學習，體驗全世界最多小學生都在學習的免費入門程式軟體──Scratch，讓每位大、小朋友都能輕鬆成為電腦遊戲設計師。

>> 人人都在玩 Scratch！真有這麼夯？
電子積木 Scratch 簡介

　　Scratch 是麻省理工媒體實驗室終身幼稚園組開發的一套物件導向程式開發平台，支援全球數十種語言，適合 8 歲以上程式設計初學者，無任何基礎也能輕鬆上手設計。透過滑鼠操作，簡單的拖曳「**電子程式積木**」（後續簡稱電子積木）、鍵盤簡單輸入數字與文字開始設計一個遊戲程式，過程中應用到數學運算與邏輯判斷，還可以依照自己的創意設計加入有趣的圖形、音效與音樂，在輕鬆的設計環境中以遊戲方式完成有趣的程式設計。

　　目前 Scratch 的最新版本為 3.0 版，Scratch 3.0 版可在 Windows、Mac OS、Linux 等系統平台上以瀏覽器直接開啟運行，此版本也解決了 2.0 版在 Android、iOS 行動裝置上不支援 Flash 而無法運行的問題，在 Scratch 中撰寫好的程式可以存放在 Scratch 雲端伺服器內，不受場地與設備限制，隨時連線、存取以體驗行動學習的便利。此外，官網上也匯集了世界各地創作者分享的程式供學習參考，十分方便。除了雲端網路編輯方式，使用者也可以選擇下載「離線編輯器」使用。

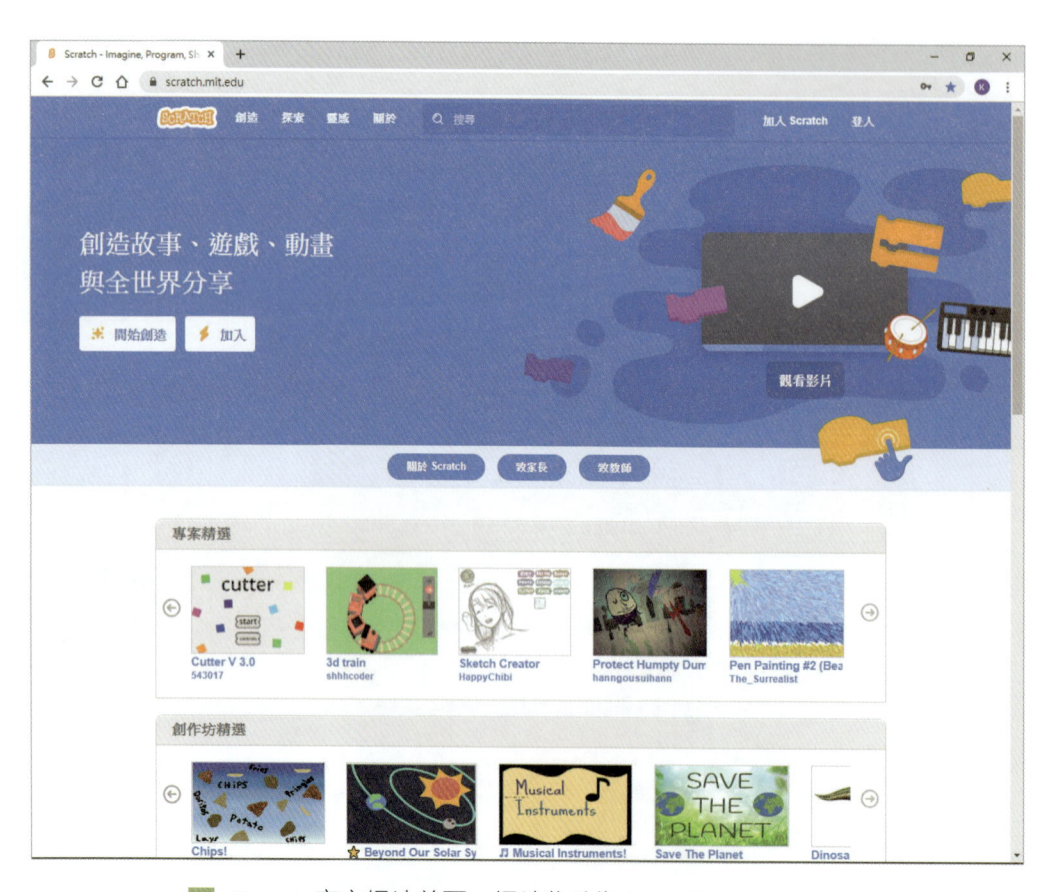

▢ Scratch 官方網站首頁，網站位址為 https://scratch.mit.edu/

主題 2　Scratch 帳號申請與介面認識

>> 跟著我做，Scratch 操作更得心應手！

網路版使用帳號申請

　　Scratch 3.0 版是一套免費使用的程式開發平台，只要在官網申請一組帳號，以後每次只需登入即可使用並將程式資料存放在雲端伺服器上，以下講解如何申請一組免費使用的帳號。

- **前置作業：首先確認要有一組 E-mail 信箱作為接收 Scratch 認證用。**

1 進入 Scratch 官網（https://scratch.mit.edu/）後點選右上角【加入 Scratch】。

2 依序輸入**用戶名稱 / 密碼 / 確認密碼**，完成後點選右下角【下一步】。

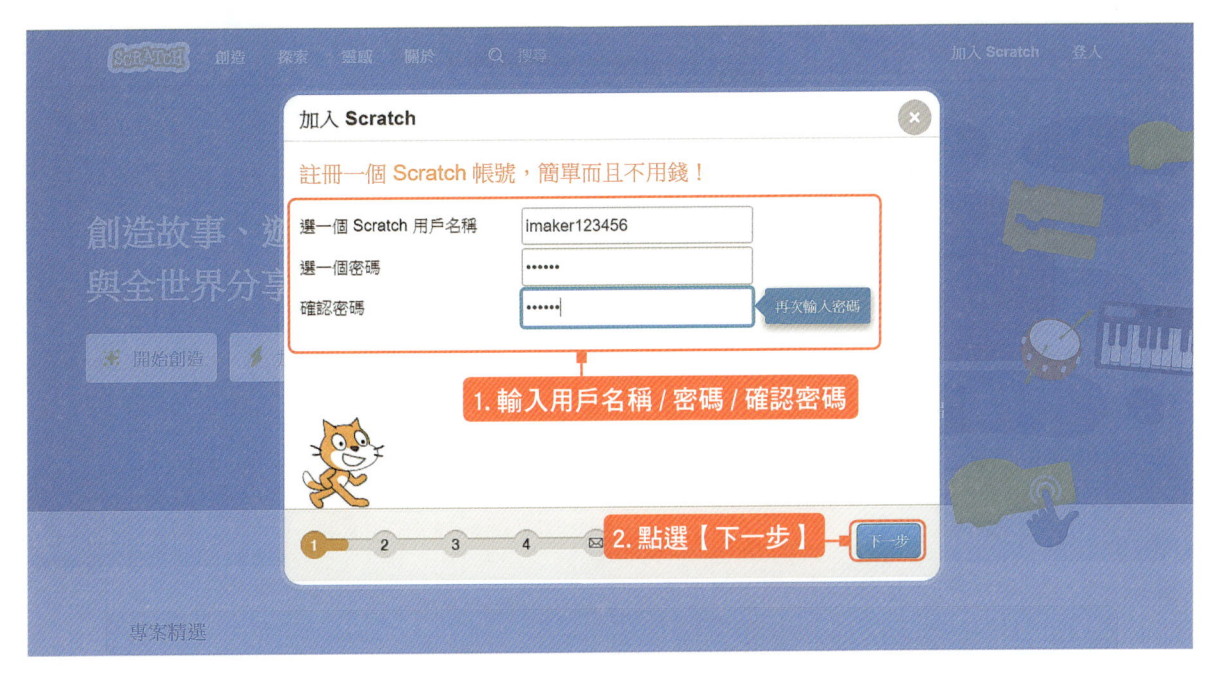

創客木工結合 3D Onshape 建模含雷雕製作與 Scratch 3.0 程式設計

3 依序輸入**出生年和月／性別／國家**，完成後點選右下角【下一步】。

4 依序輸入**電子信箱／確認信箱位址**，完成後點選右下角【下一步】。

主題 2　Scratch 帳號申請與介面認識

5 出現下圖訊息表示帳號申請完成，點選右下角【好了，讓我們開始吧！】。

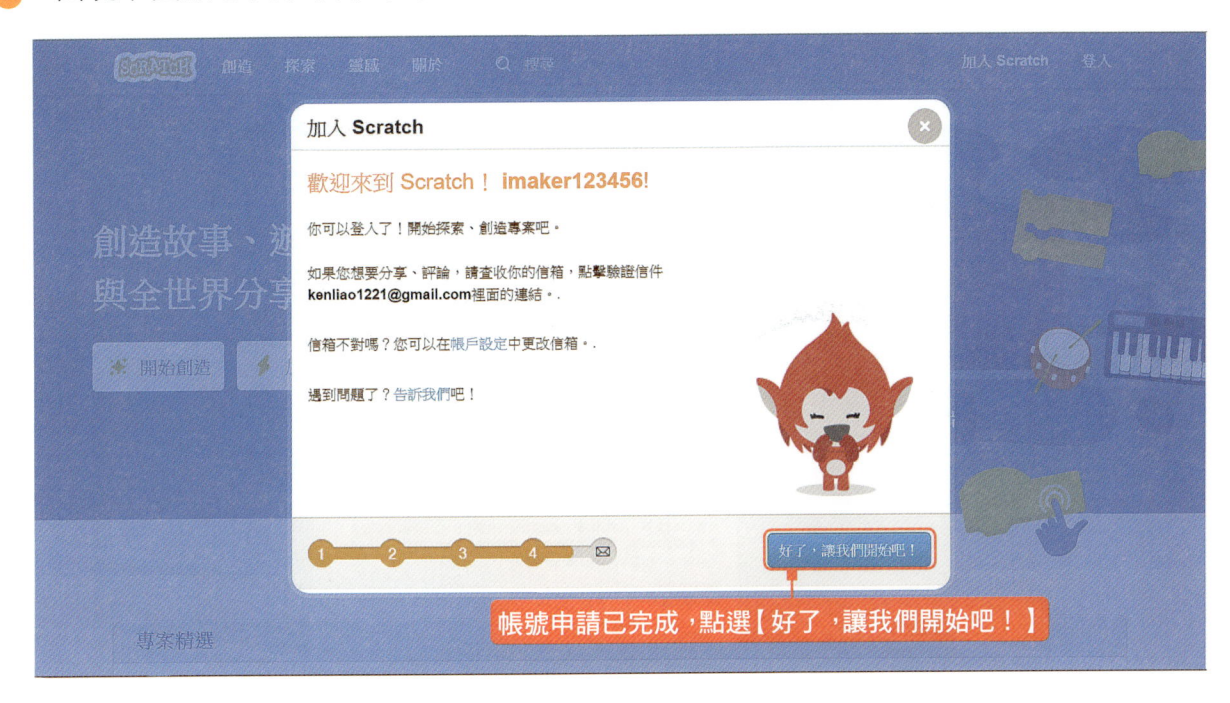

帳號申請已完成，點選【好了，讓我們開始吧！】

6 進入 E-mail 接收 Scratch 確認信件。

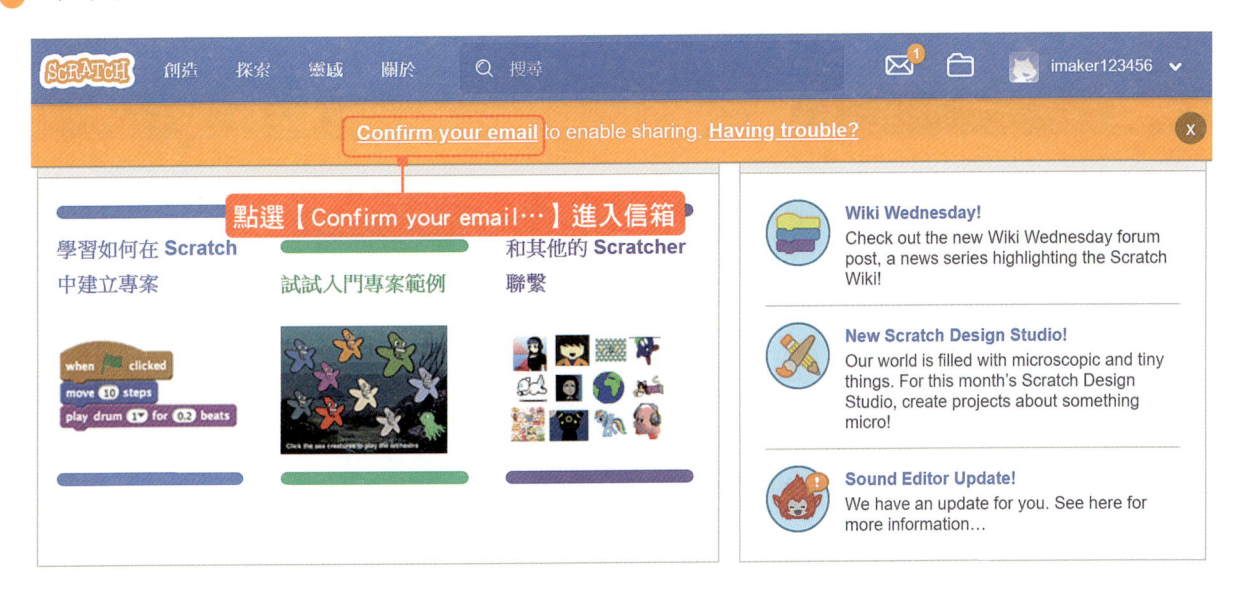

點選【Confirm your email…】進入信箱

創客木工結合 3D Onshape 建模含雷雕製作與 Scratch 3.0 程式設計

7 點選【驗證我的信箱】。

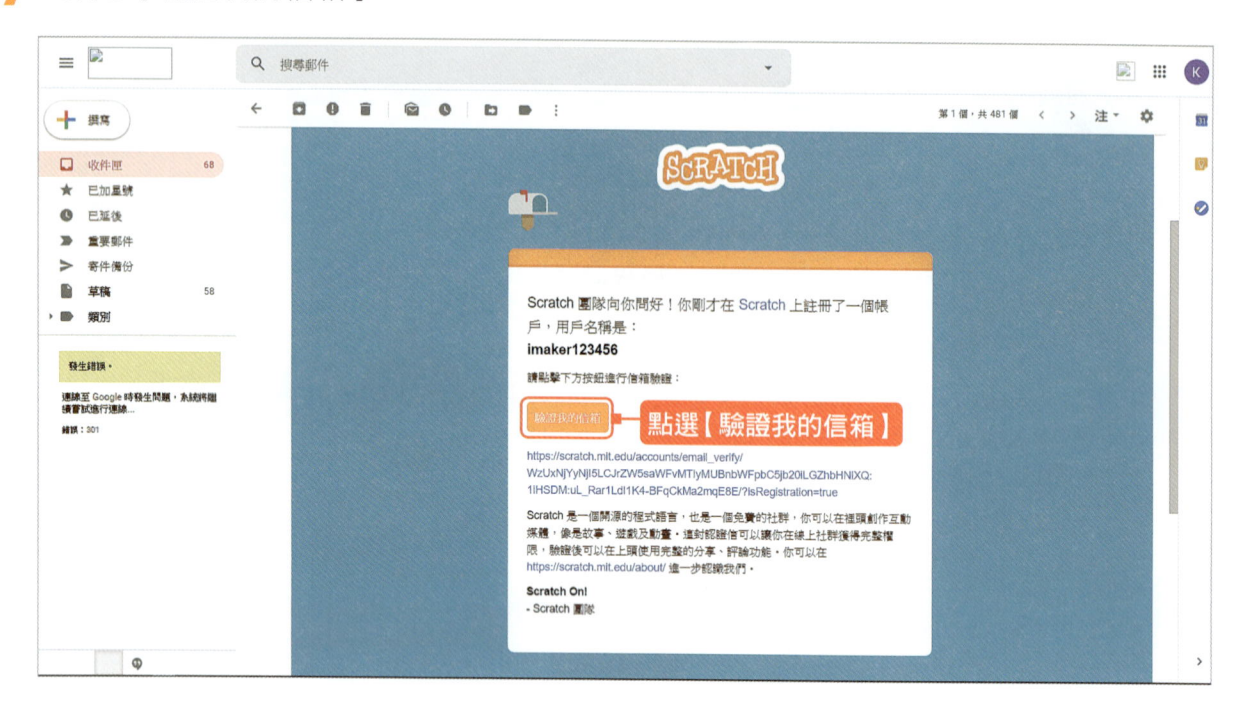

8 申請的用戶名稱將會出現在 Scratch 官網右上角（見紅框），可以開始使用 Scratch 程式開發平台。

主題 2　Scratch 帳號申請與介面認識

>> 免上網，離線也能輕鬆學習！
離線編輯器下載安裝

1 進入 Scratch 主頁後，將畫面滑動到最下方，點選【離線編輯器】（或【Download】）。

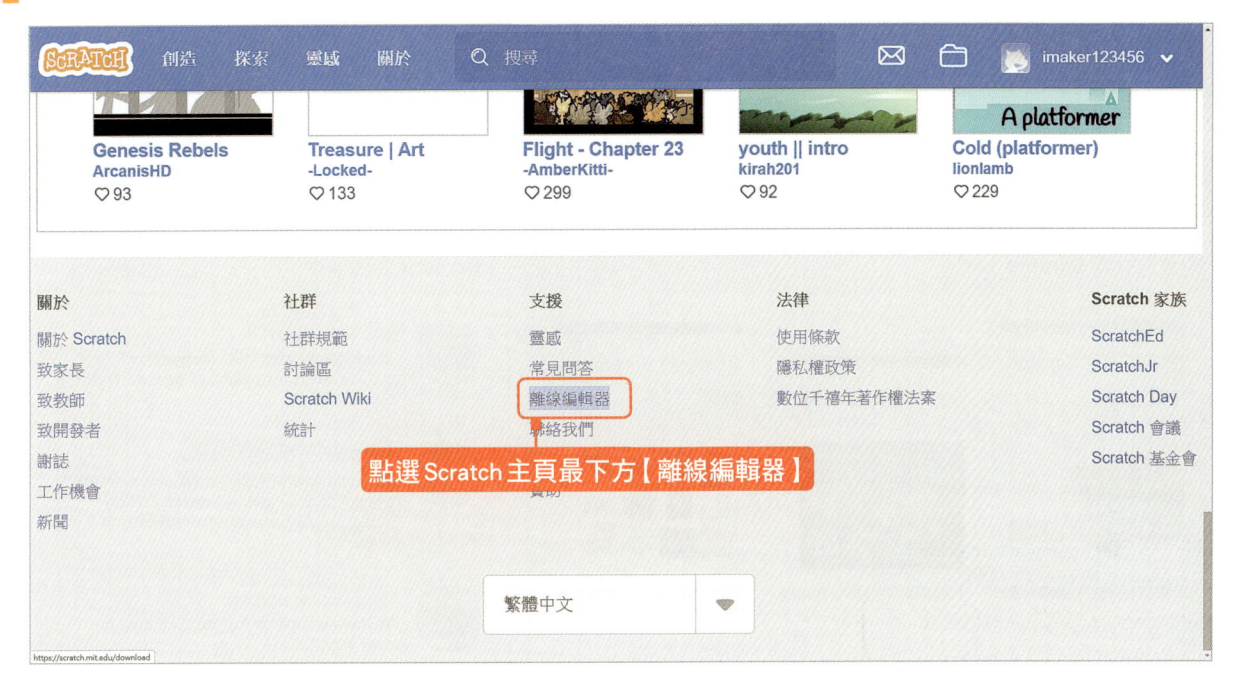

點選 Scratch 主頁最下方【離線編輯器】

2 點選【Direct download】下載封包檔並安裝。

點選【Direct download】下載封包檔並安裝

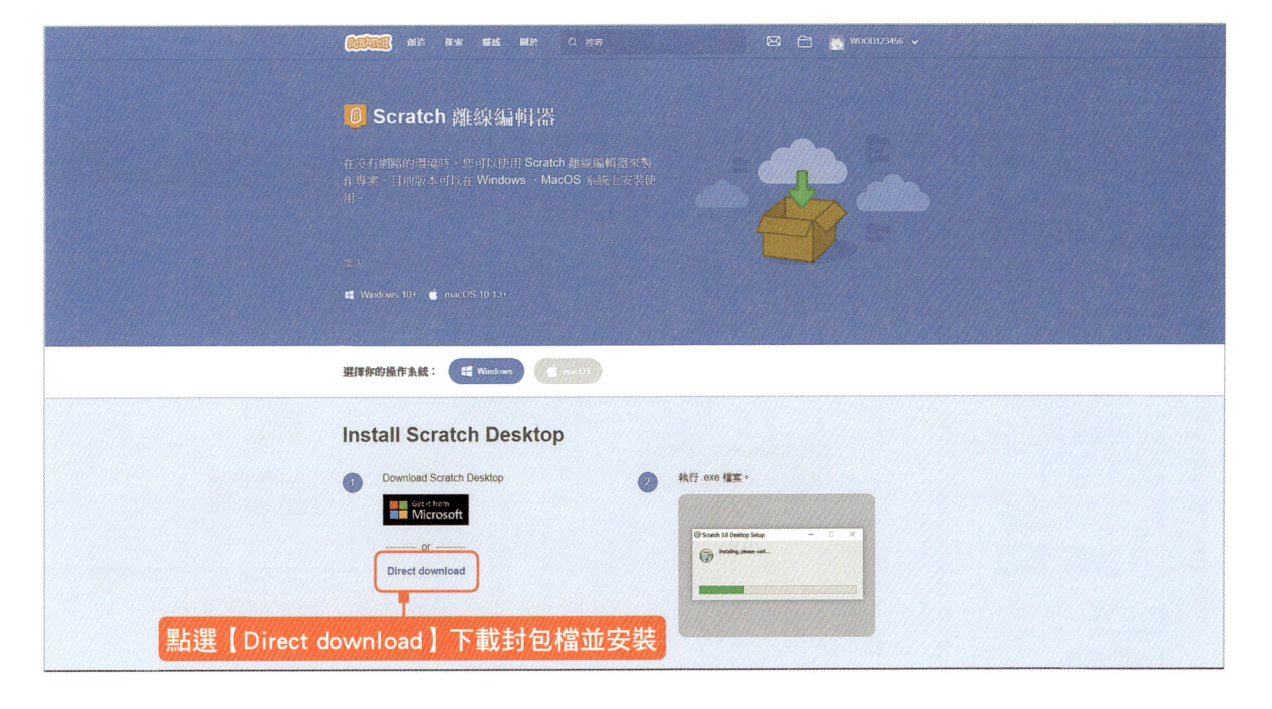

創客木工結合 3D Onshape 建模含雷雕製作與 Scratch 3.0 程式設計

>> 小學生真的就能學會程式設計耶！

Scratch 程式開發平台說明

　　Scratch 3.0 網路版與離線版程式開發平台操作介面相同，本書將以**網路版程式開發平台**（後續簡稱「開發平台」）作為範例編寫講解說明。

　　進入 Scratch 主頁面點選【創造（Create）】開啟「程式開發畫面」。

● 程式開發畫面各區域功能說明

五、電子積木區　　一、編輯控制區　　二、功能控制區

六、程式編輯區　　三、執行區

四、舞台角色區

七、背包區

編輯控制區說明

本區負責開發平台的語言模式設定、開啟新檔、檔案儲存備份、編輯還原等基本控制功能操作，以下為各功能之詳細說明。

(A) 地球

點選圖形可開啟語言清單，包含繁體中文、簡體中文、英文、日文等數十國語言。

(B) 檔案

(1) **新建專案**：建立新的編程專案檔。
(2) **儲存**：將目前程式的編輯進度儲存至雲端伺服器。
(3) **另存成複本**：將目前的編程進度以不同名稱儲存至雲端伺服器。
(4) **從你的電腦挑選**：將 *.sb、*.sb2、*.sb3（Scratch 1.4 版、2.0 版、3.0 版程式檔）載入「開發平台」進行運作或編輯。
(5) **下載到你的電腦**：將目前編程專案以 *.sb3 格式備份儲存至電腦。

(C) 教程

引導示範動畫、藝術、音樂、遊戲、故事等編程使用範例。

(D) Untitled

目前編輯程式的檔案名稱，編輯者可自行編輯程式名稱，後續程式會以此名稱存在於「我的東西（My Stuff）」作品清單中，此外，當程式備份時也會以此名稱作為預設檔名。

Scratch 網路版程式開發平台在雲端伺服器建置免費存放空間，已申請帳號的使用者可以將自己寫的程式存放其中。檢視與提取檔案的方法請見以下「功能控制區說明」之介紹。

功能控制區說明

本區設定程式是否開放「分享」，以及在「專案頁面」與「程式頁面」間切換，此外，還有「基本資料」、「帳號登入/登出」等基本控制功能操作，以下為各功能之詳細說明。

⑴ **分享**：設定目前編輯的程式是否開放共享，點擊後程式會變成「已分享」。

⑵ **切換到專案頁面**：點擊後可以在「專案頁面」與「程式頁面」兩種模式間作切換。

⑶ **個人資料（Profile）**：可以編輯個人的自我介紹及工作簡介。

⑷ **我的東西（My Stuff）**：清單會列出所有創作的程式，預設排序方式是以修改時間作排序，也可以點選【排列依據】選擇不同作品的排序方式。

⑸ **帳戶設定（Account settings）**：可以編輯帳戶資訊、修改密碼及電子信箱。

⑹ **登入/登出（Sign in/Sign out）**：登入帳號後才會出現個人資料、我的東西、帳戶設定。

執行區說明

本區呈現程式執行畫面,以下為各功能之詳細說明:

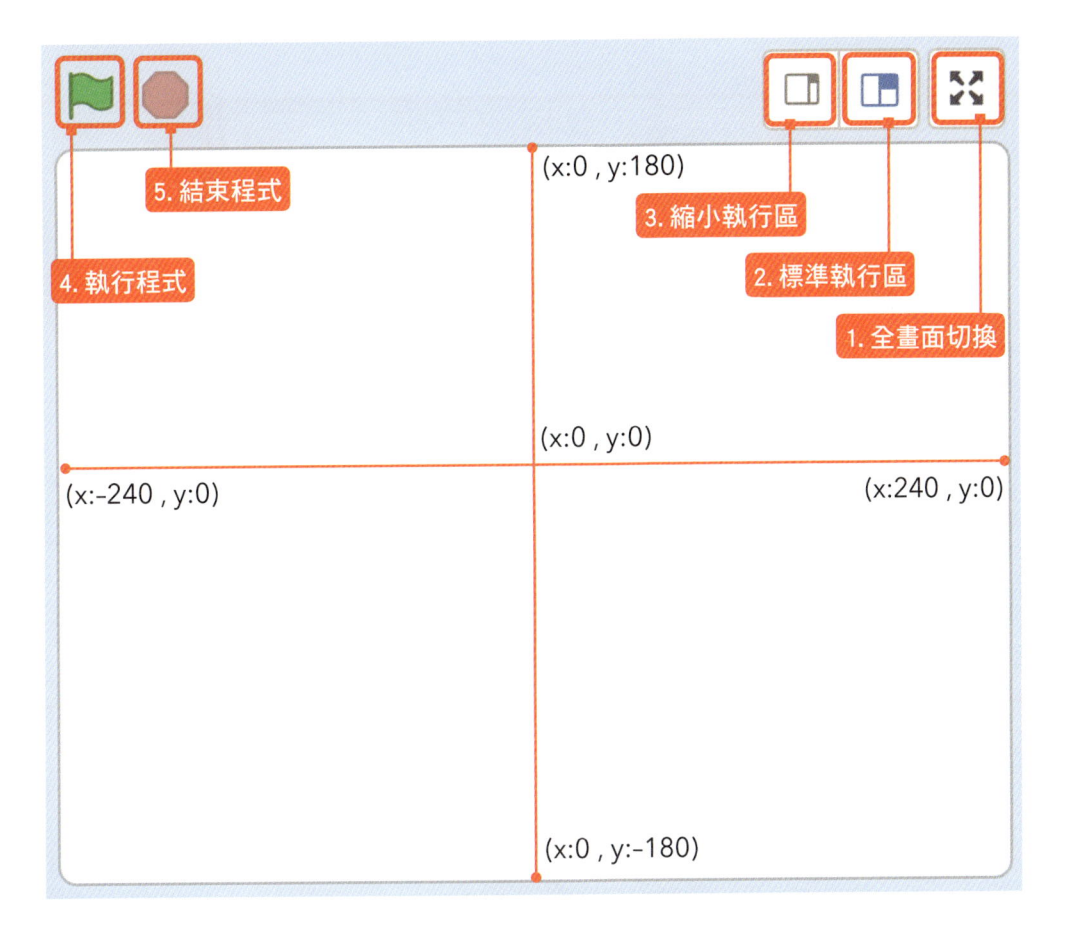

```
5.結束程式
4.執行程式
3.縮小執行區
2.標準執行區
1.全畫面切換
(x:0 , y:180)
(x:-240 , y:0)     (x:0 , y:0)     (x:240 , y:0)
(x:0 , y:-180)
```

① **全畫面切換**:點擊圖形可在**全畫面**與**程式開發畫面**間切換。

② **標準執行區**:預設執行區大小。

③ **縮小執行區**:程式編輯過程中,如果覺得「程式編輯區」空間不足,開啟本功能可以將「執行區」縮小至四分之一,多出的空間用於擴大「程式編輯區」,以便放置更多電子積木。

④ **執行程式**:點擊圖形可以讓程式啟動執行。

⑤ **結束程式**:點擊圖形可以強制中斷程式運行。

> ★ 座標
> 程式執行時,角色移動的效果是利用改變物件座標值的方式來呈現。「**執行區**」畫面解析度的像素為 480(長)×360(寬),正中央座標為原點(0,0),上下左右四端點座標見上圖所示。當角色物件進入「執行區」時,角色資訊就會顯示即時位置座標,設計者就能依此參考放置角色物件的位置。

◯ 舞台角色區說明

本區為構建程式視覺要素「**舞台背景**」與「**角色物件**」的佈局區，以下為各功能之詳細說明。

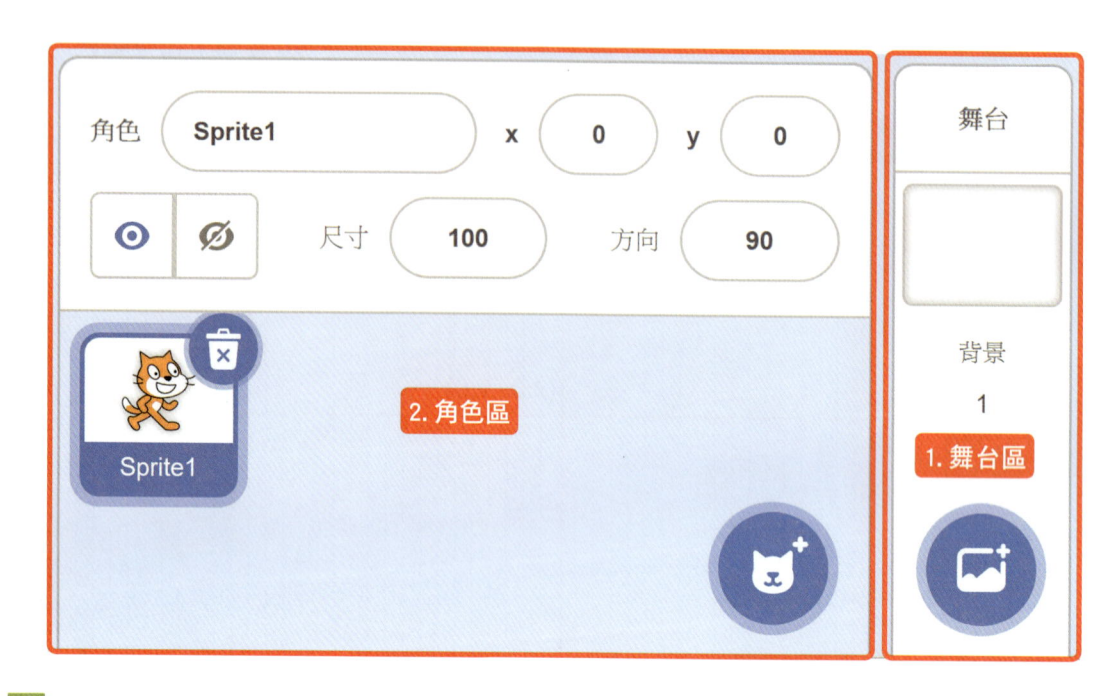

⑴ **舞台區→選擇背景**：有四種方式可以新增背景。

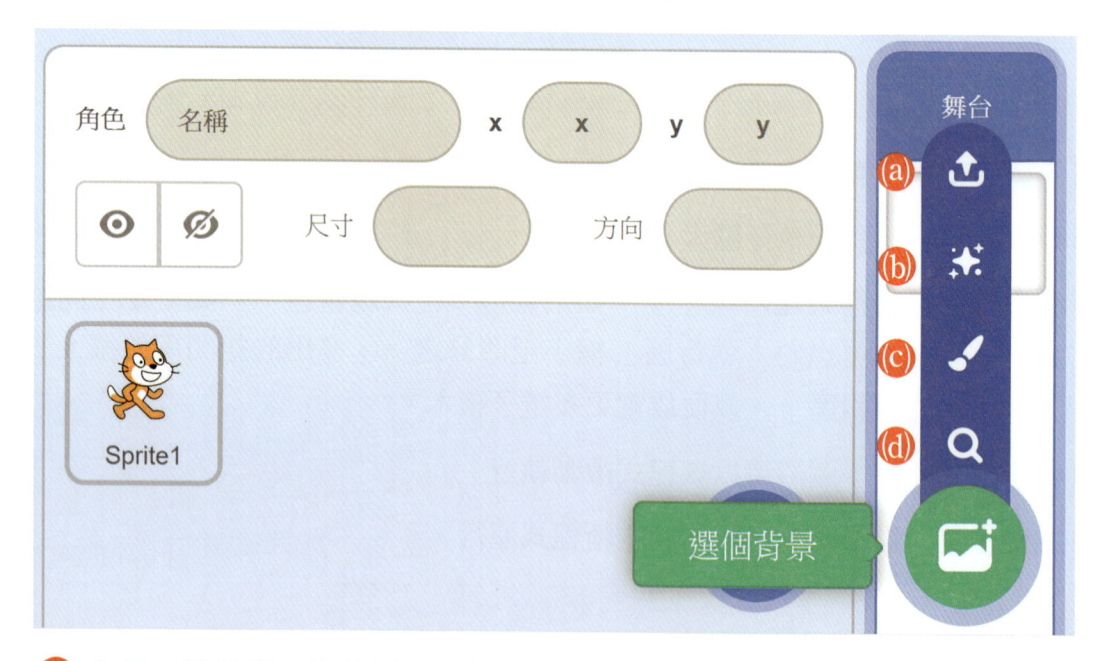

ⓐ **上傳**：從外部上傳背景圖形檔，圖形格式建議事先編輯成 4：3 比例。

ⓑ **驚喜**：從開發平台提供的免費背景範例庫內隨機選出一個背景。

ⓒ **繪畫**：自己畫背景，畫圖工具類似小畫家操作方式。

ⓓ **選個背景**：開發平台提供免費背景範例庫（見下圖），內有多組背景圖案可選用。

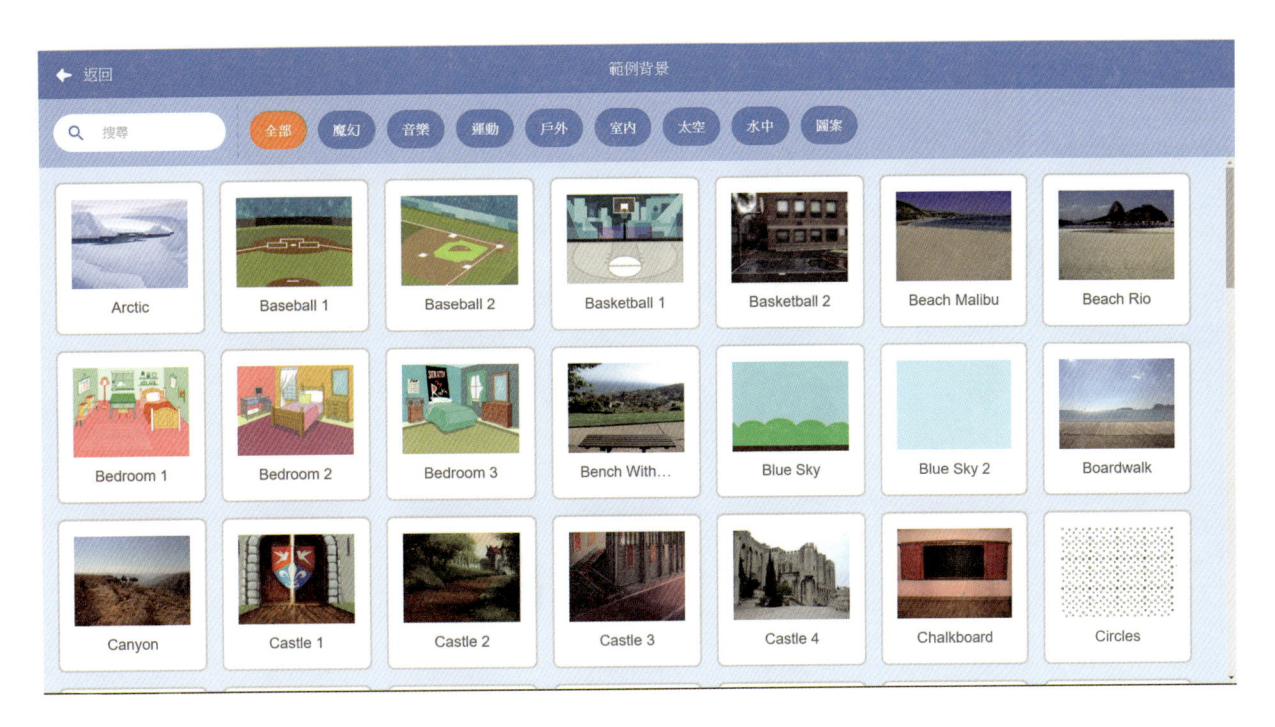

主題 2　Scratch 帳號申請與介面認識

⑵ **角色區→選個角色**：有四種方式可以新增角色。

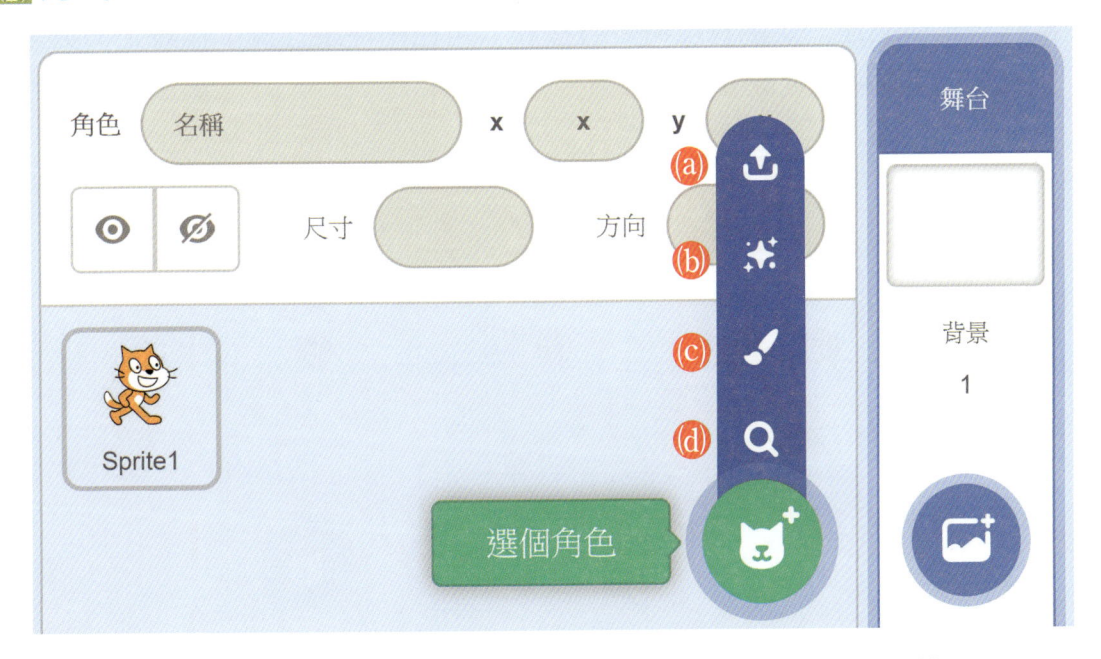

ⓐ **上傳**：從外部上傳角色圖形檔，圖形建議選擇去背的 png 圖檔。

ⓑ **驚喜**：從開發平台提供的免費角色範例庫內隨機選出一個角色。

ⓒ **繪畫**：自己畫角色，畫圖工具類似小畫家操作方式。

ⓓ **選個角色**：開發平台提供免費角色範例庫（見下圖），內有多組角色圖案可選用。

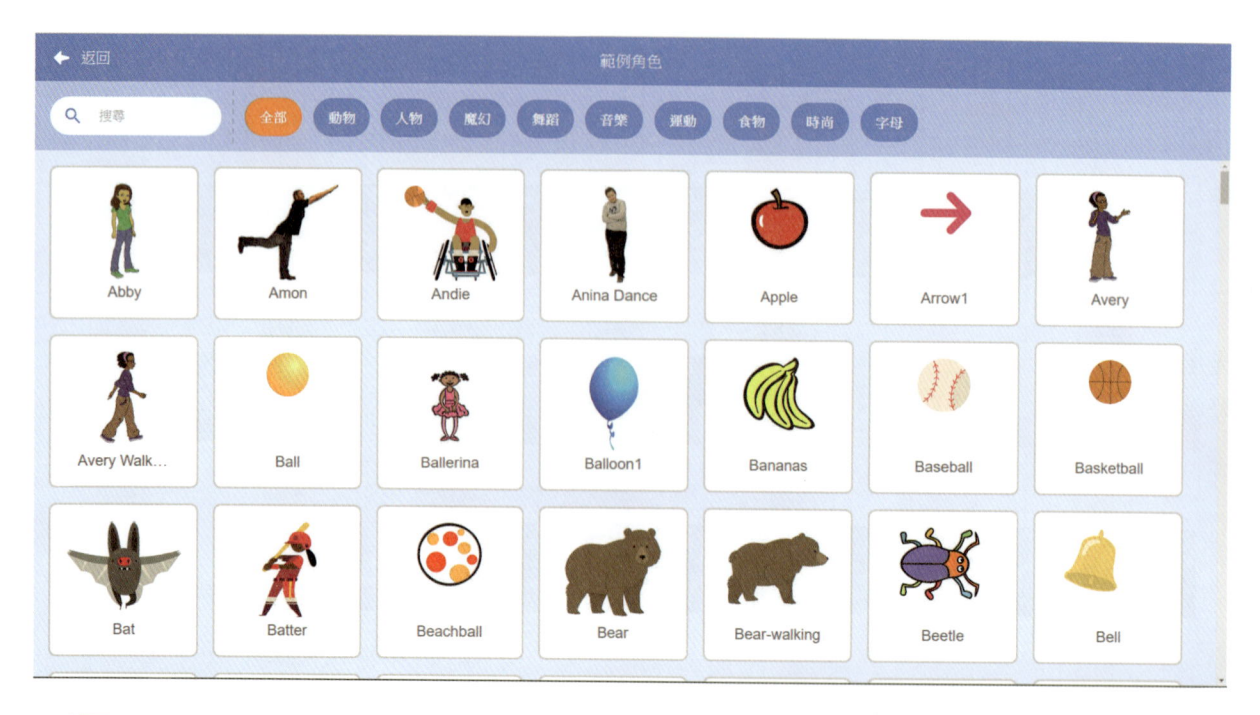

[3] **角色屬性**：每個角色物件都有幾項控制屬性，有些可以用電子積木變更屬性值，當程式編輯到達一定熟練度時，直接在「角色物件屬性欄」作設定又更方便程式撰寫，以下說明如何改變角色數值。

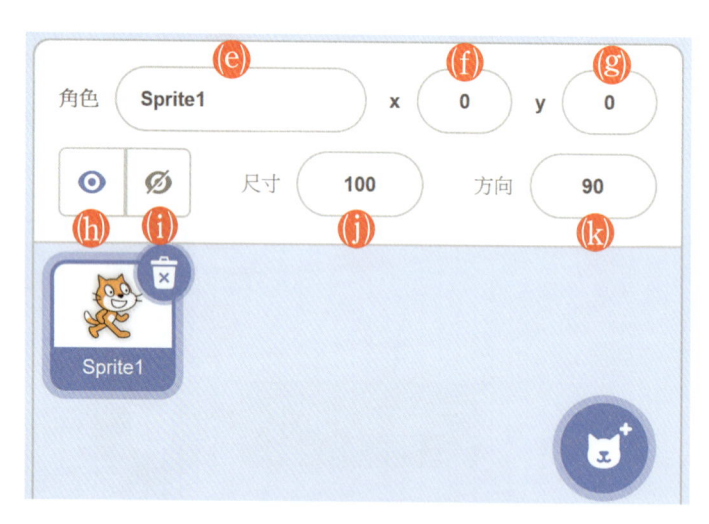

(e) **角色名稱**：程式撰寫者可自行編輯角色名稱。

(f) **角色 x 座標**：角色位置在「執行區」內的 x 座標。

(g) **角色 y 座標**：角色位置在「執行區」內的 y 座標。

(h) **角色顯示**：點選將角色設定為顯示狀態。

(i) **角色隱藏**：點選將角色設定為隱藏狀態。

(j) **角色尺寸**：設定角色尺寸大小百分比。

(k) **角色方向**：設定角色面對的角度。

電子積木區 / 程式編輯區說明

本區可以說是 Scratch 的核心技術所在，因為正是 Scratch 以電子積木取代傳統英文指令，這才得以將程式開發的年齡限制大幅降低至 8 歲以下，並且讓任何一位無程式設計基礎的初學者也能上手作程式設計。「電子積木區」有三個功能分頁——程式區、造型區（或背景區）、音效區等三個頁籤。

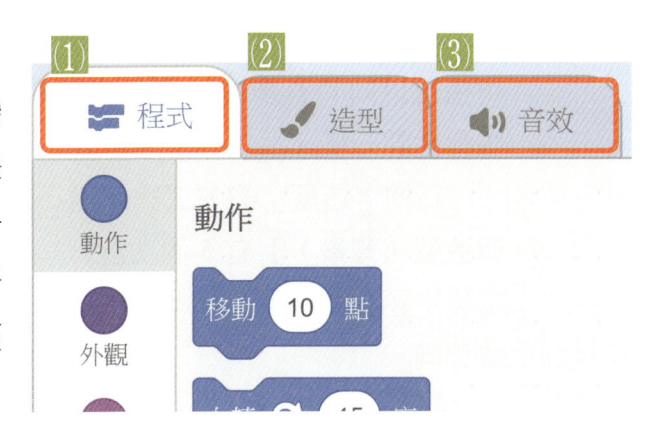

⑴ 程式

程式區共有 9 個群組及添加擴展區，內建上百個電子積木讓設計者使用，不同群組以不同顏色標示區分，方便程式設計時使用及辨識。程式編輯時只要將所需的積木拖曳到程式編輯區組合，便可完成所需的程式功能，以下簡要說明電子積木設計使用方式。

(a) **選擇電子積木群組**：設計者依程式所需功能先點選電子積木群組。

(b) **拖曳電子積木**：將滑鼠游標移至所需的電子積木上，按下滑鼠左鍵不放即可將電子積木拖曳至「程式編輯區」作編輯設計動作。

(c) **電子積木連接動作**：當兩個電子積木接近時會出現陰影，放開滑鼠左鍵積木便會互相銜接在一起。

(d) **電子積木縮放**：點選右下角放大／縮小／重置圖示，即可對電子積木大小作改變。

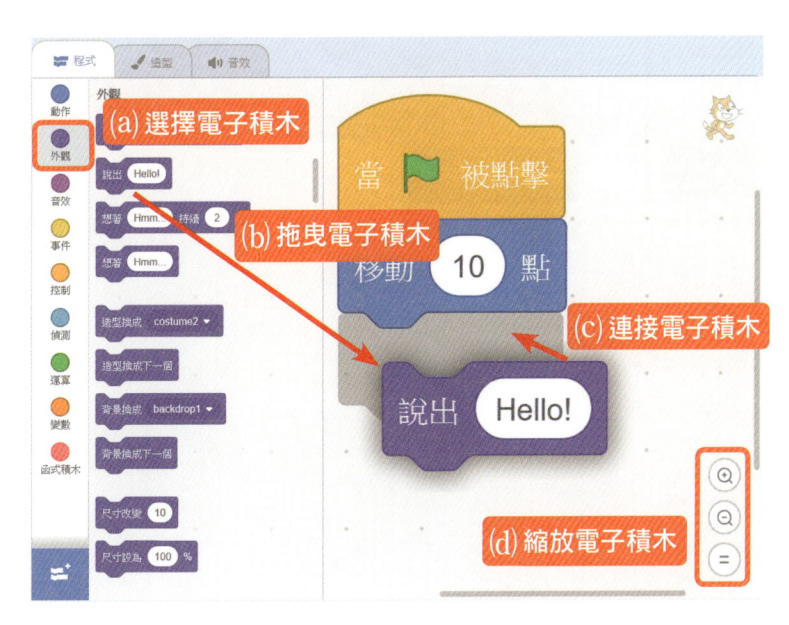

⑵ **造型（或背景）**

　　於此分頁點選角色區時會出現「**造型**」，點選舞台時會出現「**背景**」。一個角色可以同時有多個造型（表情或動作），將這些造型循序切換，角色的動作就像會活動一樣。

　　新增「造型」的方式與新增「**角色（背景）**」的方法類似，點選分頁下方【**選個造型（背景）**】有 5 個功能──拍照、上傳、驚喜、繪畫、選個造型，詳細內容請見主題 3、主題 4 程式設計範例章節。新增「背景」的方法與新增「造型」的方式相同。

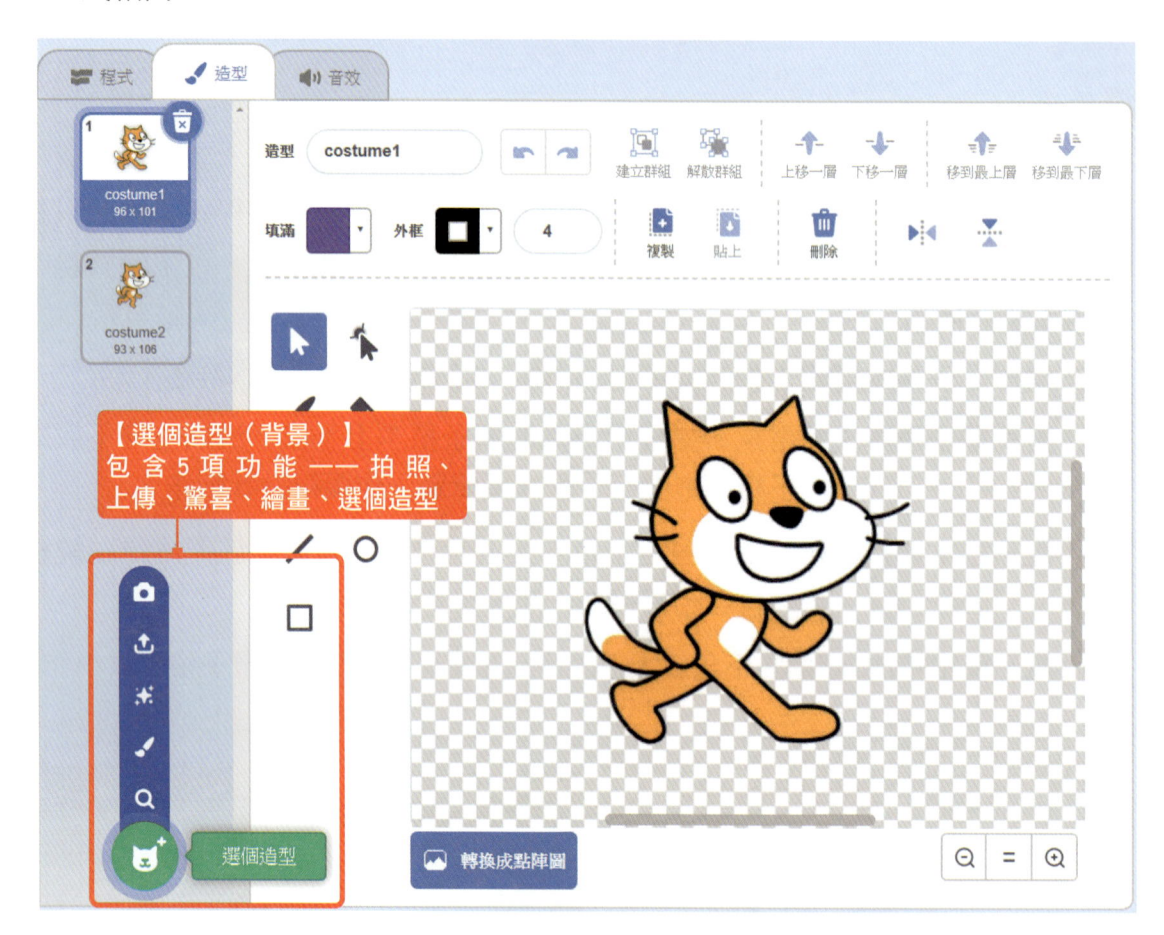

【選個造型（背景）】
包含 5 項功能──拍照、上傳、驚喜、繪畫、選個造型

(3) 音效

每個背景或角色可以搭配一組以上的對應音效或音樂，再透過播放音效的電子積木，即可控制播放的時間點。載入新音效共有四種方式，先點選分頁下方【選個音效】，共有上傳、驚喜、錄製、選個音效等 4 個功能，選擇完音效後，還可以進行快播、慢播、反轉、機器等編輯效果，詳細使用方式請見主題 3、主題 4 程式設計範例章節，此處不再贅述。

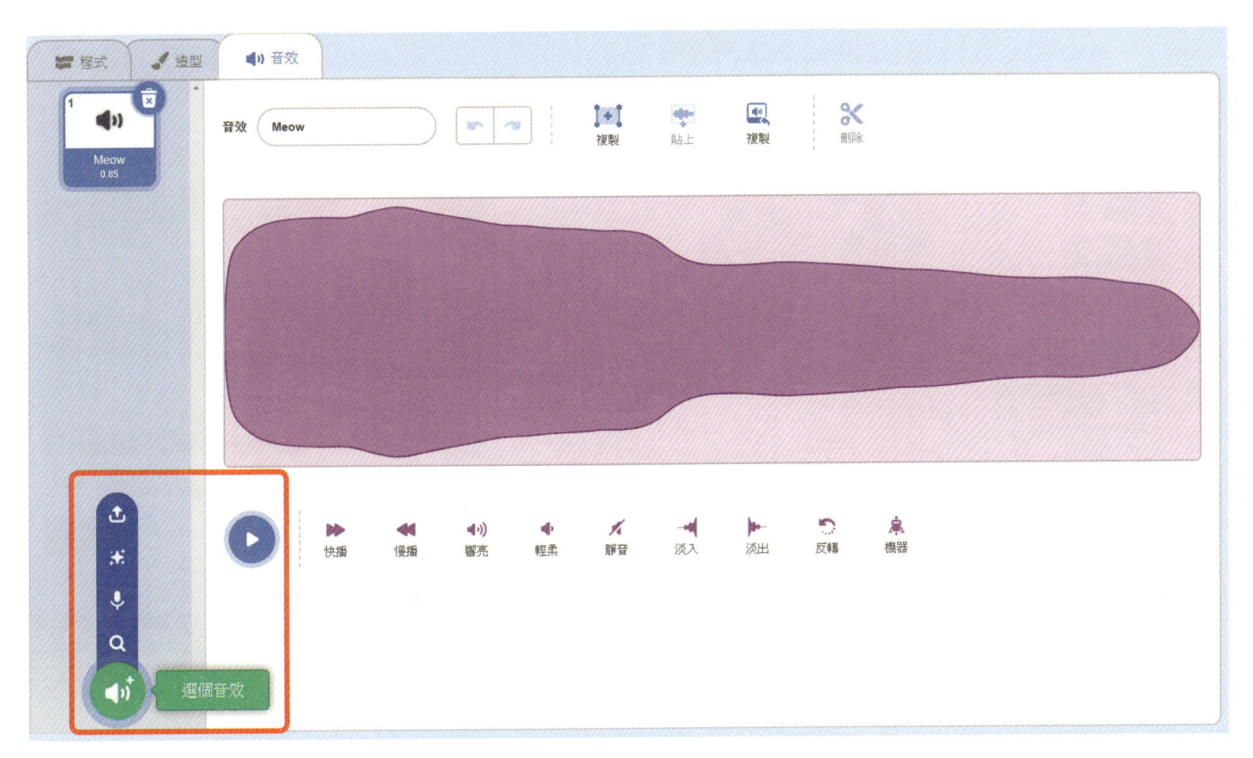

如果點選【選個音效】，會直接進入開發平台提供的免費音效範例庫，內含多組音效可選用。

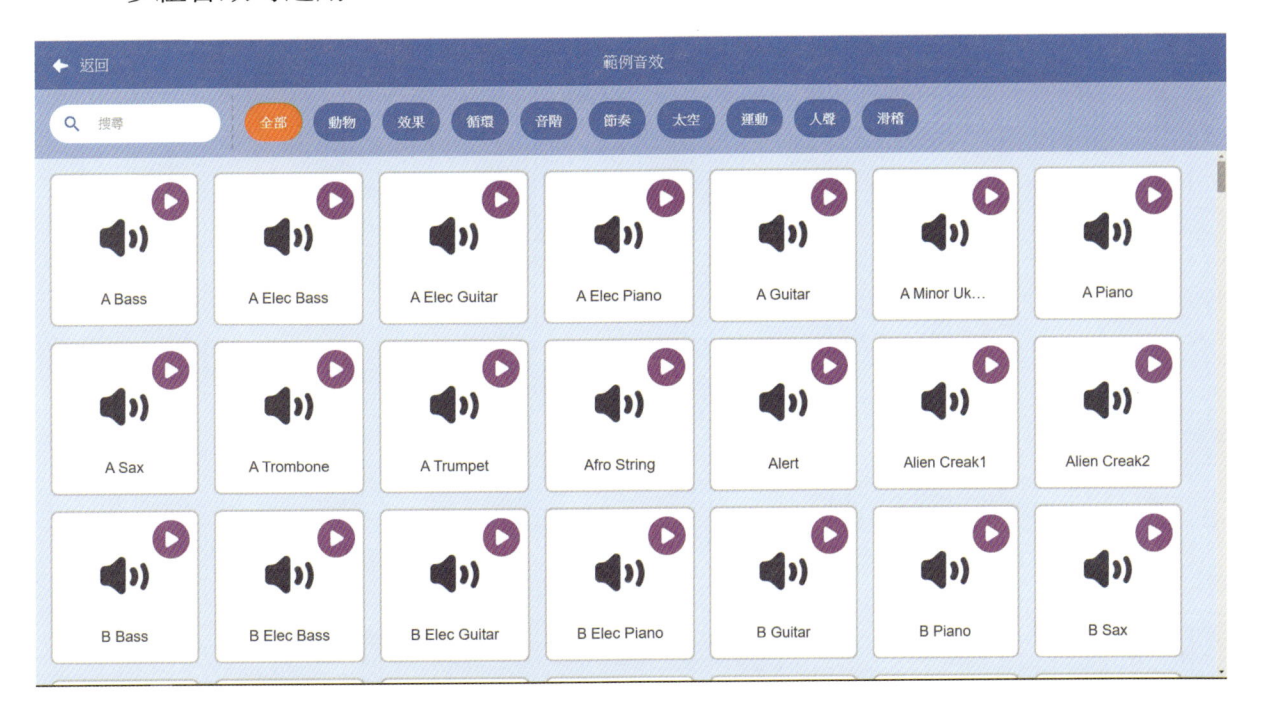

🟢 背包區說明

　　Scratch 3.0 網路版較離線版多了一項「背包區」功能，其功能可跨程式共用背景、角色、造型圖形、音效、電子積木等物件，點擊「背包區」開啟後，將前述物件拖曳到背包區儲存（見下圖紅框），新建程式專案或開啟舊程式專案編輯時，就可以將「背包區」存放的資料拉出來使用。

開啟背包區後，可拖曳物件至此區儲存

>> 寫程式就像組積木一樣簡單喔！

電子積木功能簡介

　　Scratch 3.0 基本常用的電子積木依其屬性群可分類為 9 大項，另外還有添加擴充模組，各大項包含數量不等的電子積木，靠著電子積木互相拼接即可執行程式，各群組功能簡要說明如下。

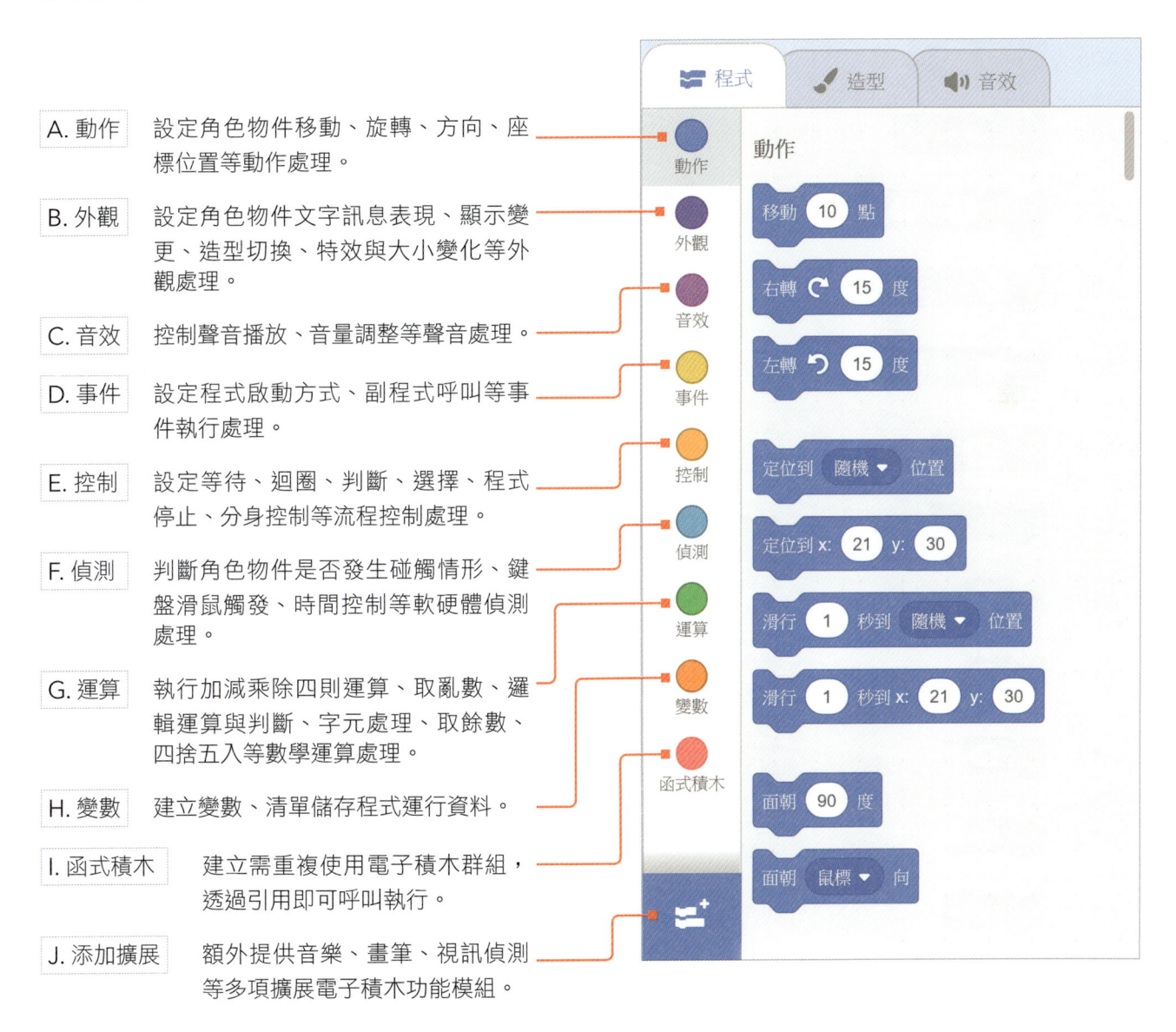

A. 動作	設定角色物件移動、旋轉、方向、座標位置等動作處理。	
B. 外觀	設定角色物件文字訊息表現、顯示變更、造型切換、特效與大小變化等外觀處理。	
C. 音效	控制聲音播放、音量調整等聲音處理。	
D. 事件	設定程式啟動方式、副程式呼叫等事件執行處理。	
E. 控制	設定等待、迴圈、判斷、選擇、程式停止、分身控制等流程控制處理。	
F. 偵測	判斷角色物件是否發生碰觸情形、鍵盤滑鼠觸發、時間控制等軟硬體偵測處理。	
G. 運算	執行加減乘除四則運算、取亂數、邏輯運算與判斷、字元處理、取餘數、四捨五入等數學運算處理。	
H. 變數	建立變數、清單儲存程式運行資料。	
I. 函式積木	建立需重複使用電子積木群組，透過引用即可呼叫執行。	
J. 添加擴展	額外提供音樂、畫筆、視訊偵測等多項擴展電子積木功能模組。	

(A) 動作群組

代碼	電子積木圖形	功 能 說 明
A01	移動 10 點	讓角色朝 90°（預設）方向移動 10 個像素（預設），移動方向可以用（A08）「面朝 90 度」作變更，移動畫素可以在空格內重新輸入調整，輸入的數值可以為負數。
A02	右轉 C 15 度	角色向右旋轉 15 度（預設），角度可以在空格內重新輸入調整，數值可以為負數。
A03	左轉 つ 15 度	角色向左旋轉 15 度（預設），角度可以在空格內重新輸入調整，數值可以為負數。
A04	定位到 隨機 位置	控制角色移動到隨機（預設）、鼠標（滑鼠游標）或其他角色位置。
A05	定位到 x: 0 y: 0	讓角色移動到空格內座標位置，座標位置可以在空格內重新輸入作改變。
A06	滑行 1 秒到 隨機 位置	讓角色在 1 秒內（預設）移動到隨機（預設）位置或鼠標（滑鼠游標）位置，秒數可以在空格內重新輸入作改變。
A07	滑行 1 秒到 x: 0 y: 0	讓角色在 1 秒內（預設）滑動到設定位置（後方 x / y 座標），**秒數**與**座標**位置可以在空格內重新輸入作改變。
A08	面朝 90 度	角色面向的方向，預設值為（90°）右，可以直接在空格內輸入任意角度數作改變。
A09	面朝 鼠標 向	選擇角色面向鼠標（滑鼠游標）或其他角色方向。
A10	x 改變 10	將角色的 x 座標增加 10 個像素（預設），可以在空格內重新輸入調整，輸入的數值可以為負數。
A11	x 設為 0	將角色的 x 座標位置設為 0（預設），x 座標位置可以在空格內重新輸入作改變。
A12	y 改變 10	將角色的 y 座標增加 10 個像素（預設），可以在空格內重新輸入調整，輸入的數值可以為負數。
A13	y 設為 0	將角色 y 座標位置設為 0（預設），y 座標位置可以在空格內重新輸入作改變。
A14	碰到邊緣就反彈	設定角色移動時如果碰到「執行區」的邊緣，就執行反彈的動作。
A15	迴轉方式設為 左-右	設定角色旋轉的方式，預設值為「**左-右**」（水平鏡射翻轉），另外可以點擊右方倒三角形調整為： 1.「**不旋轉**」（角度不能改變）。 2.「**不設限**」（可以 360 度任意旋轉）。
A16	x 座標	取得角色的 x 座標值。
A17	y 座標	取得角色的 y 座標值。
A18	方向	取得角色面對的方向。

(B) 外觀群組

代碼	電子積木圖形	功能說明
B01	說出 Hello! 持續 2 秒	讓角色說「Hello!」停頓 2 秒（預設），內容與秒數可以在空格內輸入並修改。
B02	說出 Hello!	讓角色說「Hello!」（預設），內容可以在空格內輸入並修改。
B03	想著 Hmm… 持續 2 秒	讓角色想著「Hmm…」停頓 2 秒（預設），內容與秒數可以在空格內輸入並修改。
B04	想著 Hmm…	讓角色想著「Hmm…」（預設），內容可以在空格內輸入並修改。
B05	造型換成 costume2 ▼	將角色的造型切換到「costume2」，若角色有兩個（含）以上的造型，點擊右方的倒三角形可選擇切換至其他造型。
B06	造型換成下一個	角色若有兩個（含）以上的造型，會依序切換到下一個排列的造型。
B07	背景換成 backdrop1 ▼	將舞台的背景切換到「backdrop1」，若舞台有兩個（含）以上的背景，點擊右方的倒三角形可選擇切換至其他背景。
B08	背景換成下一個	舞台若有兩個（含）以上的背景，會依序切換到下一個排列的背景。
B09	尺寸改變 10	將角色的圖形放大「10%」（預設），縮放程度可在空格內輸入調整，正值為放大，負值為縮小。
B10	尺寸設為 100 %	直接設定角色的圖形大小為「100%」（預設），圖形大小也可在空格內輸入調整。
B11	圖像效果 顏色 ▼ 改變 25	將角色的外觀改變「25 點」（預設）的特效變化，點擊右方倒三角形可切換**顏色**、**魚眼**、**漩渦**、**像素化**、**馬賽克**、**亮度**、**幻影**等七種特效變化，變化程度可在空格內輸入調整。 1. **顏色**：數值區間 1～200（200 是圖形原始色）。 2. **魚眼、漩渦、像素化、馬賽克**：數值區間不限。 3. **亮度**：數值區間 -100～100（-100 為全黑，100 為全白）。 4. **幻影**：數值區 0～100（0 為不透明，100 為完全透明）。
B12	圖像效果 顏色 ▼ 設為 0	將角色的外觀顏色設為「0」（預設）的特效變化，點擊右方倒三角形可切換**顏色**、**魚眼**、**漩渦**、**像素化**、**馬賽克**、**亮度**、**幻影**等七種特效變化，變化程度可在空格內輸入調整。 1. **顏色**：數值區間 1～200（200 是圖形原始色）。 2. **魚眼、漩渦、像素化、馬賽克**：數值區間不限。 3. **亮度**：數值區間 -100～100（-100 為全黑、100 為全白）。 4. **幻影**：數值區 0～100（0 為不透明，100 為完全透明）。
B13	圖像效果清除	還原角色的外觀特效變化為原始值。

代碼	電子積木圖形	功 能 說 明
B14	顯示	讓角色呈現「顯示」狀態。
B15	隱藏	讓角色呈現「隱藏」狀態。
B16	圖層移到 最上 層	將角色的圖層移至「最上」層（預設）或「最下」層。
B17	圖層 上 移 1 層	將角色的圖層由目前圖層向「上」移「1」層（預設），點擊右方倒三角形可切換成向「下」移，圖層也可在空格內輸入調整。
B18	造型 編號	取得角色的圖形造型編號（預設）或名稱。
B19	背景 編號	取得背景的圖形編號（預設）或名稱。
B20	尺寸	取得角色的圖形尺寸大小百分比％。

◯ (C) 音效群組

代碼	電子積木圖形	功 能 說 明
C01	播放音效 Meow 直到結束	完整播放完音效檔才執行下一個連接的電子積木，如果角色有兩組（含）以上音效，點選右方的倒三角形會出現切換音效檔的選單。
C02	播放音效 Meow	播放音效檔，如果角色有兩組（含）以上音效，點選右方的倒三角形會出現切換音效檔的選單。與 C01 電子積木的差別，在於 C02 電子積木播放音效不會停頓等待。
C03	停播所有音效	停止正在播放的音效檔。
C04	聲音效果 音高 改變 10	變更「音高」（預設）數值，點選右方倒三角形可以切換成「聲道左右」。 1. **音高**：0 是正常值，數值越大音調越高、音速越快。 2. **聲道左右**：設定值為 -100 ～ 100，0 就是左右聲道聲量相同，-100 就是只有左邊有聲音，100 只有右邊有聲音。
C05	聲音效果 音高 設為 100	設定「音高」（預設）數值為「100」（預設），點選右方倒三角形可以切換成「聲道左右」。數值也可在空格內輸入調整。 1. **音高**：0 是正常值，正數值越大音調越高、音速越快；負數值越大音調越高、音速越快。 2. **聲道左右**：設定值為 -100 ～ 100，0 就是左右聲道聲量相同，-100 就是只有左邊有聲音，100 只有右邊有聲音。
C06	聲音效果清除	還原執行 C04 與 C05 電子積木產生的效果。
C07	音量改變 -10	變更「音量」大小，變更程度可在空格內輸入調整，正值為增加，負值為減小。

主題 2　Scratch 帳號申請與介面認識

代碼	電子積木圖形	功　能　說　明
C08	音量設為 100 %	將「音量」百分比設定成「100％」（預設）。數值也可在空格內輸入調整。
C09	音量	取得「音量」大小。

◯ (D) 事件群組

代碼	電子積木圖形	功　能　說　明
D01	當 ▶ 被點擊	前面內容章節講解過，當點擊「執行區」左上角的【▶】就會啟動執行程式，而本電子積木就是連結點擊【▶】動作與執行程式的啟動機制。當點擊【▶】後，下方串接的程式電子積木組就會被觸發執行，當多組角色與背景同時以本電子積木觸發啟動，就能做到多工同步運行的效果。
D02	當 空白 ▼ 鍵被按下	當按下清單內按鍵（預設是**空白鍵**）時，下方串接的程式積木組就會被觸發執行。點選右方倒三角形會出現選擇清單，有**空白鍵、向上/向下/向左/向右**等方向鍵、任何鍵、A～Z、0～9 等共 42 種輸入可選擇。
D03	當角色被點擊	當角色被滑鼠游標點擊一下，下方串接的程式積木組就會被觸發執行。
D04	當背景換成 backdrop1 ▼	當背景切換到清單內指定背景圖檔，下方串接的程式積木組就會被觸發執行，若舞台有兩個（含）以上的背景，點擊右方倒三角形可選擇切換至其他背景。
D05	當 聲音響度 ▼ > 10	當「聲音響度」（預設）大於 10（預設），下方串接的程式積木組就會被觸發執行。點選右方倒三角形還可以切換成偵測**計時器**方式觸發，觸發值可在空格內輸入調整。
D06	當收到訊息 message1 ▼	當接收到清單內的**副程式**訊息（預設為「message1」）時，下方串接的程式積木組就會被觸發執行，本電子積木需與 D07 或 D08 電子積木配對使用。如果有一組以上的副程式訊息，點選右方倒三角形可以選擇其他的副程式名稱。
D07	廣播訊息 message1 ▼	廣播（呼叫副程式的功能）清單內副程式訊息，副程式預設名稱是「message1」，點選右方倒三角形可以使用「**新的訊息**」功能建立新的副程式名稱，也可以選擇其他已建立的副程式訊息。
D08	廣播訊息 message1 ▼ 並等待	與 D07 功能相似，兩者差別在於如果用在重複迴圈結構時，本電子積木會等待副程式迴圈執行完畢再重複執行。

◯ (E) 控制群組

代碼	電子積木圖形	功　能　說　明
E01	等待 1 秒	等待 1 秒（預設），等待秒數可在空格內輸入調整。
E02	重複 10 次	重複執行迴圈內的電子積木串 10 次（預設），重複次數可在空格內輸入調整。

代碼	電子積木圖形	功 能 說 明
E03	重複無限次	無限次數重複執行迴圈內的電子積木串。
E04	如果 那麼	如果格槽內的判斷條件式成立，就執行判斷式內的電子積木串。
E05	如果 那麼 ① 否則 ②	如果格槽內的判斷條件式**成立**，就執行上方**判斷式（1）**內的電子積木串。如果格槽內的判斷條件式**不成立**，就執行下方**判斷式（2）**內的電子積木串。
E06	等待直到	等待格槽內的判斷條件式成立，就繼續往下執行電子積木串。
E07	重複直到	重複執行判斷式內的電子積木串，直到格槽內的判斷條件式成立，就繼續往下執行判斷式內的電子積木串。
E08	停止 全部 ▼	中止「全部」執行中的程式（預設），點選右方倒三角形還可以切換成「**這個程式**」和「**這個物件的其他程式**」模式。
E09	當分身產生	當執行 E10 就會呼叫此電子積木，並觸發執行下方串接的電子積木串。
E10	建立 自己 ▼ 的分身	產生一個清單內角色的分身（預設是「自己」）。
E11	分身刪除	刪除 E10 產生的角色分身。

◯ (F) 偵測群組

代碼	電子積木圖形	功 能 說 明
F01	碰到 鼠標 ▼ ？	偵測角色是否碰觸到清單內條列的東西，如：鼠標（預設）、「**執行區**」邊緣或其他角色。
F02	碰到顏色 ◯ ？	偵測角色是否碰觸到圓框內的顏色。點擊一下圓框可以開啟調色盤視窗變更顏色，也可以使用視窗內的滴管功能擷取「**執行區**」內出現的任何色彩。
F03	顏色 ◯ 碰到 顏色 ◯ ？	偵測前方圓框內的顏色是否碰觸到後方圓框內的顏色。
F04	與 鼠標 ▼ 的間距	偵測角色距離「鼠標」（預設）或其他角色的距離。
F05	詢問 What's your name? 並等待	角色會出現詢問電子積木圓框內問題（可自行輸入更改）並等待，「**執行區**」下方會出現回覆輸入欄位，輸入的回覆答案會存入 F06。

代碼	電子積木圖形	功　能　說　明
F06	詢問的答案	存入 F05 答案的內容。
F07	空白 鍵被按下？	偵測是否按下清單顯示按鍵（預設是「空白鍵」），點選右方倒三角形會出現選擇清單，有**空白鍵、向上／向下／向左／向右等方向鍵、任何鍵、A～Z、0～9** 等共 42 種輸入可選擇。
F08	滑鼠鍵被按下？	偵測是否按下滑鼠按鍵。
F09	鼠標的 x	取得滑鼠游標的 x 座標值。
F10	鼠標的 y	取得滑鼠游標的 y 座標值。
F11	拖曳方式設為 可拖曳	全畫面執行程式時，角色設定為用滑鼠「可拖曳」（預設）狀態，點選右方倒三角形可以變更為「不可拖曳」狀態。
F12	聲音響度	取得麥克風的音量值，第一次點選會出現**「麥克風存取詢問視窗」**，按下允許後立即啟動偵測音量。
F13	計時器	程式專案一啟動或執行 **F16** 電子積木就立即開始計時。
F14	計時器重置	將計時歸零，重新計時。
F15	舞台 的 backdrop #	取得「舞台」（預設）的背景編號、背景名稱、音量或變數數值，點選「舞台」右方倒三角形可以變更為其他角色。
F16	目前時間的 年	取得目前的「年」（預設），點選右方倒三角形可以變更為取得月、日、週、時、分、秒等資訊。
F17	2000年迄今日數	取得從西元 2000 年起算到當日的天數。
F18	用戶名稱	取得使用者的用戶名稱。

○ (G) 運算群組

代碼	電子積木圖形	功　能　說　明
G01	◯ + ◯	前格**加**後格的運算式，格槽內可以輸入數字或嵌入電子積木。
G02	◯ - ◯	前格**減**後格的運算式，格槽內可以輸入數字或嵌入電子積木。
G03	◯ * ◯	前格**乘**後格的運算式，格槽內可以輸入數字或嵌入電子積木。
G04	◯ / ◯	前格**除**後格的運算式，格槽內可以輸入數字或嵌入電子積木。

代碼	電子積木圖形	功能說明
G05	隨機取數 1 到 10	在 1 到 10（預設）的區間內取**隨機亂數**，也可以在格槽內輸入數字或嵌入電子積木。
G06	◯ > 50	前格**大於**後格的判斷式，格槽內可以輸入數字或嵌入電子積木。
G07	◯ < 50	前格**小於**後格的判斷式，格槽內可以輸入數字或嵌入電子積木。
G08	◯ = 50	前格**等於**後格的判斷式，格槽內可以輸入數字或嵌入電子積木。
G09	且	前格與後格嵌入的判斷條件式需**同時成立**。
G10	或	前格與後格嵌入的判斷條件式有**一組成立**即可。
G11	不成立	格槽內嵌入的判斷條件式**不成立**時。
G12	字串組合 apple banana	合併前、後格槽內的字元、字串（預設值為 apple 與 banana），前、後格槽內可以輸入文字、數字或嵌入電子積木。
G13	字串 apple 的第 1 字	取前方格槽內字元、字串（預設值為 apple）或嵌入電子積木的第 1 個（預設值）字元，前、後格槽內可以輸入文字、數字或嵌入電子積木。
G14	字串 apple 的長度	偵測格槽內字元、字串（預設值為 apple）、嵌入電子積木的字串長度，格槽內可以輸入文字、數字或嵌入電子積木。
G15	字串 apple 包含 a ?	判斷前方格槽內字元、字串（預設值為 apple）、嵌入電子積木是否有包含後方格槽的內容，前、後格槽內可以輸入文字、數字或嵌入電子積木。
G16	◯ 除以 ◯ 的餘數	取得前、後格槽內數值相除後的**餘數**，前、後格槽內可以輸入數字或嵌入電子積木。
G17	四捨五入數值 ◯	取得格槽內數值四捨五入後的數值，格槽內可以輸入數字或嵌入電子積木。
G18	絕對值 ▼ 數值 ◯	取得格槽內數值的「絕對值」（預設值），點選右方倒三角形會出現選擇清單，有無條件捨去、無條件進位、平方根、sin、cos、tan、asin、acos、atan、ln、log、e^、10^）運算後的數值，格槽內可以輸入數字或嵌入電子積木。

◯ (H) 變數群組與 (I) 函式積木群組

資料群組與函式積木的電子積木與其他群組有些不同，必須要先點擊【建立一個變數】、【建立一個清單】或【建立一個積木】才會產生電子積木，由於使用上比較靈活，所以待互動遊戲設計主題搭配實際範例講解時再詳細說明。

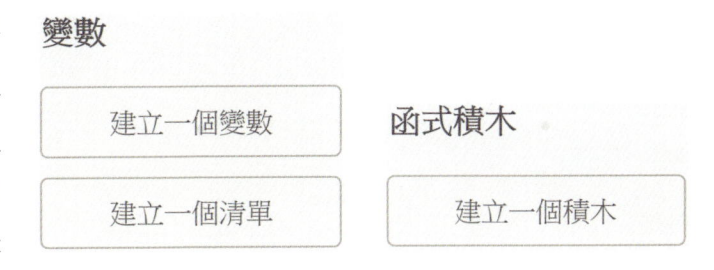

◯ (J) 添加擴展群組

本群組裡有音樂、畫筆、視訊偵測、文字轉語音、翻譯等擴充電子積木小群組，有一些是 Scratch 2.0 版已經開發，由於使用上比較靈活，所以待互動遊戲設計主題搭配實際範例講解時再詳細說明。

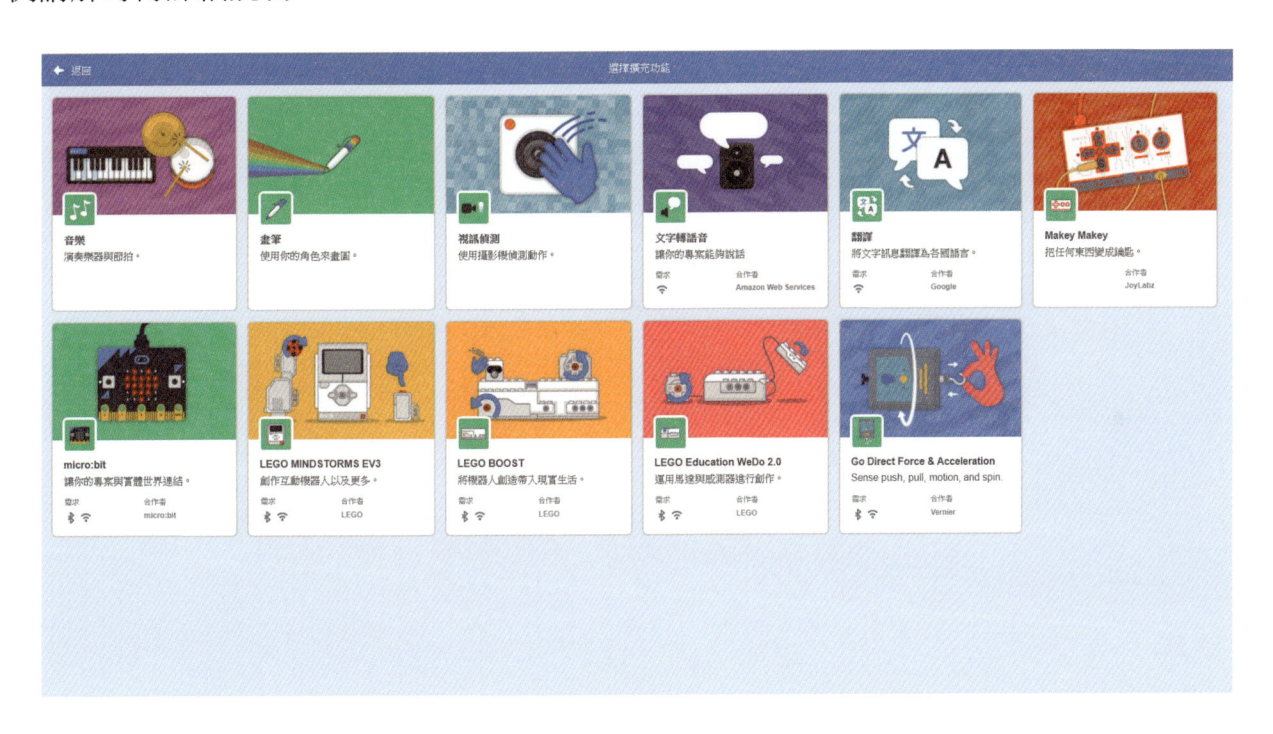

主題 3 互動遊戲程式設計

研讀完上一主題之後，我們初步瞭解了 Scratch 的操作方式與設計原理，接下來就可以進行實體投籃機的程式設計。本主題將示範如何運用一組投籃機機台開發遊戲程式，從單人獨玩到數人 PK 對戰，從單獨投籃計分到設定主題目標的獨特玩法，如此一來，就能讓同樣一組投籃機機台衍生出多樣的遊戲。

接下來就跟著內容循序漸進，由簡入深，探索遊戲程式開發的樂趣。

>> 我可以做出跟遊樂場一樣好玩的投籃機耶！

單人投籃機

創作時間：45～90分鐘

「投球、進籃、得分」這是遊樂場裡頭最常見的投籃機玩法。在這個主題中，我們就用最簡單的基礎入門技巧，讓每位初學者都能在創作時間內完成一組與遊樂場相同的投籃遊戲機。

範例程式說明 （參考「單人投籃機.sb3」）

本範例用一組控制來做最簡單的設計。程式進行 30 秒（可自行修改）遊戲時間，當球投入籃框會觸發籃框內側的偵測器，偵測器連接的「Scratch Board」會送出字元「1」的訊號給電腦或行動裝置，裝置運算後就會得到 2 分，並在畫面上出現一顆籃球，試試看你能得到幾分。

▢ 單人投籃機遊戲畫面

單人投籃機互動遊戲程式的撰寫步驟

1 啟動 Scratch 3.0（參考「主題 2：Scratch 程式開發平台說明」）開始設計互動遊戲。

2 刪除預設小貓角色（點選角色右上方垃圾桶圖示刪除）。

3 「舞台」新增背景

① 點擊【選個背景】清單中的【選個背景】。
② 點擊【戶外】群組。
③ 選擇背景【Basketball 1】。

4 新增「角色 1」

① 點擊【選個角色】清單中的【選個角色】。
② 點擊【運動】群組。
③ 選擇角色【Basketball】。

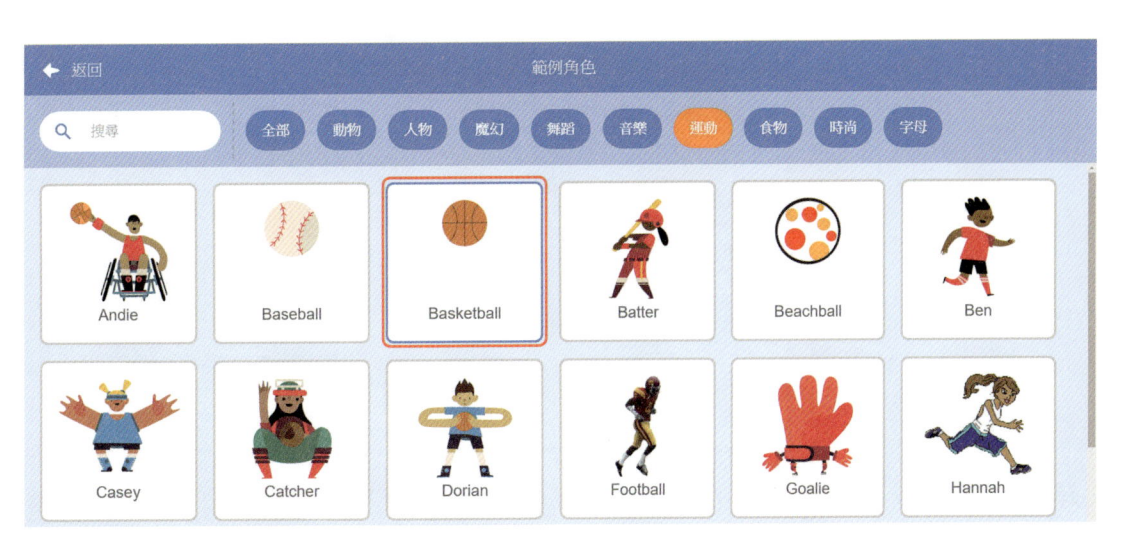

創客木工結合 3D Onshape 建模含雷雕製作與 Scratch 3.0 程式設計

5 「舞台」的電子積木組完整編輯狀態。

6 新增 2 個變數

① 點擊【舞台】。

② 點擊【電子積木區】→【程式】頁籤→【變數】群組。

③ 重複點擊【建立一個變數】。

④ 依序建立「分數」、「時間」2 個變數,屬性選擇「適用於所有角色」。

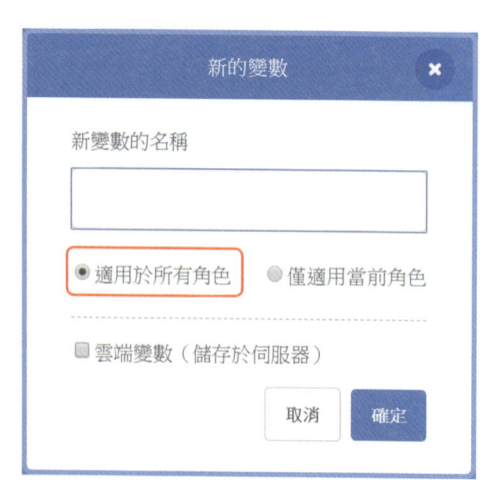

⑤ 建立 2 個變數後會產生新的電子積木,以下「小技巧」將詳細說明變數新增電子積木的使用方式。

小技巧

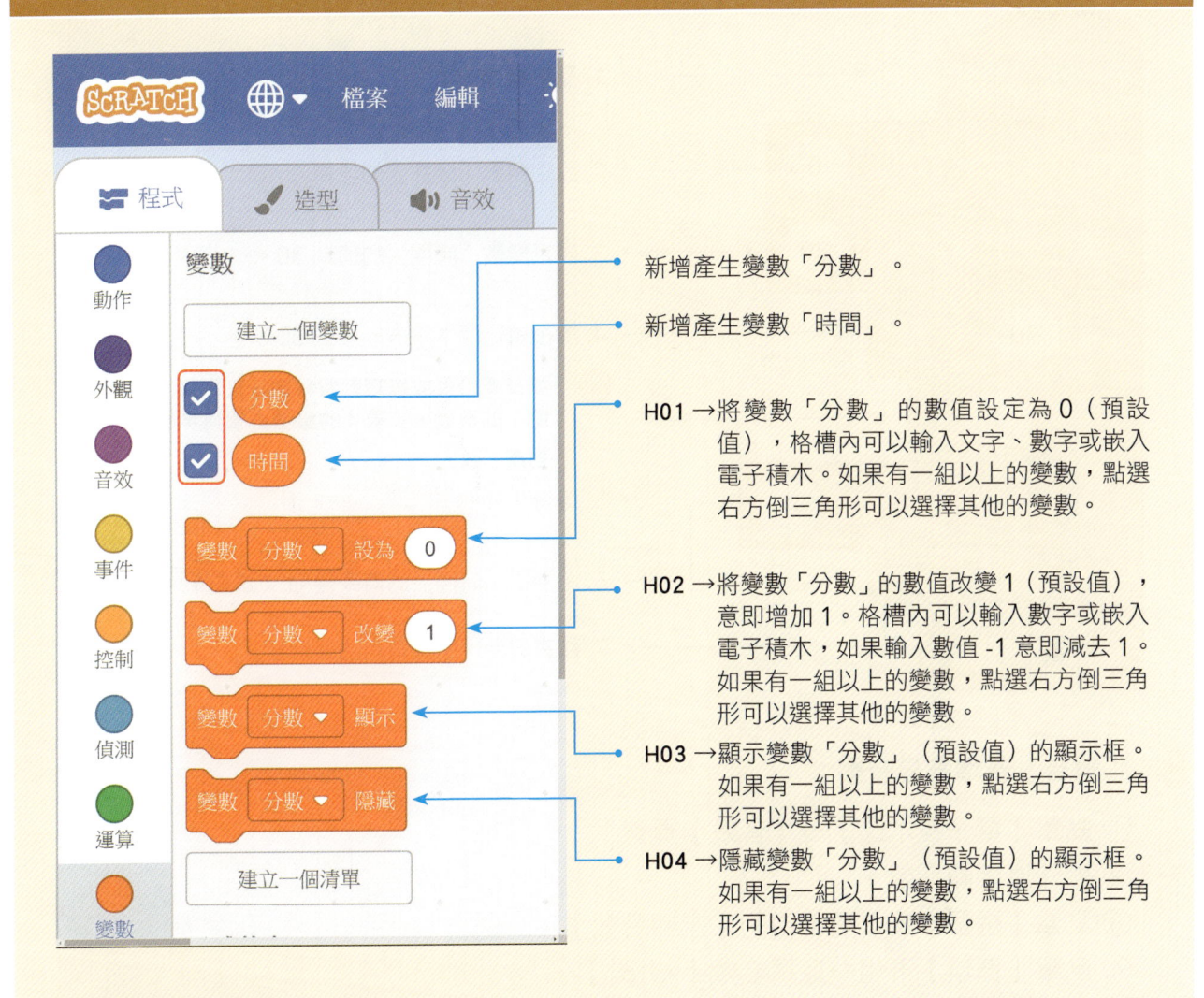

新增產生變數「分數」。

新增產生變數「時間」。

H01→將變數「分數」的數值設定為 0（預設值），格槽內可以輸入文字、數字或嵌入電子積木。如果有一組以上的變數，點選右方倒三角形可以選擇其他的變數。

H02→將變數「分數」的數值改變 1（預設值），意即增加 1。格槽內可以輸入數字或嵌入電子積木，如果輸入數值 -1 意即減去 1。如果有一組以上的變數，點選右方倒三角形可以選擇其他的變數。

H03→顯示變數「分數」（預設值）的顯示框。如果有一組以上的變數，點選右方倒三角形可以選擇其他的變數。

H04→隱藏變數「分數」（預設值）的顯示框。如果有一組以上的變數，點選右方倒三角形可以選擇其他的變數。

　　建立的變數會在「執行區」出現「一般顯示」（預設值）格式的【變數顯示框】，透過變數前方的點選框（見上紅框）可以控制【變數顯示框】顯示與否，另外也可以透過 H03 與 H04 電子積木控制顯示與隱藏。

　　滑鼠游標移至【變數顯示框】上方並按住滑鼠左鍵，就可以拖曳移動【變數顯示框】。當滑鼠游標移至【變數顯示框】上方按下滑鼠右鍵時，會出現選擇清單，可以將格式變更為「大型顯示」或「滑桿」。

7 「舞台」的電子積木組 ①

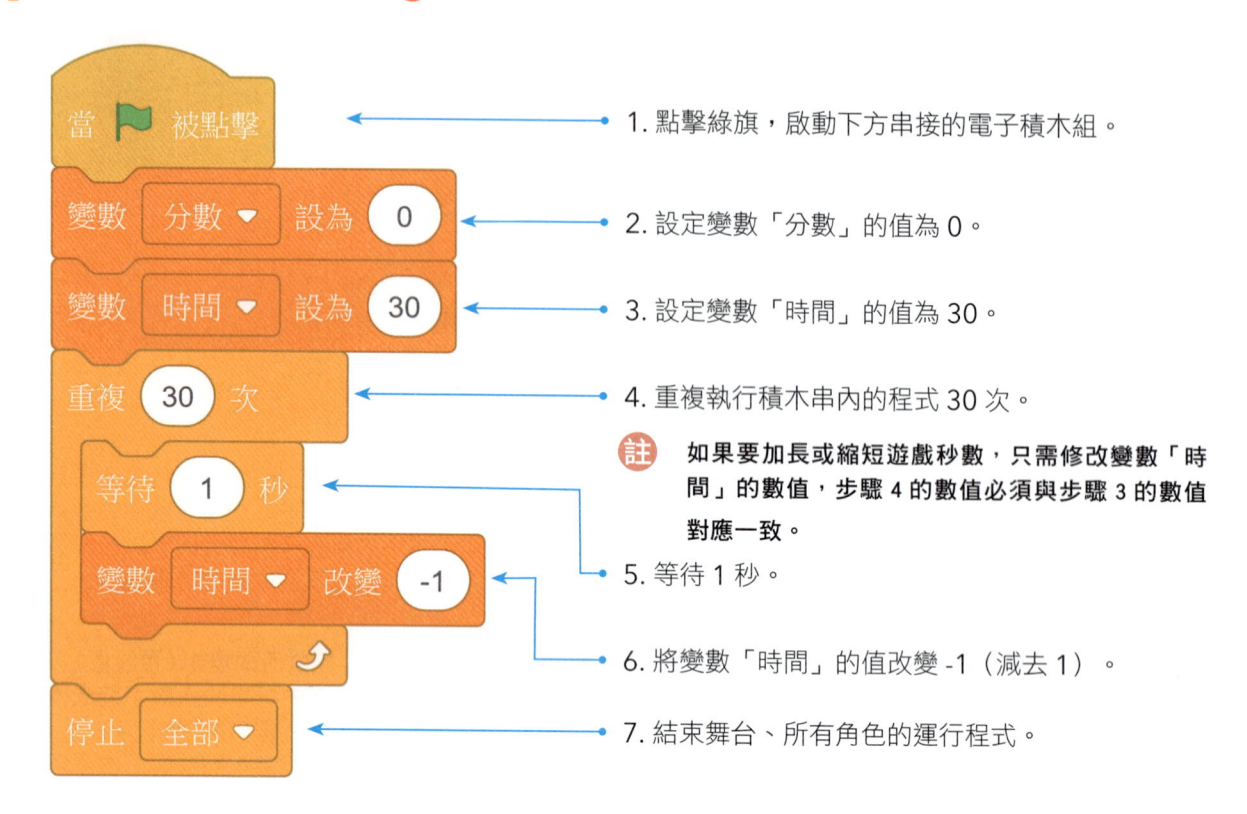

1. 點擊綠旗，啟動下方串接的電子積木組。
2. 設定變數「分數」的值為 0。
3. 設定變數「時間」的值為 30。
4. 重複執行積木串內的程式 30 次。

> **註** 如果要加長或縮短遊戲秒數，只需修改變數「時間」的數值，步驟 4 的數值必須與步驟 3 的數值對應一致。

5. 等待 1 秒。
6. 將變數「時間」的值改變 -1（減去 1）。
7. 結束舞台、所有角色的運行程式。

8 「舞台」新增背景音樂

① 點擊【電子積木區】→【音效】頁籤。
② 刪除原隨圖音效。
③ 點擊【選個音效】清單中的【選個音效】。
④ 點擊【循環】群組→選擇音效【Xylo2】。

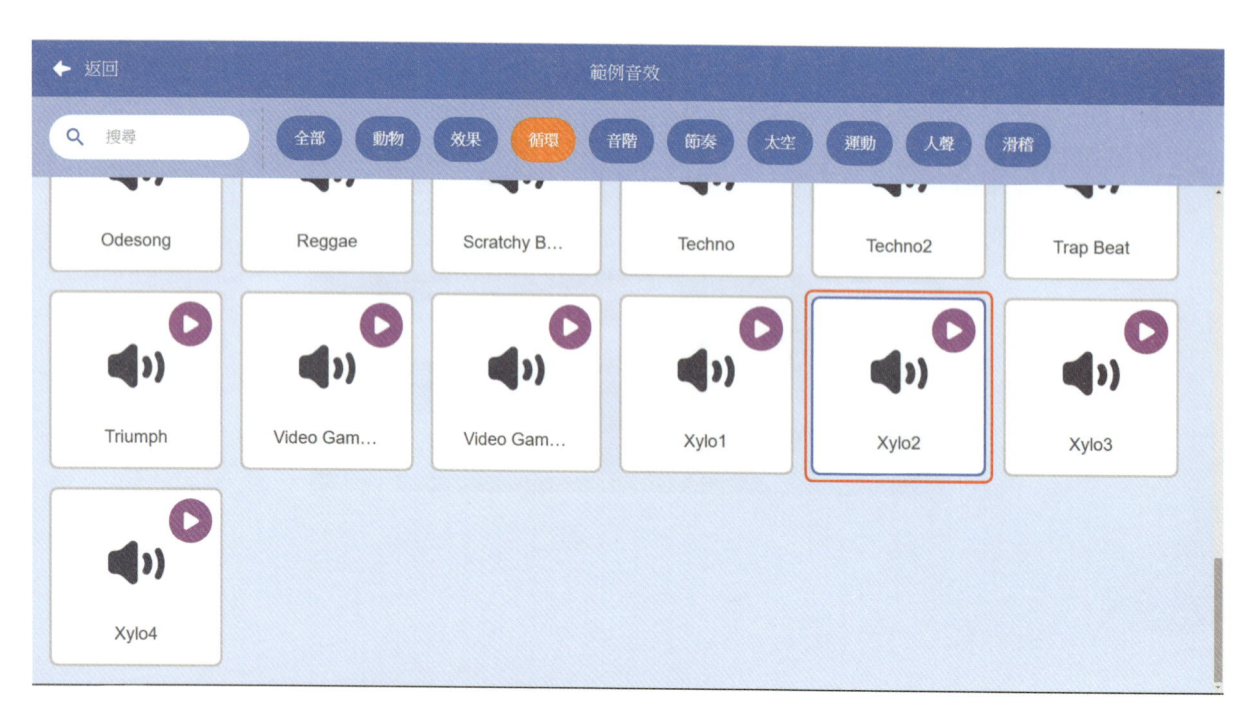

9 「舞台」的電子積木組 ②

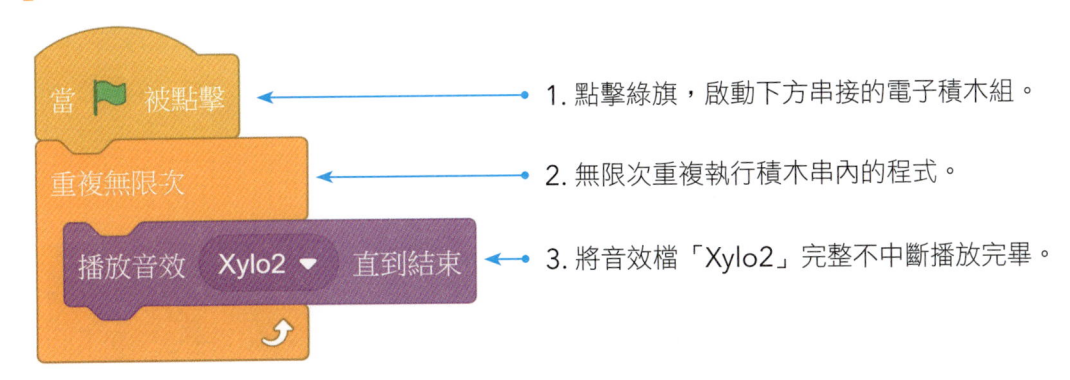

1. 點擊綠旗，啟動下方串接的電子積木組。
2. 無限次重複執行積木串內的程式。
3. 將音效檔「Xylo2」完整不中斷播放完畢。

10 「角色1」電子積木組的完整編輯狀態。

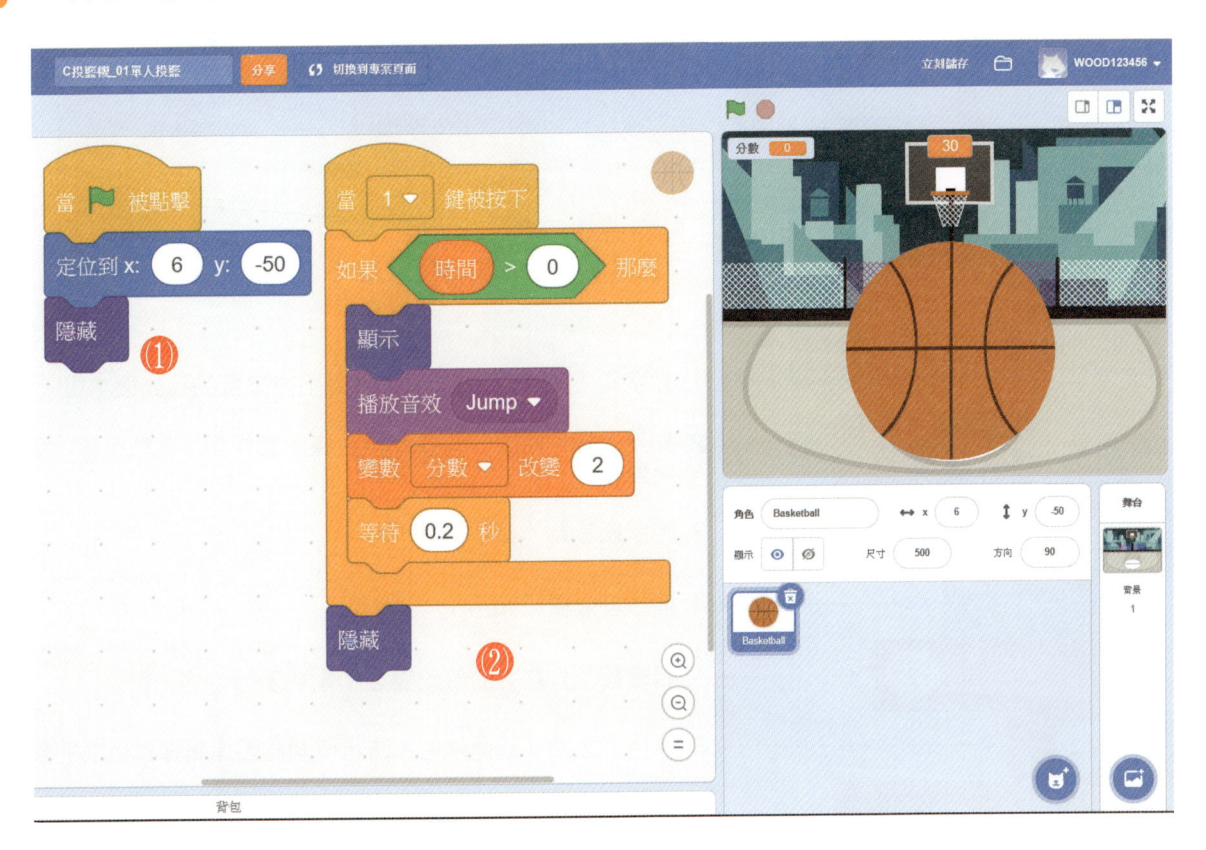

11 「角色1」的電子積木組 ①

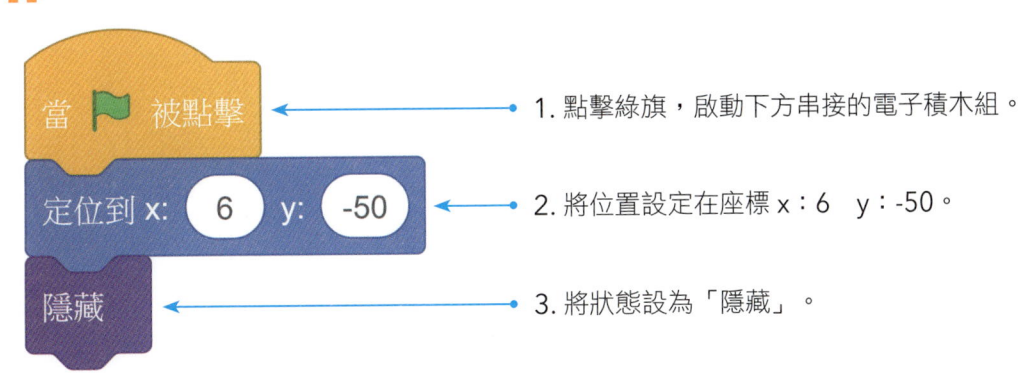

1. 點擊綠旗，啟動下方串接的電子積木組。
2. 將位置設定在座標 x：6　y：-50。
3. 將狀態設為「隱藏」。

主題 3　互動遊戲程式設計

12 「角色1」新增音效

① 點擊【電子積木區】→【音效】頁籤。
② 刪除原隨圖音效。
③ 點擊【選個音效】清單中的【選個音效】。
④ 點擊【效果】群組→選擇音效【Jump】。

13 「角色1」的電子積木組 ②

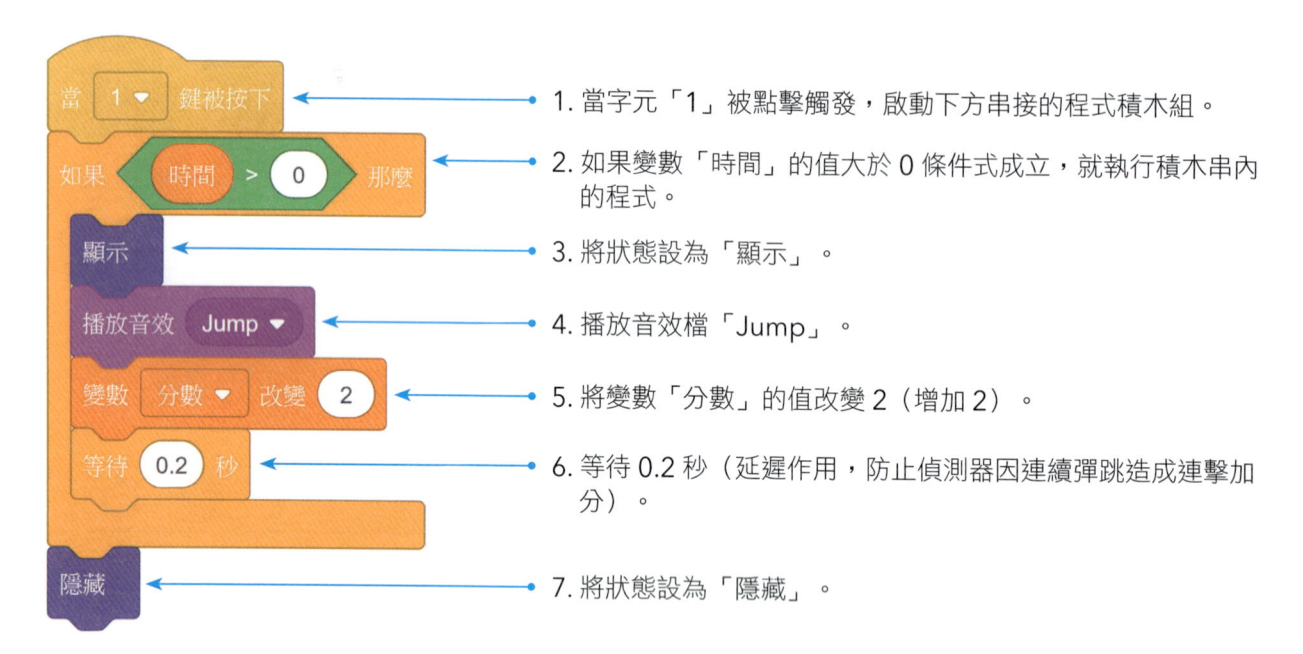

1. 當字元「1」被點擊觸發，啟動下方串接的程式積木組。
2. 如果變數「時間」的值大於 0 條件式成立，就執行積木串內的程式。
3. 將狀態設為「顯示」。
4. 播放音效檔「Jump」。
5. 將變數「分數」的值改變 2（增加 2）。
6. 等待 0.2 秒（延遲作用，防止偵測器因連續彈跳造成連擊加分）。
7. 將狀態設為「隱藏」。

主題 3　實作題 1

「單人投籃機」遊戲程式變化

請修改遊戲程式，讓每顆投出的籃球顏色都不一樣。

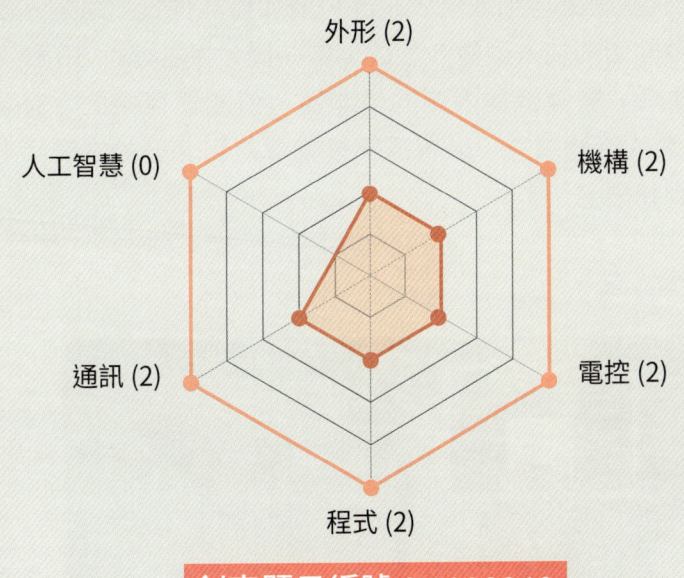

外形 (2)、機構 (2)、電控 (2)、程式 (2)、通訊 (2)、人工智慧 (0)

創客題目編號：B003010

實作時間：15min	
創客指標	指數
外形（專業）	2
機構	2
電控	2
程式	2
通訊	2
人工智慧	0
創客總數	10

>> 我會活用自由落體數學公式寫遊戲程式喔！

單人投籃機加強版

創作時間：45～90分鐘

完成一組跟遊樂場相同的投籃遊戲機您就滿足了嗎？

接下來我們再花一點時間，學習運用 Scratch 其他功能更強的電子積木，還可以活用自由落體的數學公式加入程式設計，做出一組比遊樂場還要有趣的投籃遊戲機吧！

範例程式說明 （參考「單人投籃機加強版.sb3」）

本範例在「單人投籃機.sb3」遊戲程式基礎上再加入特效設計，增加籃球拋投、遠近、自由落體掉落、觀眾歡呼的聲光效果。遊戲開始前加入倒數 3 秒的倒數時間，接著進行 30 秒（可自行修改）遊戲時間，當球投入籃框時，觸發籃框內側的偵測器，偵測器連接的「Scratch Board」會送出字元「1」的訊號給電腦或行動裝置，裝置運算後就會得到 2 分並在畫面上做出眾多新增動畫特效，試試看你能得到幾分。

▫ 單人投籃機加強版遊戲畫面

主題 3　互動遊戲程式設計

◯ 單人投籃機加強版互動遊戲程式的撰寫步驟

1 啟動 Scratch 3.0（參考「主題 2：Scratch 程式開發平台說明」）開始設計互動遊戲。

2 延續「單人投籃機.sb3」遊戲程式繼續撰寫。

3 新增「角色 2」

① 點擊【選個角色】清單中的【選個角色】。
② 點擊【人物】群組。
③ 選擇角色【Casey】。

4 新增「角色 3」

① 點擊【選個角色】清單中的【選個角色】。
② 點擊【人物】群組。
③ 選擇角色【Frank】。

5 「舞台」的電子積木組完整編輯狀態。

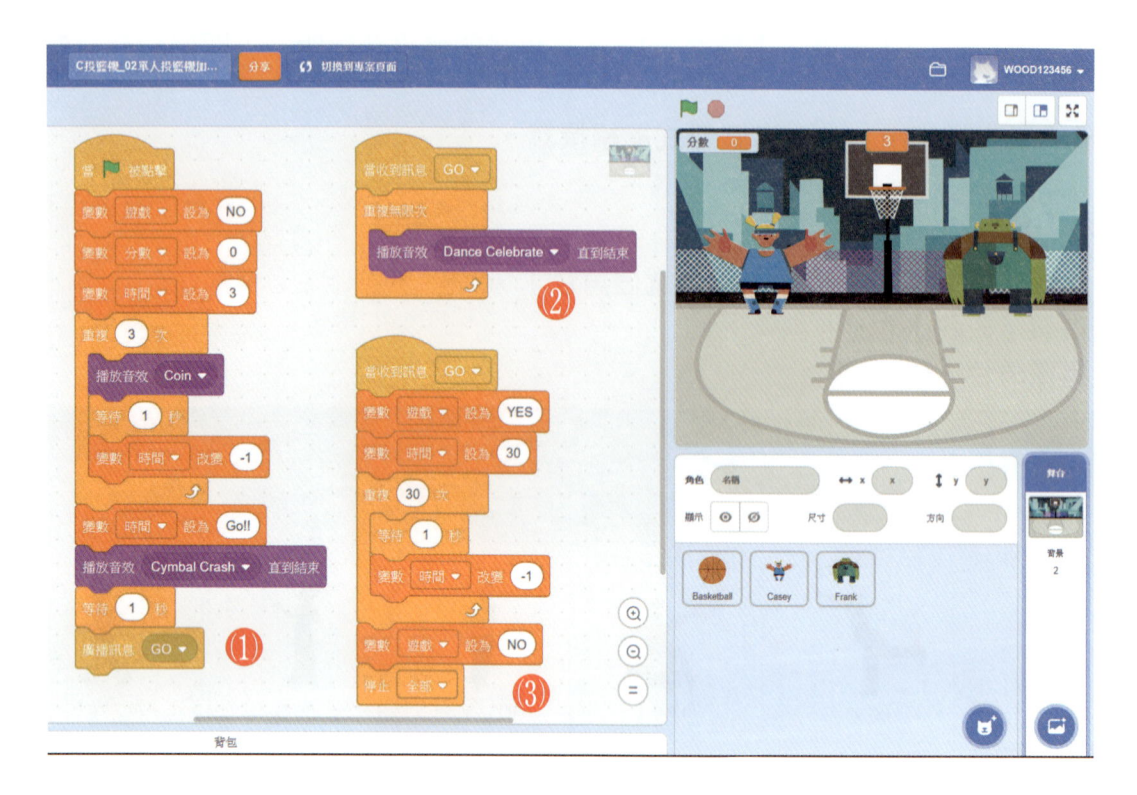

6 再新增 2 個變數

① 點擊【舞台】。
② 點擊【電子積木區】→【程式】頁籤→【變數】群組。
③ 重複點擊【建立一個變數】。
④ 依序再建立「球落下秒數」、「遊戲」2 個變數。
⑤ 將變數「球落下秒數」、「遊戲」前方的點選框取消，讓兩個變數【變數顯示框】隱藏。

7 「舞台」新增 2 個音效

① 點擊【電子積木區】→【音效】頁籤。
② 點擊【選個音效】清單中的【選個音效】。
③ 點擊【效果】群組→選擇音效【Coin】。

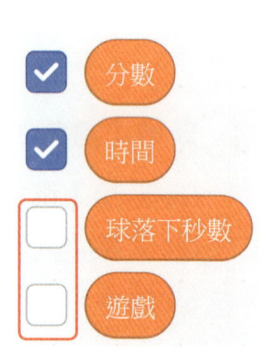

④ 點擊【節奏】群組→選擇音效【Cymbal Crash】。

8 「舞台」的電子積木組 ①

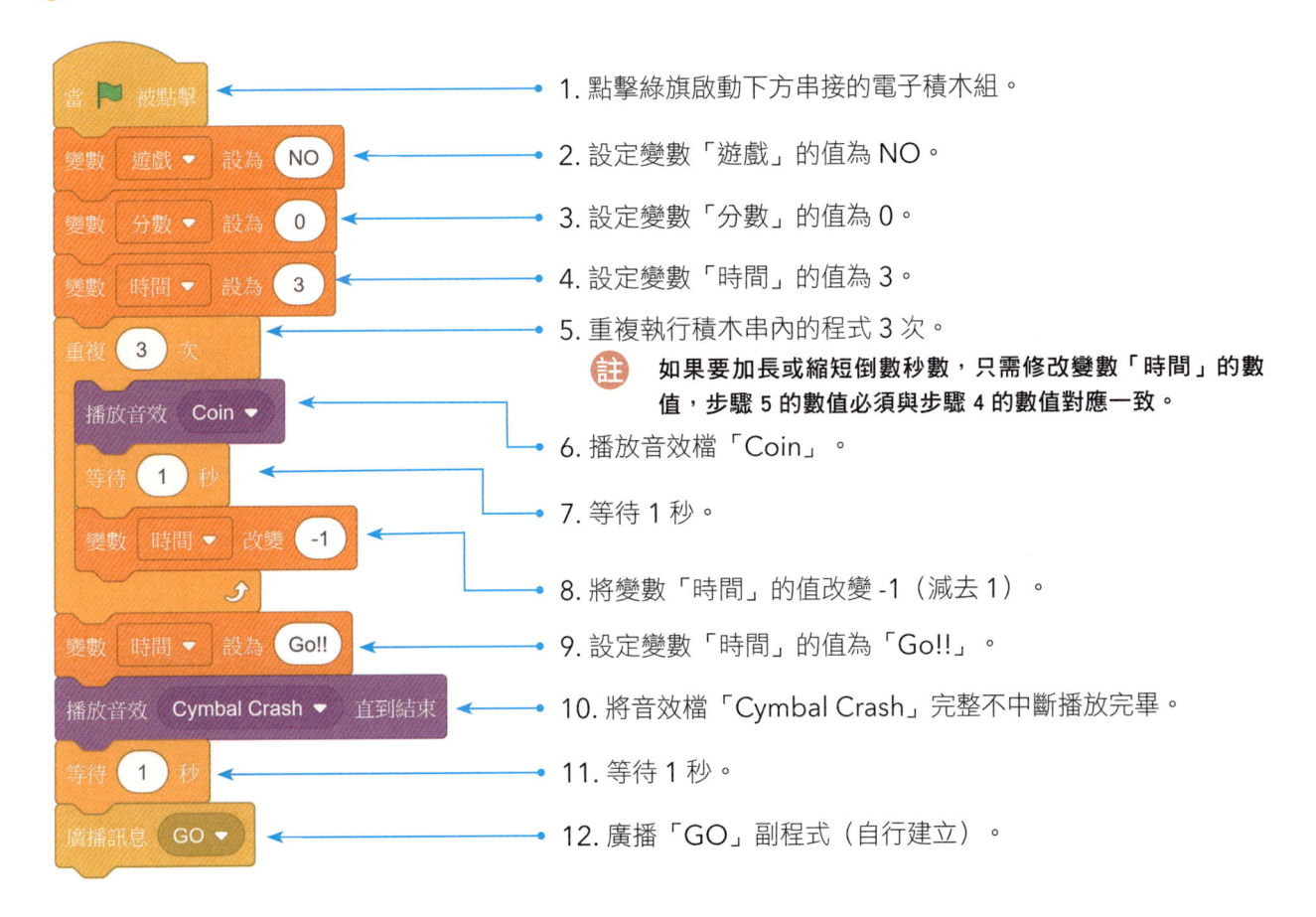

1. 點擊綠旗啟動下方串接的電子積木組。
2. 設定變數「遊戲」的值為 NO。
3. 設定變數「分數」的值為 0。
4. 設定變數「時間」的值為 3。
5. 重複執行積木串內的程式 3 次。

   註：如果要加長或縮短倒數秒數，只需修改變數「時間」的數值，步驟 5 的數值必須與步驟 4 的數值對應一致。

6. 播放音效檔「Coin」。
7. 等待 1 秒。
8. 將變數「時間」的值改變 -1（減去 1）。
9. 設定變數「時間」的值為「Go!!」。
10. 將音效檔「Cymbal Crash」完整不中斷播放完畢。
11. 等待 1 秒。
12. 廣播「GO」副程式（自行建立）。

9 「舞台」新增背景音樂

① 點擊【電子積木區】→【音效】頁籤。
② 點擊【選個音效】清單中的【選個音效】。
③ 點擊【循環】群組→選擇音效【Dance Celebrate】。

10 「舞台」的電子積木組 ②

1. 呼應**步驟 8**「GO」副程式，啟動下方串接的程式積木組。
2. 無限次重複執行積木串內的程式。
3. 將音效檔「Dance Celebrate」完整不中斷播放完畢。

11 「舞台」的電子積木組 ③

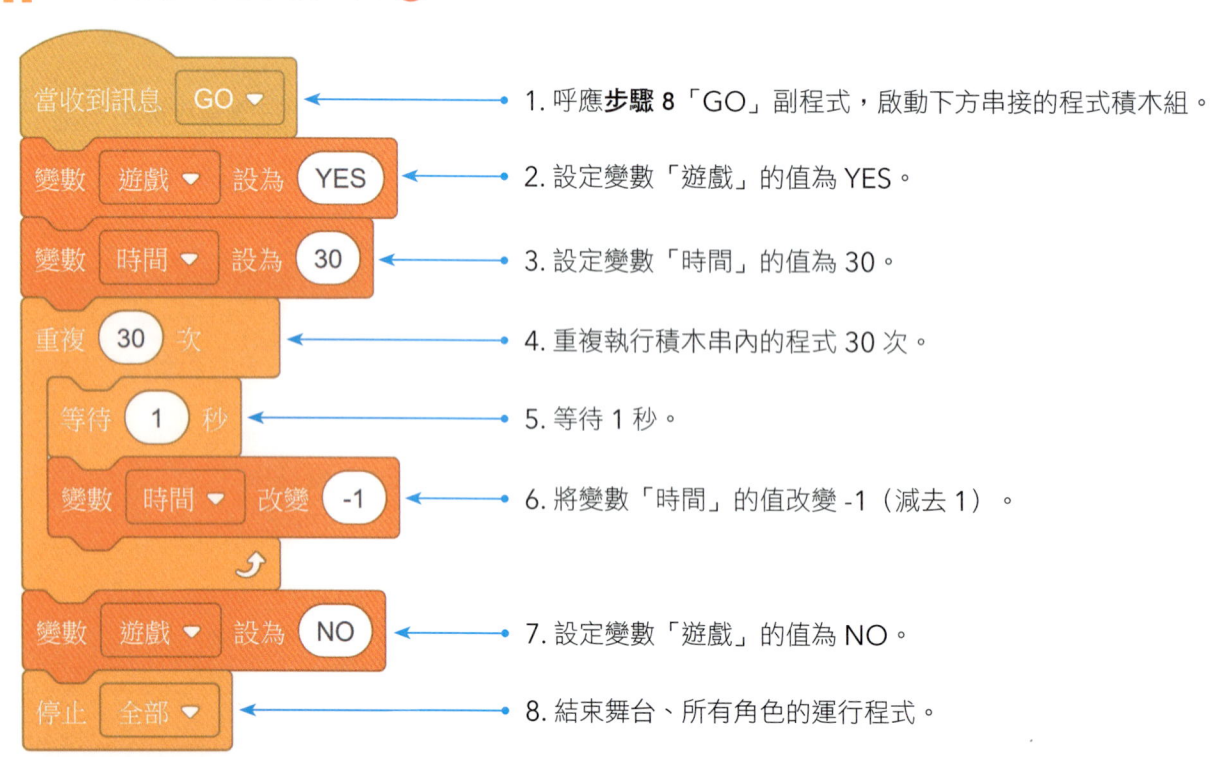

1. 呼應**步驟 8**「GO」副程式，啟動下方串接的程式積木組。
2. 設定變數「遊戲」的值為 YES。
3. 設定變數「時間」的值為 30。
4. 重複執行積木串內的程式 30 次。
5. 等待 1 秒。
6. 將變數「時間」的值改變 -1（減去 1）。
7. 設定變數「遊戲」的值為 NO。
8. 結束舞台、所有角色的運行程式。

主題 3　互動遊戲程式設計

12 「角色 1（Basketball）」的電子積木組完整編輯狀態。

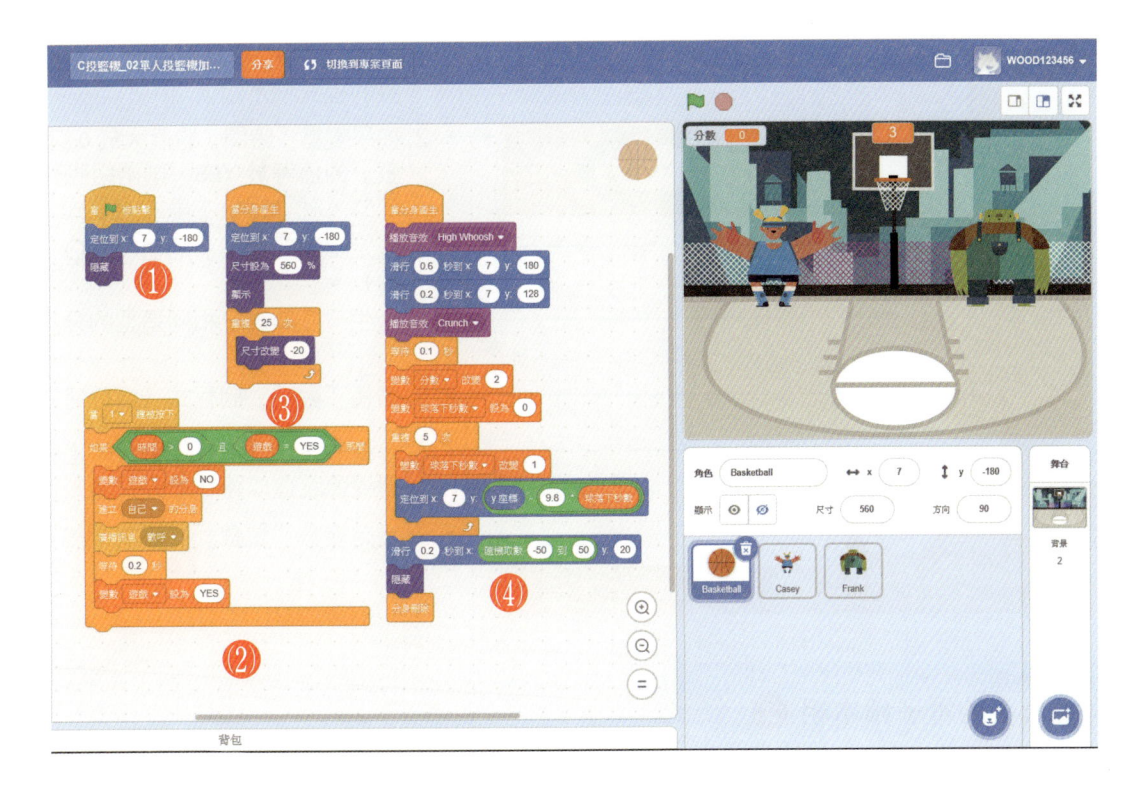

13 「角色 1」的電子積木組 ①

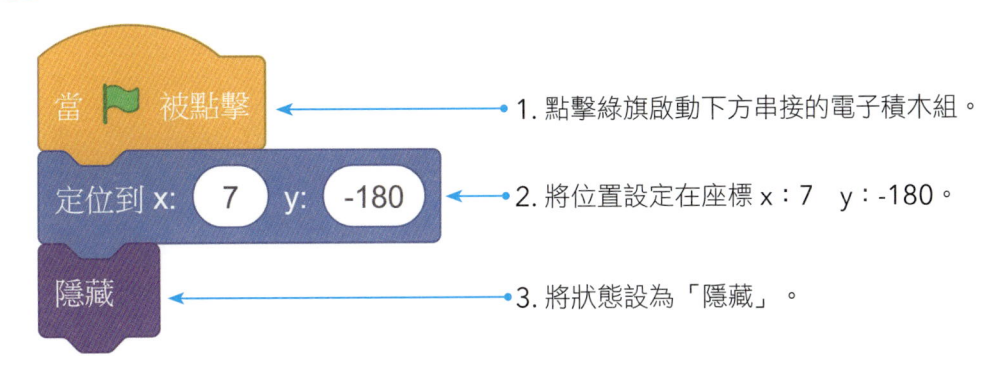

- 1. 點擊綠旗啟動下方串接的電子積木組。
- 2. 將位置設定在座標 x：7　y：-180。
- 3. 將狀態設為「隱藏」。

14 「角色1」的電子積木組 ②

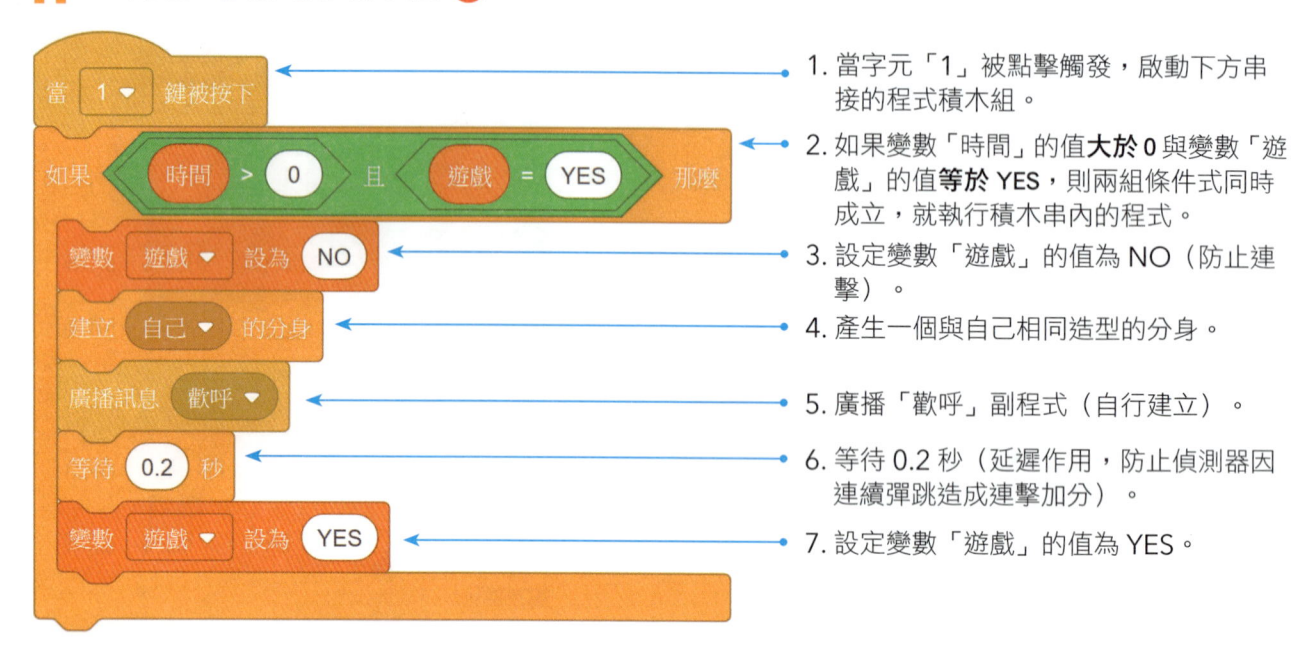

1. 當字元「1」被點擊觸發，啟動下方串接的程式積木組。
2. 如果變數「時間」的值**大於**0與變數「遊戲」的值**等於** YES，則兩組條件式同時成立，就執行積木串內的程式。
3. 設定變數「遊戲」的值為 NO（防止連擊）。
4. 產生一個與自己相同造型的分身。
5. 廣播「歡呼」副程式（自行建立）。
6. 等待 0.2 秒（延遲作用，防止偵測器因連續彈跳造成連擊加分）。
7. 設定變數「遊戲」的值為 YES。

15 「角色1」的電子積木組 ③

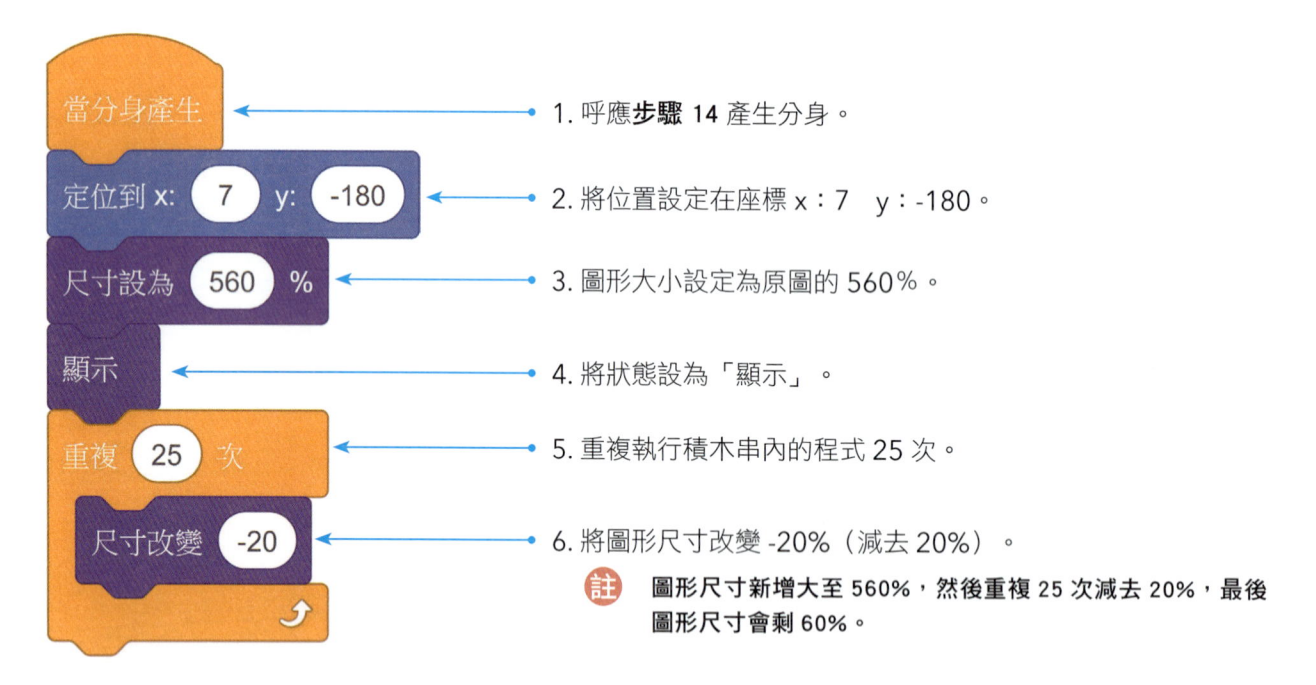

1. 呼應**步驟** 14 產生分身。
2. 將位置設定在座標 x：7　y：-180。
3. 圖形大小設定為原圖的 560%。
4. 將狀態設為「顯示」。
5. 重複執行積木串內的程式 25 次。
6. 將圖形尺寸改變 -20%（減去 20%）。

註 圖形尺寸新增大至 560%，然後重複 25 次減去 20%，最後圖形尺寸會剩 60%。

16 「角色 1」新增 2 個音效

① 點擊【電子積木區】→【音效】頁籤。
② 點擊【選個音效】清單中的【選個音效】。
③ 點擊【效果】群組→選擇音效【Crunch】與【High Whoosh】。

17 「角色 1」的電子積木組 ④

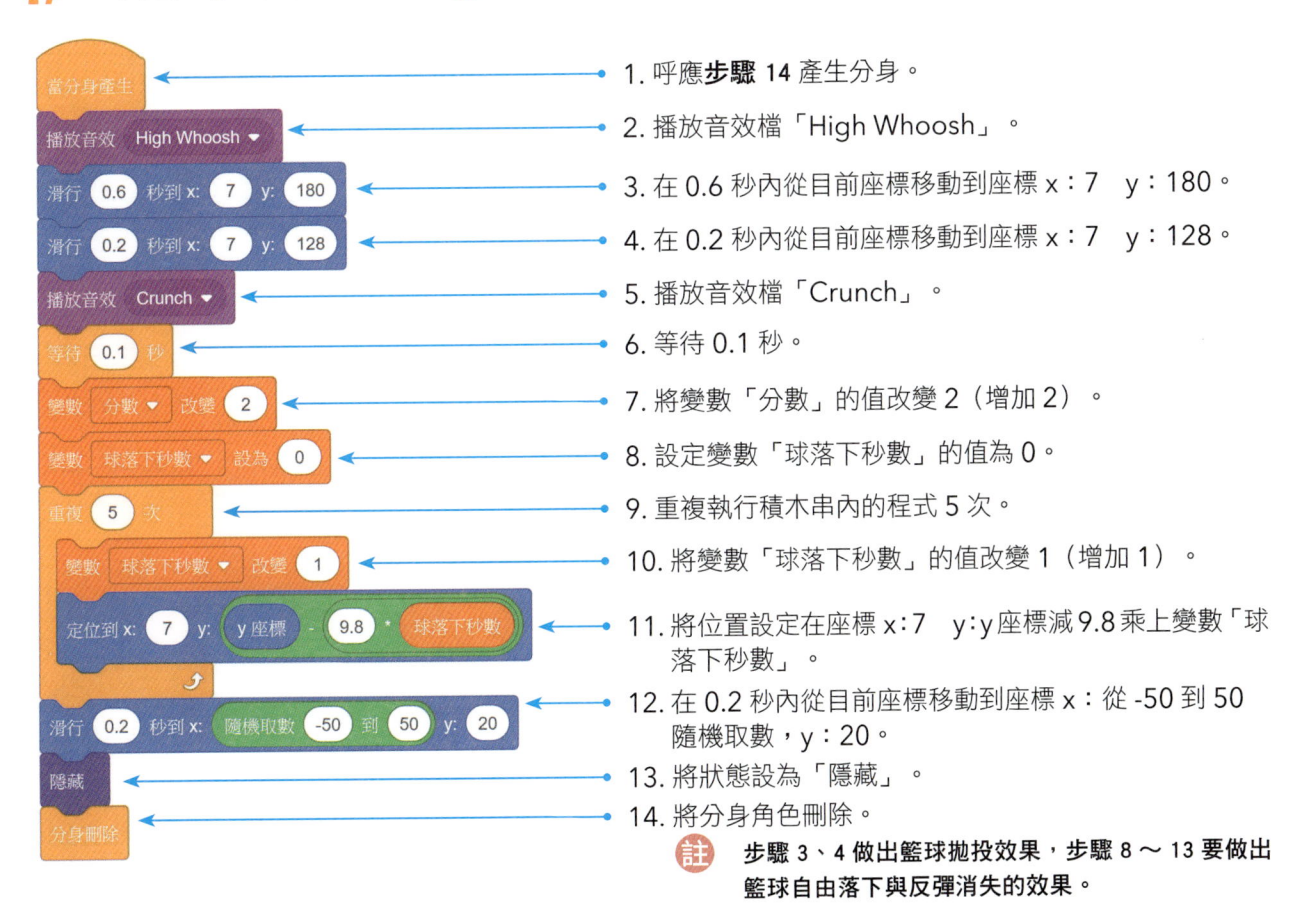

1. 呼應**步驟** 14 產生分身。
2. 播放音效檔「High Whoosh」。
3. 在 0.6 秒內從目前座標移動到座標 x：7　y：180。
4. 在 0.2 秒內從目前座標移動到座標 x：7　y：128。
5. 播放音效檔「Crunch」。
6. 等待 0.1 秒。
7. 將變數「分數」的值改變 2（增加 2）。
8. 設定變數「球落下秒數」的值為 0。
9. 重複執行積木串內的程式 5 次。
10. 將變數「球落下秒數」的值改變 1（增加 1）。
11. 將位置設定在座標 x：7　y：y 座標減 9.8 乘上變數「球落下秒數」。
12. 在 0.2 秒內從目前座標移動到座標 x：從 -50 到 50 隨機取數，y：20。
13. 將狀態設為「隱藏」。
14. 將分身角色刪除。

註 步驟 3、4 做出籃球拋投效果，步驟 8～13 要做出籃球自由落下與反彈消失的效果。

18 「角色 2（Casey）」的電子積木組完整編輯狀態。

19 「角色 2」的電子積木組 ①

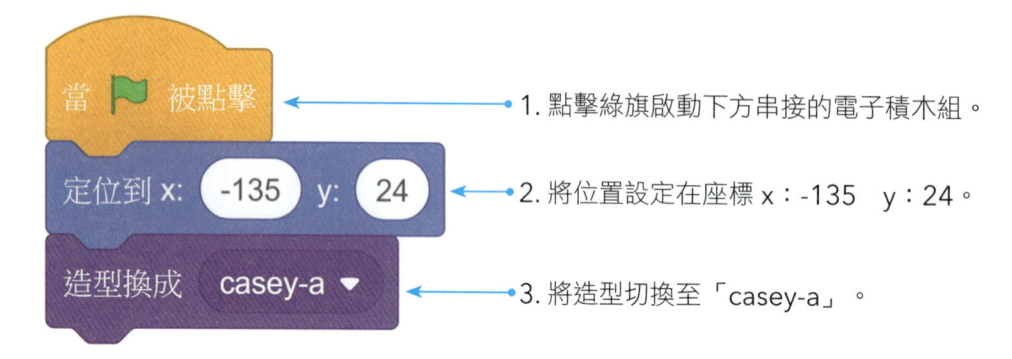

1. 點擊綠旗啟動下方串接的電子積木組。
2. 將位置設定在座標 x：-135　y：24。
3. 將造型切換至「casey-a」。

20 「角色 2」新增音效

① 點擊【電子積木區】→【音效】頁籤。
② 刪除原隨圖音效。
③ 點擊【選個音效】清單中的【選個音效】。
④ 點擊【人聲】群組 → 選擇音效【Goal Cheer】。

主題 3　互動遊戲程式設計

21 「角色 2」的電子積木組 ②

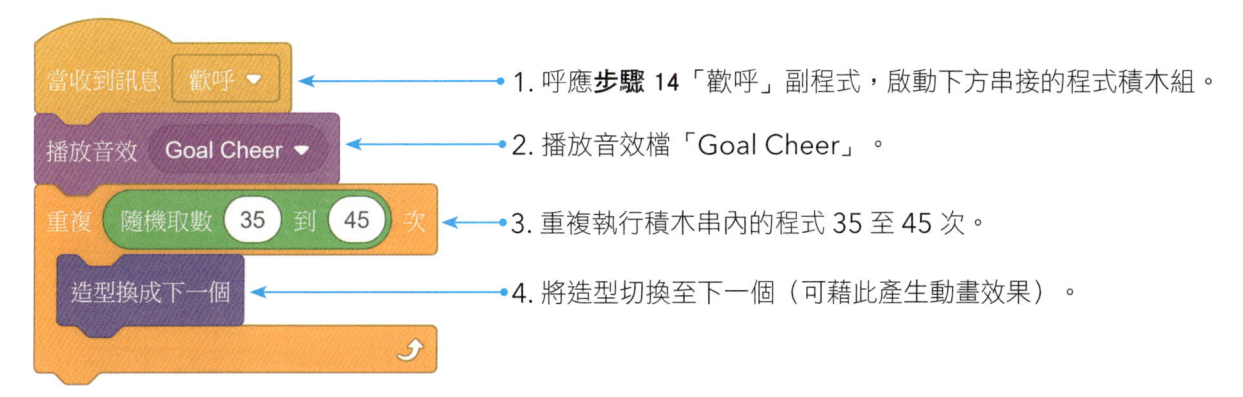

1. 呼應**步驟** 14「歡呼」副程式，啟動下方串接的程式積木組。
2. 播放音效檔「Goal Cheer」。
3. 重複執行積木串內的程式 35 至 45 次。
4. 將造型切換至下一個（可藉此產生動畫效果）。

22 「角色 3（Frank）」的電子積木組完整編輯狀態。

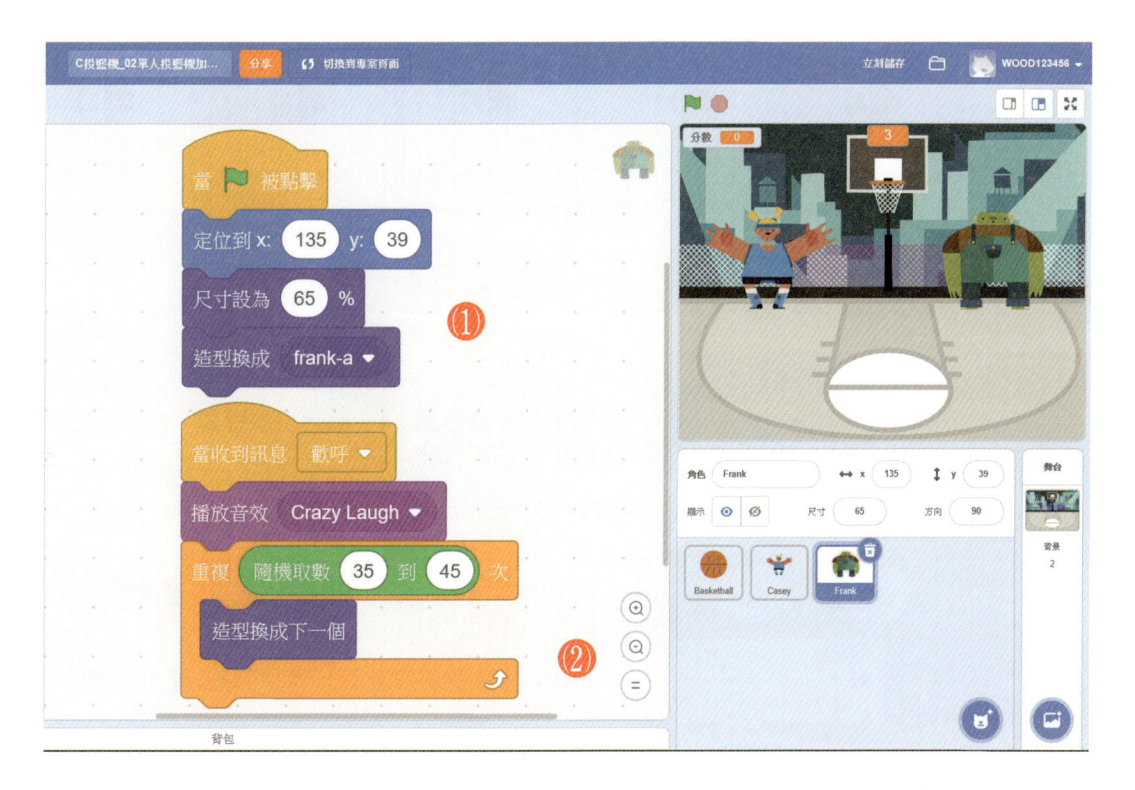

23 「角色 3」的電子積木組 ①

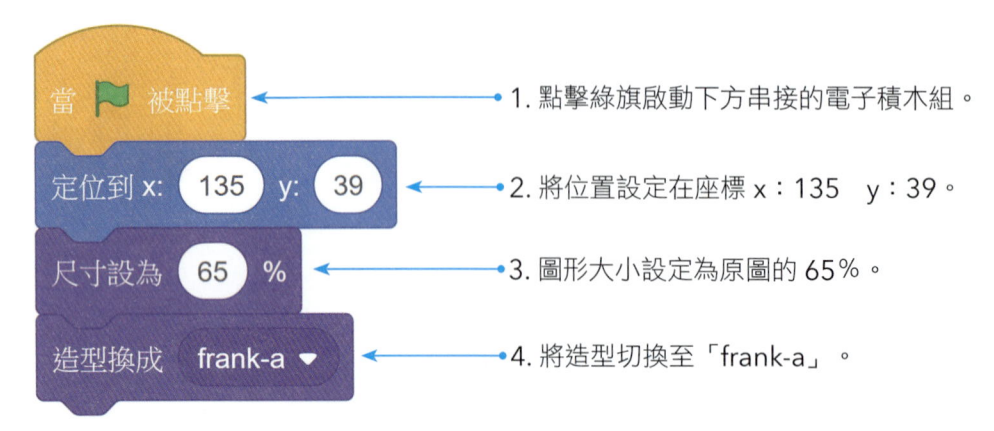

1. 點擊綠旗啟動下方串接的電子積木組。
2. 將位置設定在座標 x：135　y：39。
3. 圖形大小設定為原圖的 65%。
4. 將造型切換至「frank-a」。

24 「角色 3」新增音效

① 點擊【電子積木區】→【音效】頁籤。
② 刪除原隨圖音效。
③ 點擊【選個音效】清單中的【選個音效】。
④ 點擊【人聲】群組 → 選擇音效【Crazy Laugh】。

25 「角色 3」的電子積木組 ②

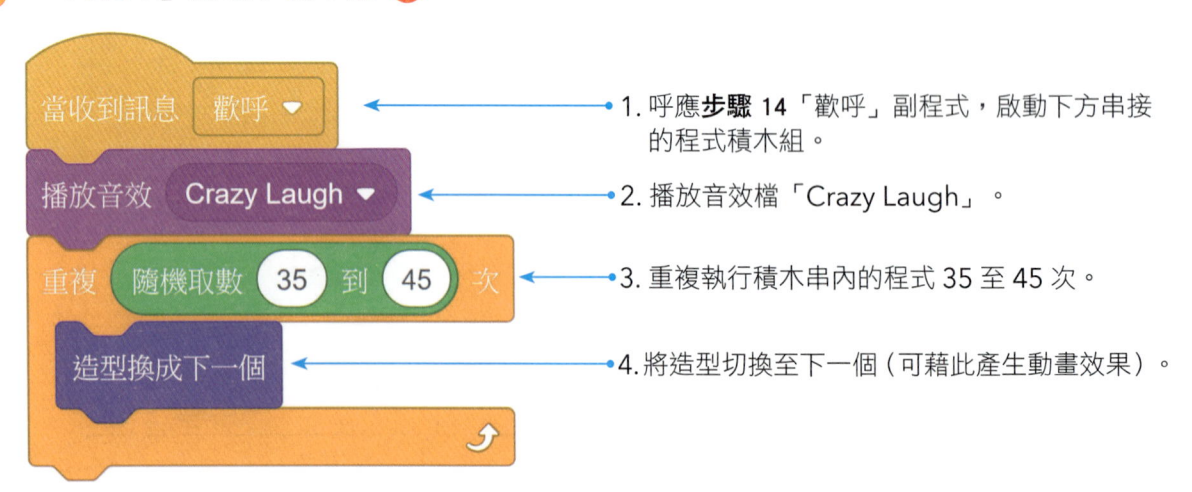

1. 呼應**步驟 14**「歡呼」副程式，啟動下方串接的程式積木組。
2. 播放音效檔「Crazy Laugh」。
3. 重複執行積木串內的程式 35 至 45 次。
4. 將造型切換至下一個（可藉此產生動畫效果）。

主題 3　實作題 2

「單人投籃機加強版」遊戲程式變化

請修改遊戲程式，將投籃球變成投西瓜。

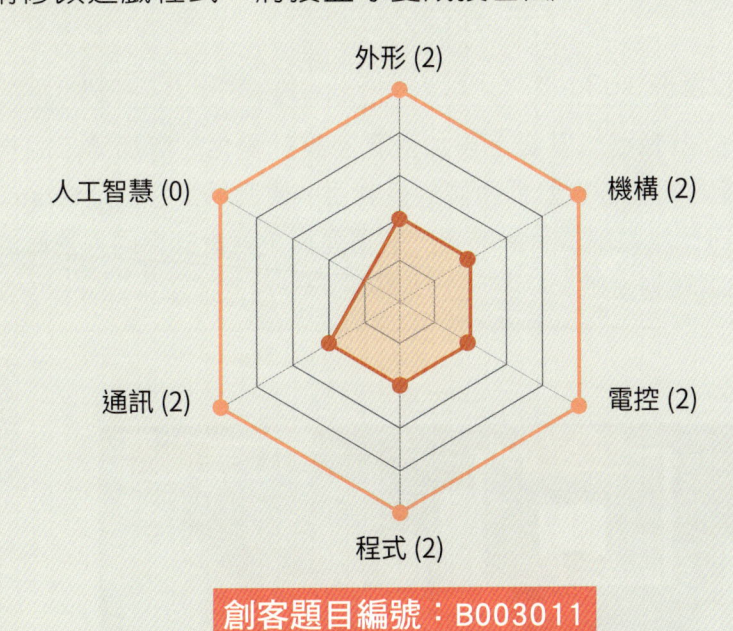

實作時間：20min	
創客指標	指數
外形（專業）	2
機構	2
電控	2
程式	2
通訊	2
人工智慧	0
創客總數	**10**

創客題目編號：B003011

創客木工結合 3D Onshape 建模含雷雕製作與 Scratch 3.0 程式設計

>> 你在遊樂場看過可以雙人PK對戰的投籃機嗎？

雙人對戰投籃機

創作時間：45～90分鐘

怎麼讓投籃機更好玩呢？當然是跟朋友一起 PK 對戰才刺激啊，可是沒看過遊樂場的投籃機有對戰 PK 功能的啊！？

沒問題！接下來我們只要再花一點時間靈活運用 Scratch 電子積木，就能做出一整套連在遊樂場都沒看過的投籃機，而且只要融會貫通其中技巧，別說是雙人對戰，3～10 人同時遊戲的對戰投籃機都能輕鬆做出來。

範例程式說明 （參考「雙人對戰投籃機.sb3」）

本範例在「單人投籃機加強版.sb3」遊戲程式基礎上再加入更多設計變化，增加第二組投籃偵測，當個別的球投入兩組籃框後會觸發各自籃框內側的偵測器，偵測器連接的「Scratch Board」會送出字元「1」與「2」的訊號給電腦或行動裝置，裝置運算後就會計算兩人對戰的分數，接下來就開始享受緊張刺激的對戰遊戲吧。

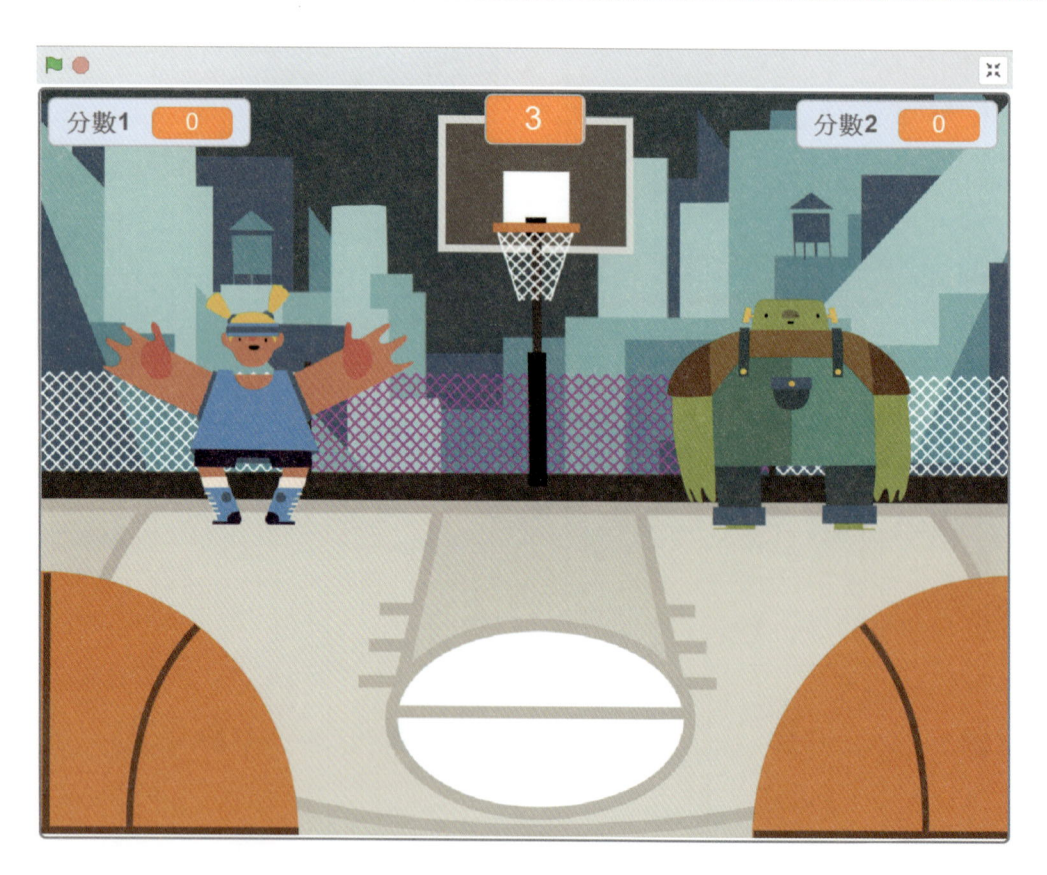

□ 雙人對戰投籃機遊戲畫面

雙人對戰投籃機互動遊戲程式的撰寫步驟

1 啟動 Scratch 3.0（參考「主題 2：Scratch 程式開發平台說明」）開始設計互動遊戲。

2 延續「單人投籃機加強版 .sb3」遊戲程式繼續撰寫。

3 「舞台」的電子積木組完整編輯狀態。

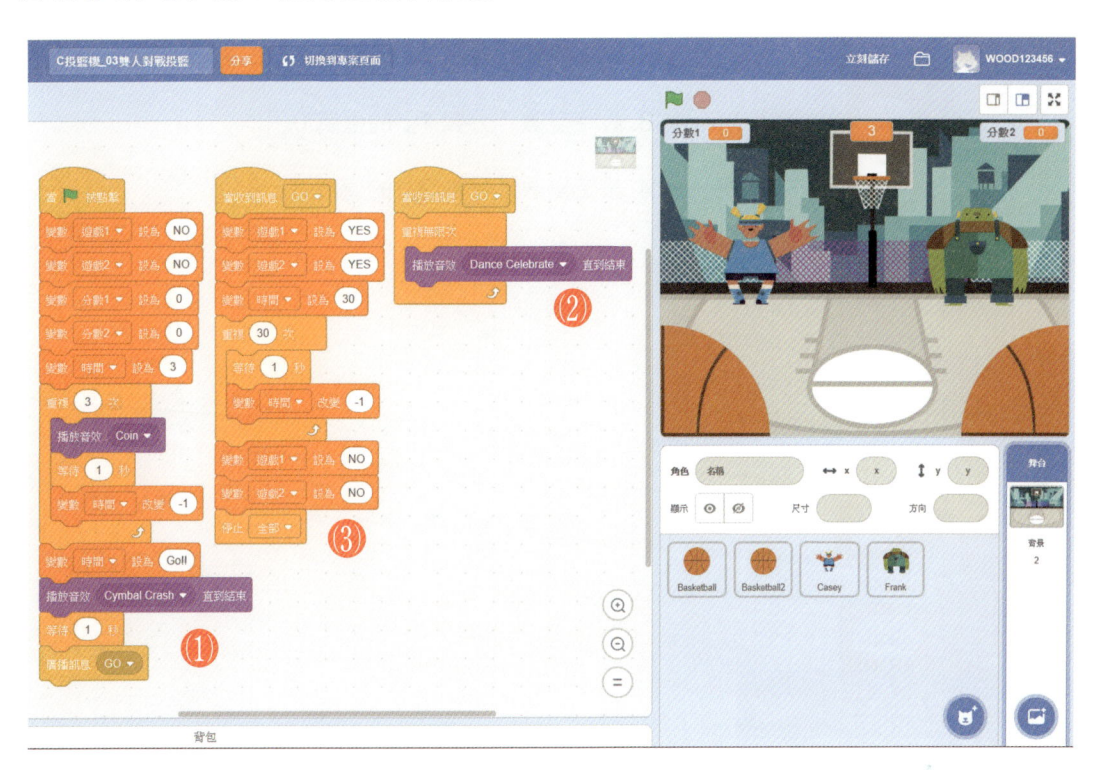

4 變數進行下列變更與新增

① 點擊【舞台】。
② 點擊【電子積木區】→【程式】頁籤→【變數】群組。

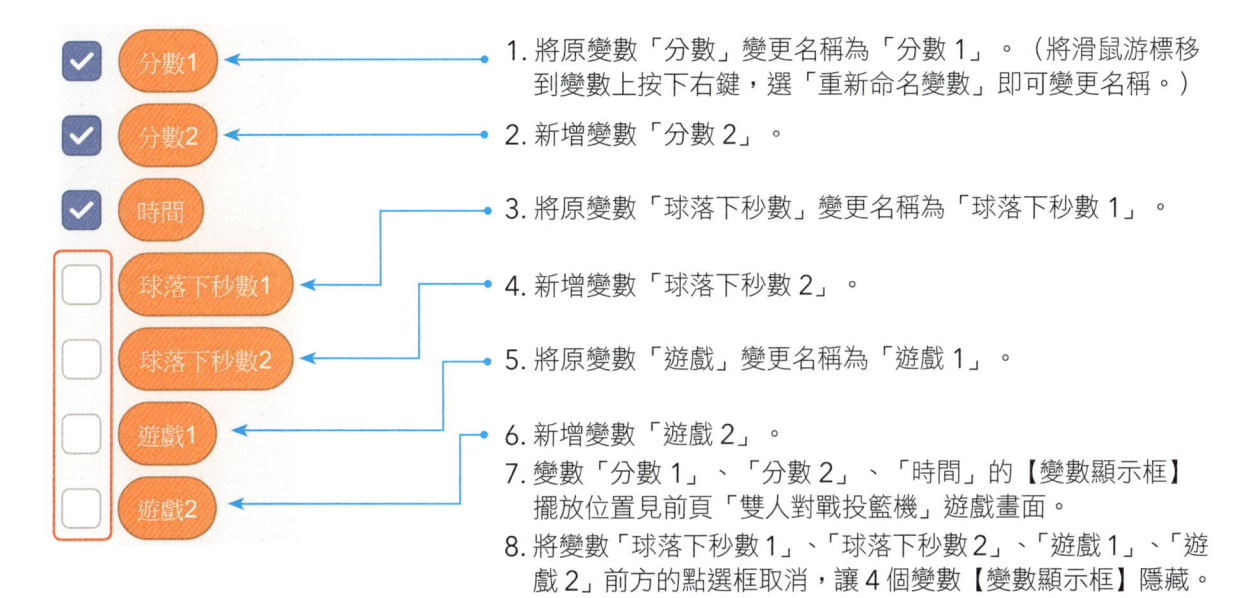

1. 將原變數「分數」變更名稱為「分數 1」。（將滑鼠游標移到變數上按下右鍵，選「重新命名變數」即可變更名稱。）
2. 新增變數「分數 2」。
3. 將原變數「球落下秒數」變更名稱為「球落下秒數 1」。
4. 新增變數「球落下秒數 2」。
5. 將原變數「遊戲」變更名稱為「遊戲 1」。
6. 新增變數「遊戲 2」。
7. 變數「分數 1」、「分數 2」、「時間」的【變數顯示框】擺放位置見前頁「雙人對戰投籃機」遊戲畫面。
8. 將變數「球落下秒數 1」、「球落下秒數 2」、「遊戲 1」、「遊戲 2」前方的點選框取消，讓 4 個變數【變數顯示框】隱藏。

5 「舞台」的電子積木組 ①

以下僅針對「雙人對戰投籃機」相較於「單人投籃機加強版」變更的部分作說明。

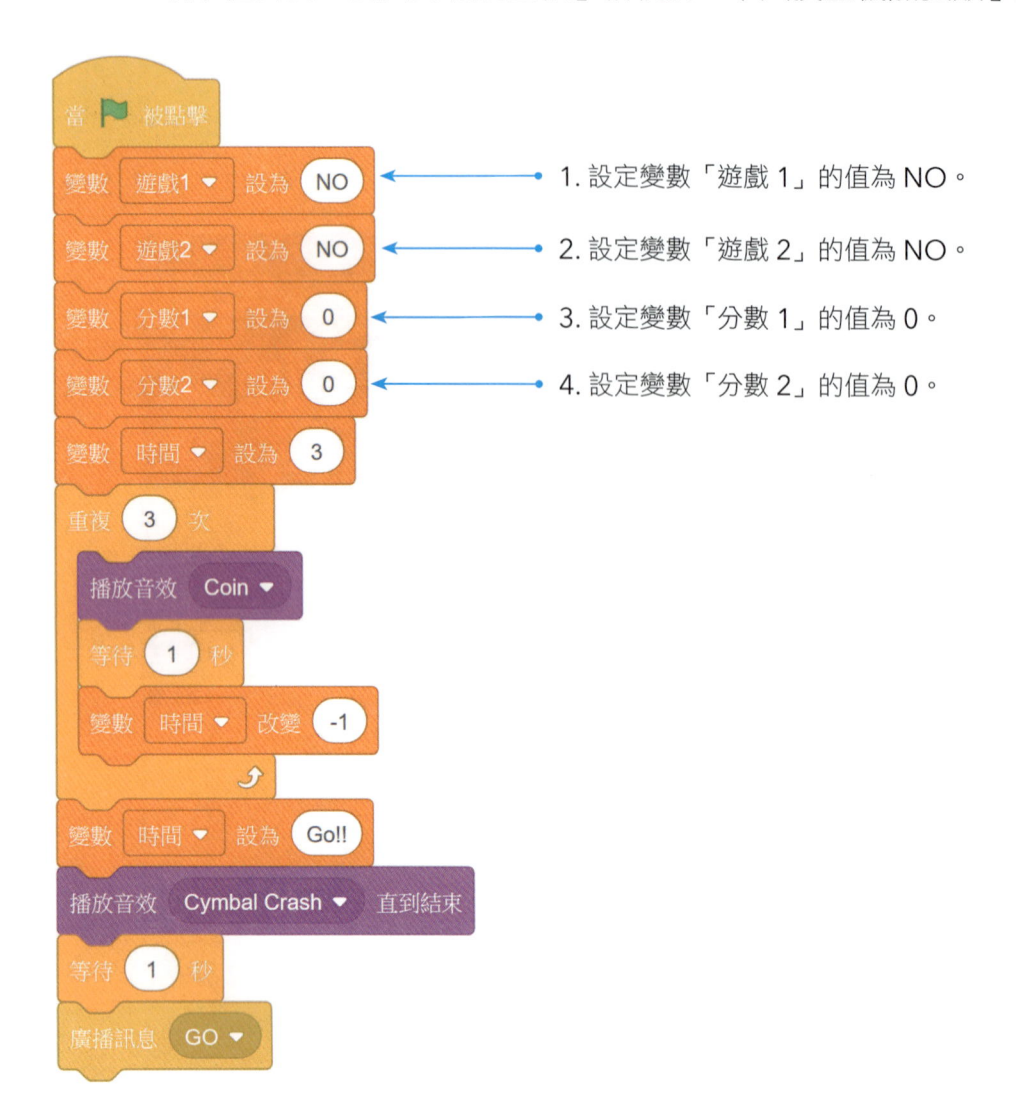

- 1. 設定變數「遊戲 1」的值為 NO。
- 2. 設定變數「遊戲 2」的值為 NO。
- 3. 設定變數「分數 1」的值為 0。
- 4. 設定變數「分數 2」的值為 0。

6 「舞台」的電子積木組 ②

「雙人對戰投籃機」設計與「單人投籃機加強版」完全相同。

7 「舞台」的電子積木組 ③

以下僅針對「雙人對戰投籃機」相較於「單人投籃機加強版」變更的部分作註解。

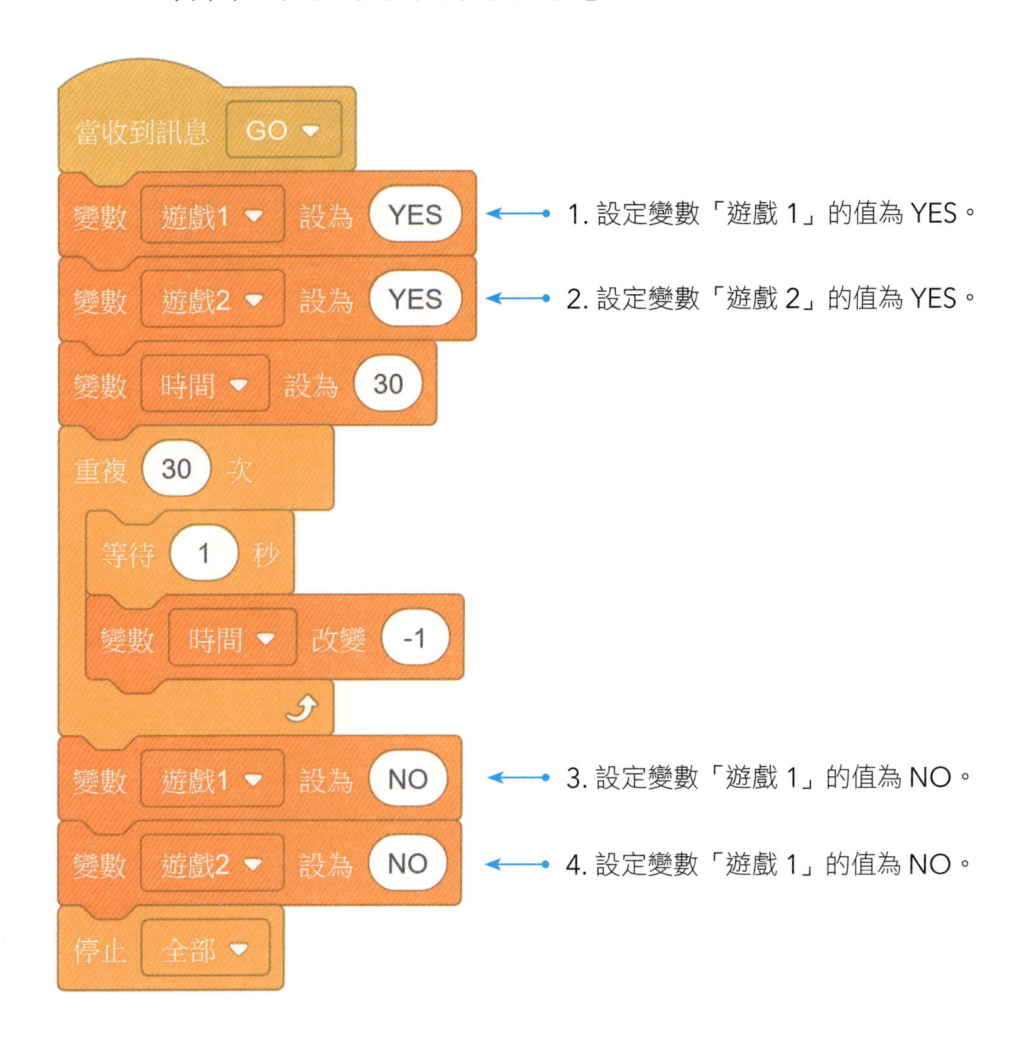

當收到訊息 GO

變數 遊戲1 設為 YES ← 1. 設定變數「遊戲1」的值為 YES。

變數 遊戲2 設為 YES ← 2. 設定變數「遊戲2」的值為 YES。

變數 時間 設為 30

重複 30 次
　等待 1 秒
　變數 時間 改變 -1

變數 遊戲1 設為 NO ← 3. 設定變數「遊戲1」的值為 NO。

變數 遊戲2 設為 NO ← 4. 設定變數「遊戲1」的值為 NO。

停止 全部

8 「角色 1（Basketball）」的電子積木組完整編輯狀態。

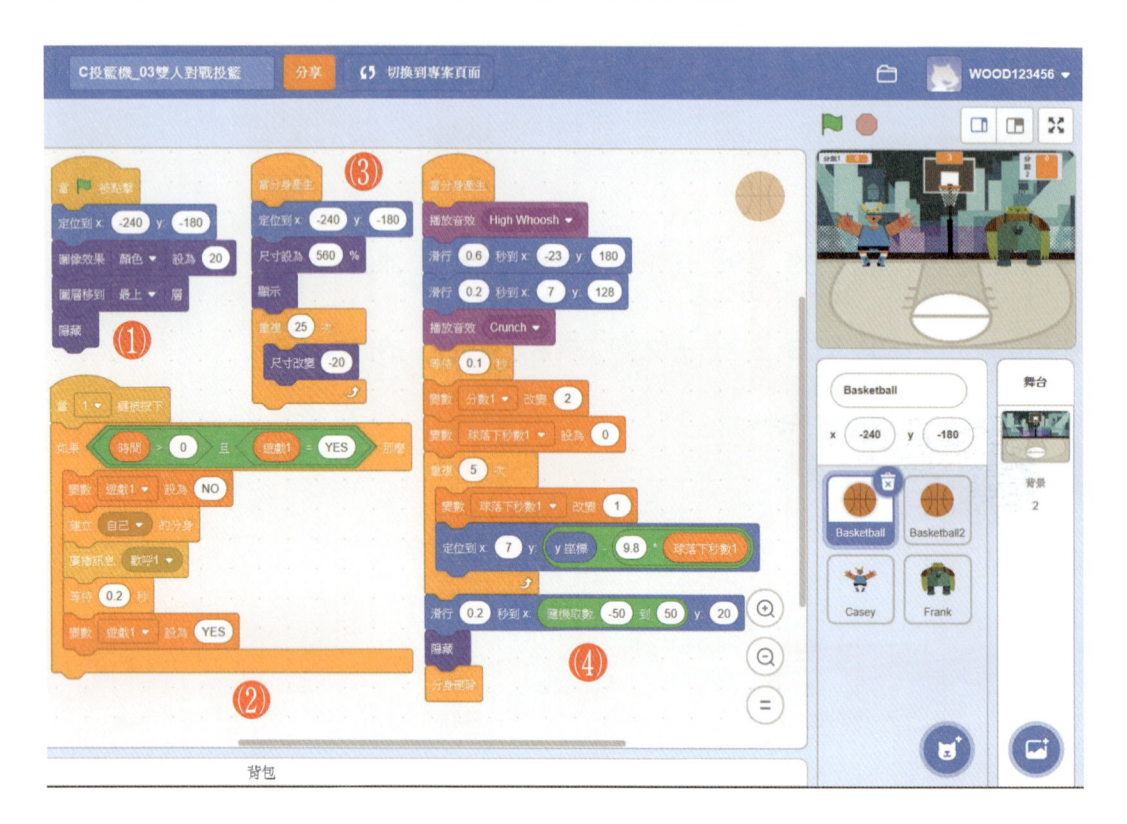

9 「角色 1」的電子積木組 ①

以下僅針對「雙人對戰投籃機」相較於「單人投籃機加強版」變更的部分作說明。

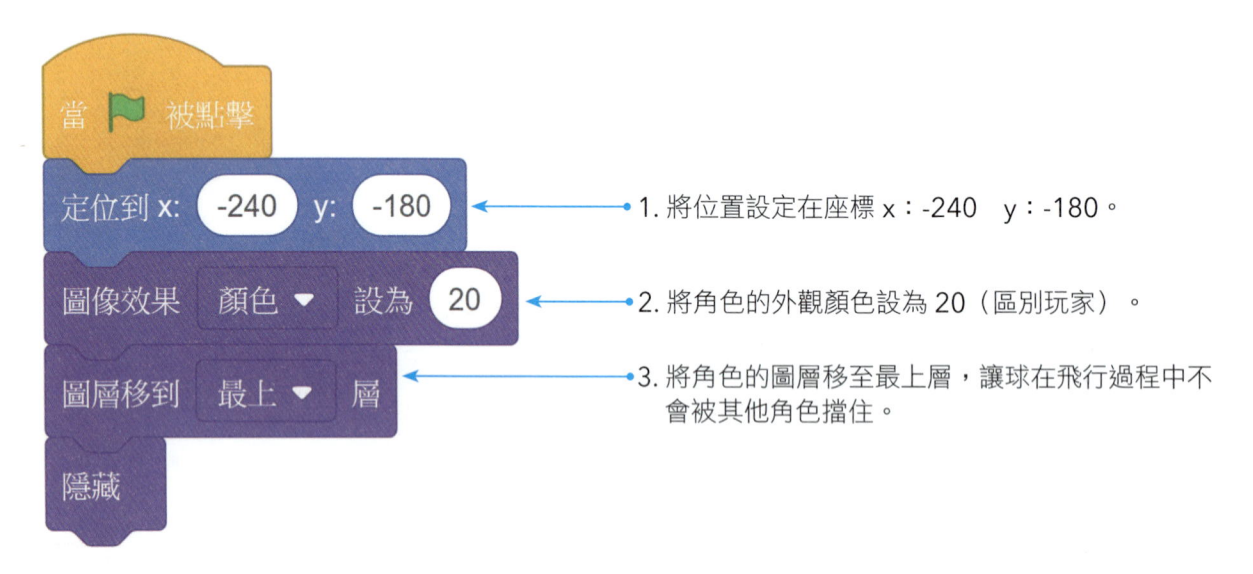

1. 將位置設定在座標 x：-240　y：-180。

2. 將角色的外觀顏色設為 20（區別玩家）。

3. 將角色的圖層移至最上層，讓球在飛行過程中不會被其他角色擋住。

10 「角色1」的電子積木組 ②

以下僅針對「雙人對戰投籃機」相較於「單人投籃機加強版」變更的部分作說明。

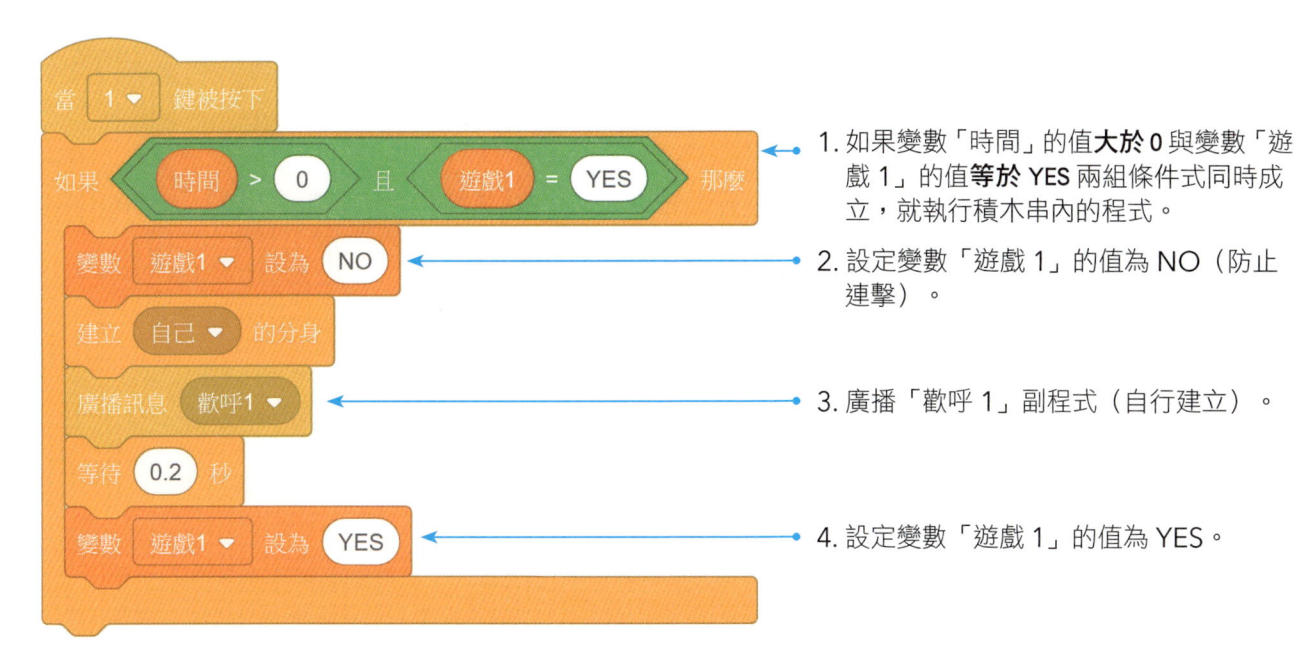

1. 如果變數「時間」的值**大於** 0 與變數「遊戲 1」的值**等於** YES 兩組條件式同時成立，就執行積木串內的程式。
2. 設定變數「遊戲 1」的值為 NO（防止連擊）。
3. 廣播「歡呼 1」副程式（自行建立）。
4. 設定變數「遊戲 1」的值為 YES。

11 「角色1」的電子積木組 ③

以下僅針對「雙人對戰投籃機」相較於「單人投籃機加強版」變更的部分作說明。

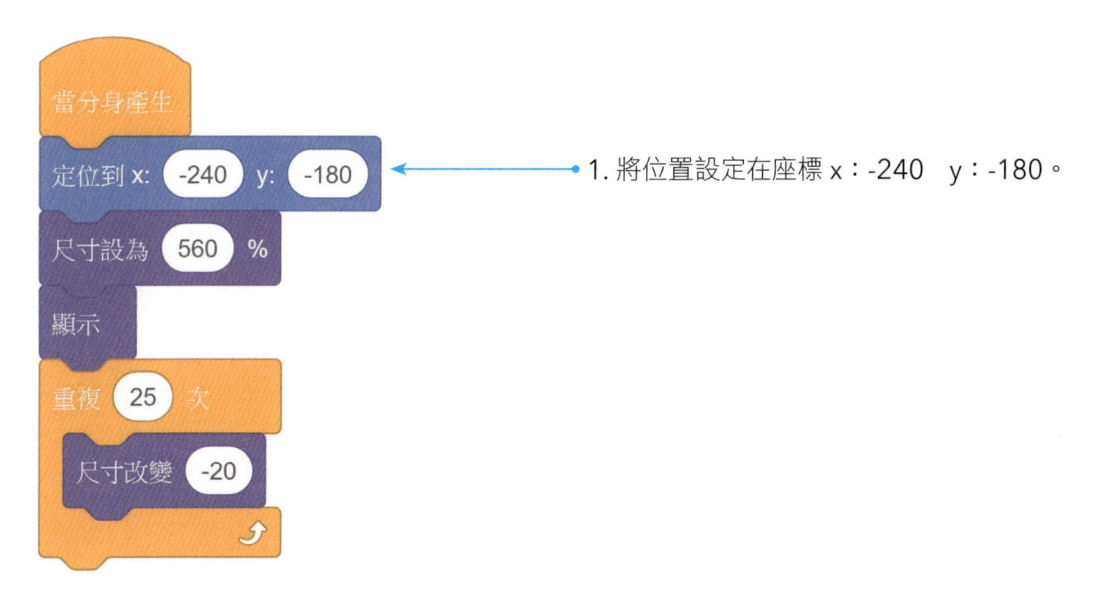

1. 將位置設定在座標 x：-240　y：-180。

12 「角色 1」的電子積木組 ④

以下僅針對「雙人對戰投籃機」相較於「單人投籃機加強版」變更的部分作說明。

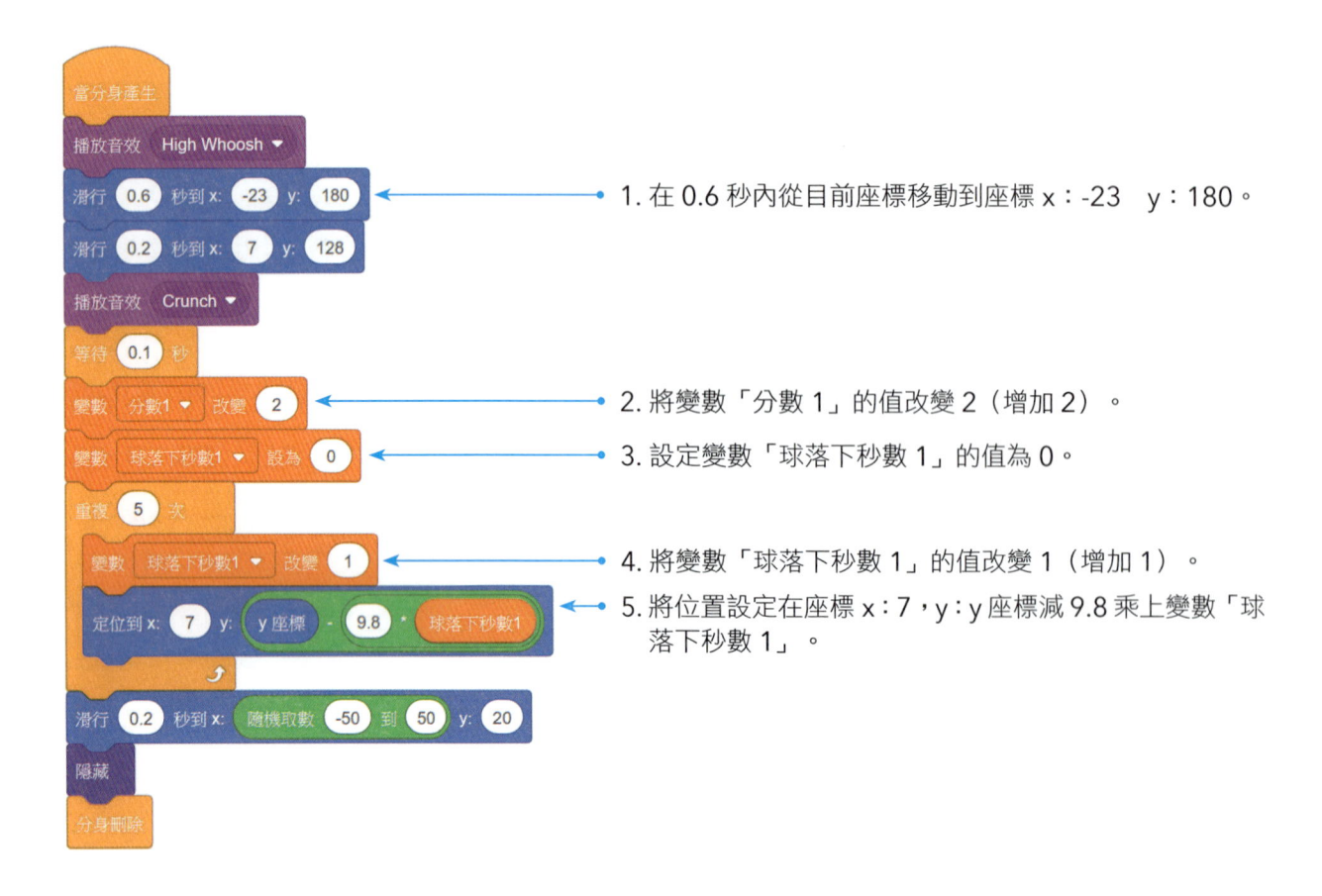

1. 在 0.6 秒內從目前座標移動到座標 x：-23　y：180。
2. 將變數「分數 1」的值改變 2（增加 2）。
3. 設定變數「球落下秒數 1」的值為 0。
4. 將變數「球落下秒數 1」的值改變 1（增加 1）。
5. 將位置設定在座標 x：7，y：y 座標減 9.8 乘上變數「球落下秒數 1」。

13 複製產生「角色 4（Basketball2）」

① 滑鼠游標移至「角色 1（Basketball）」上方按下滑鼠右鍵，出現清單後選擇【複製】功能。

② 複製產生出的第二顆籃球角色，程式內容（含音效）都會和「角色 1（Basketball）」相同。由於原遊戲已經有 3 個角色，所以複製產生的第二顆籃球就定義為「角色 4（Basketball2）」。

14 由「角色 1（Basketball）」複製產生的「角色 4（Basketball2）」，兩個角色的程式積木需針對下列標註之「控制」、「位置」、「變數」作變更，變更內容見下列「變更項目一覽表」：

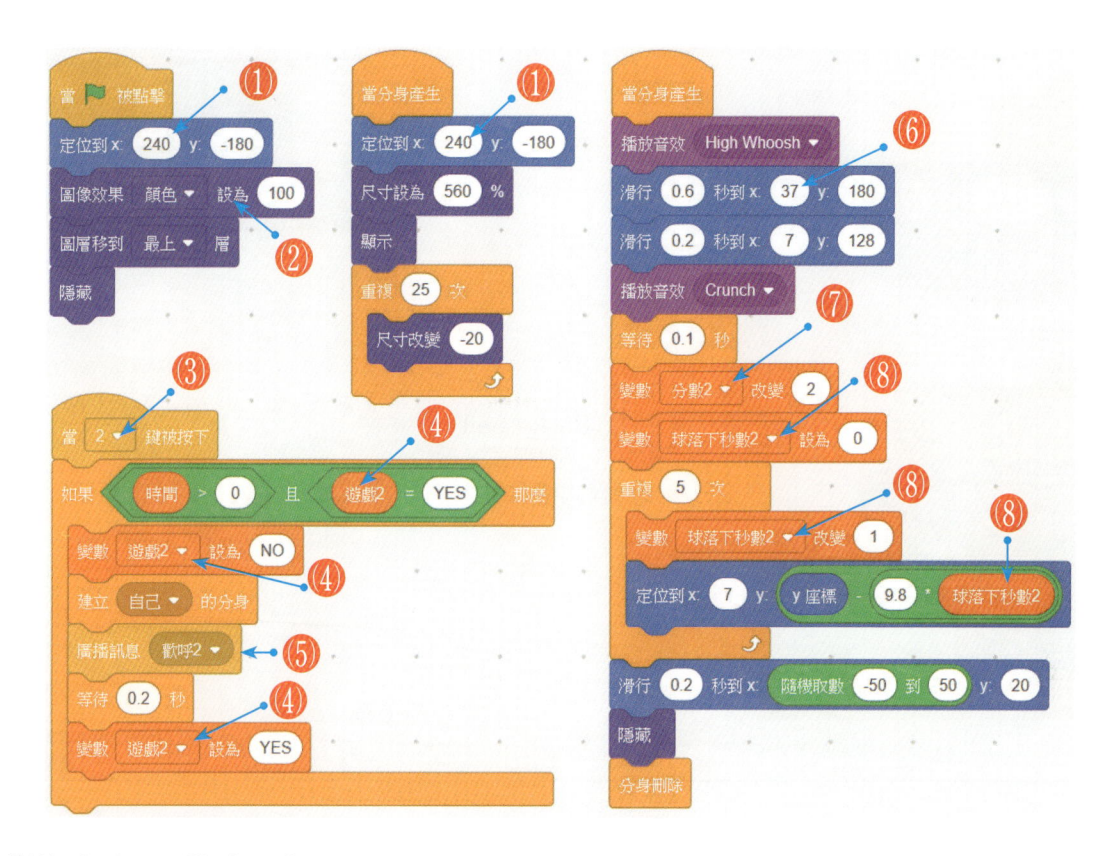

「變更項目一覽表」如下：

角色	角色 1（Basketball）	角色 4（Basketball2）
[1] 起始位置座標	x：-240　y：-180	x：240　y：-180
[2] 顏色設定	20	100
[3] 控制鍵字元	1	2
[4] 變數	遊戲 1	遊戲 2
[5] 廣播訊息	歡呼 1	歡呼 2
[6] 滑行後位置座標	x：-23　y：180	x：37　y：180
[7] 變數	分數 1	分數 2
[8] 變數	球落下秒數 1	球落下秒數 2

創客木工結合 3D Onshape 建模含雷雕製作與 Scratch 3.0 程式設計

15 「角色 2（Casey）」的電子積木組完整編輯狀態。

呼應「角色 1（Basketball）」觸發之「歡呼 1」副程式，啟動下方串接的程式積木組。

16 「角色 2（Casey）」的電子積木組完整編輯狀態。

呼應「角色 4（Basketball2）」觸發之「歡呼 2」副程式，啟動下方串接的程式積木組。

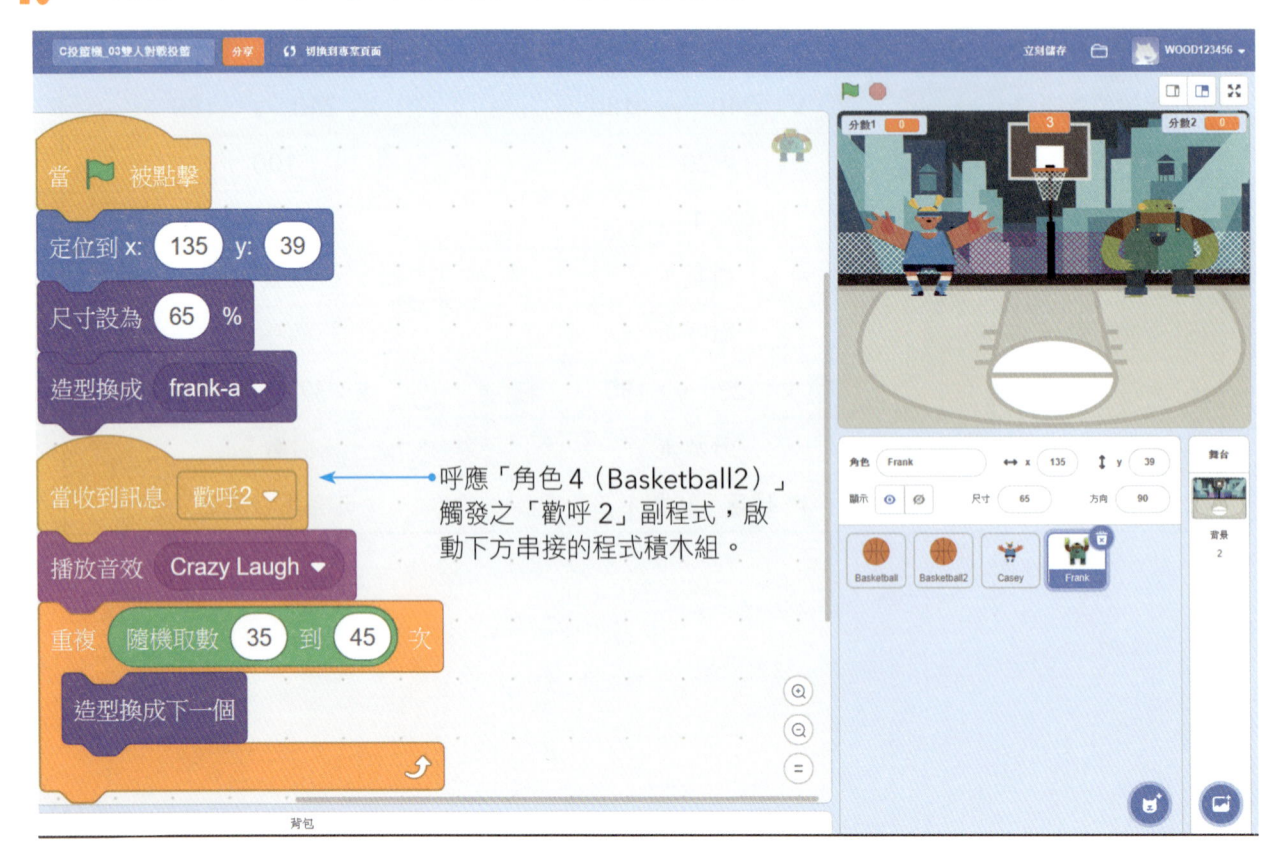

主題3 實作題3

「雙人對戰投籃機」遊戲程式變化

請修改遊戲程式，當你投進球除了自己能得到2分，同時還可以讓對手扣掉1分。

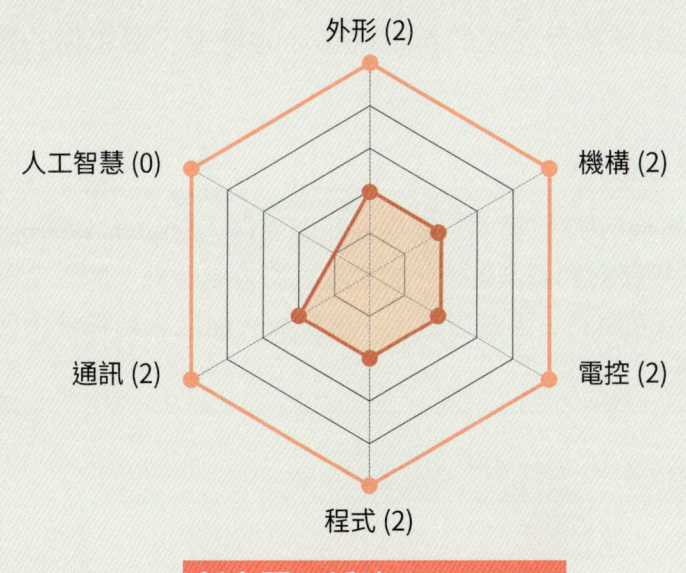

實作時間：20min	
創客指標	指數
外形（專業）	2
機構	2
電控	2
程式	2
通訊	2
人工智慧	0
創客總數	**10**

創客題目編號：B003012

>> 哥不是在投籃,哥是在拯救世界和平!

勇者鬥惡龍

創作時間:45~90分鐘

　　經過前三個遊戲程式設計的訓練,相信你已經完成一組比遊樂場還好玩的投籃機,但如果只是千篇一律的「投球→進籃→得分」制式玩法,那就太愧對這台功能強大的投籃機了。

　　「投籃機不就是拿來投籃玩的嗎? 難不成還能靠它拯救世界啊!」

　　「還真被你猜對了!」

　　發揮一點天馬行空的想像力──遠古的一頭末日火龍從地底甦醒了,如果不及時打倒牠,那牠產下的蛋將蔓延全世界。此刻拯救全人類的希望就在你的身上,舉起你的寶劍化身為英雄,將末日火龍趕回地底去吧!

範例程式說明 (參考「勇者鬥惡龍.sb3」)

本範例的硬體架構搭配上與「單人投籃機.sb3」相同,籃框偵測器連接「Scratch Board」的字元「1」來觸發程式。當球投入籃框觸發框內偵測器後,遊戲程式將控制畫面上的勇者攻擊末日火龍,不過你的投籃速度要快、準度要高,因為當遊戲一啟動後火龍就會朝你做出連續攻擊,接下來看誰先被打下擂台,誰就輸了。

□ 勇者鬥惡龍遊戲畫面

勇者鬥惡龍互動遊戲程式的撰寫步驟

1 啟動 Scratch 3.0（參考「主題 2：Scratch 程式開發平台說明」）開始設計互動遊戲。

2 刪除預設小貓角色（點選角色右上方垃圾桶圖示刪除）。

3「舞台」新增背景
① 點擊【選個背景】清單中的【選個背景】。
② 點擊【魔幻】群組。
③ 選擇背景【Castle 4】。

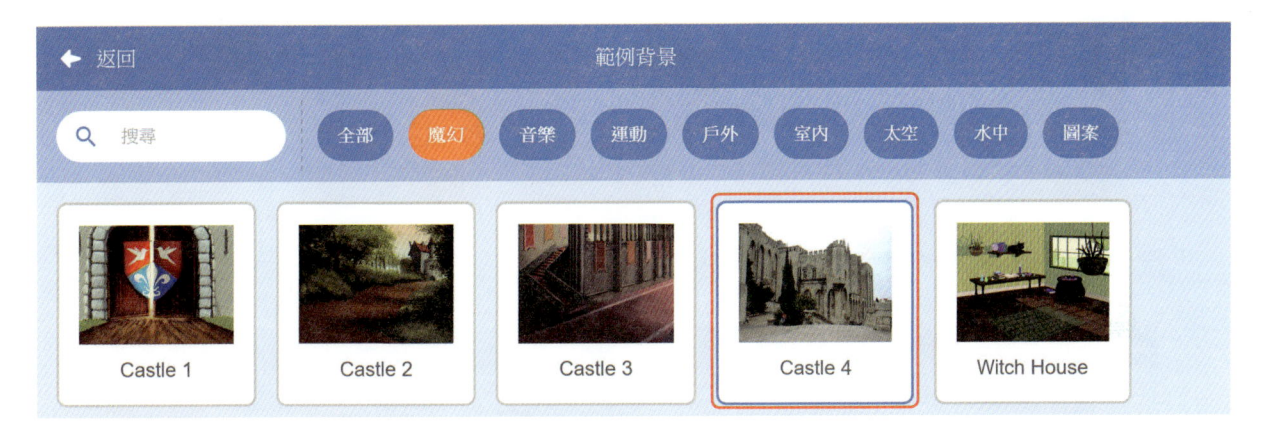

4 新增「角色 1」
① 點擊【選個角色】清單中的【選個角色】。
② 點擊【人物】群組。
③ 選擇角色【Knight】。

5 新增「角色2」

① 點擊【選個角色】清單中的【選個角色】。
② 點擊【魔幻】群組。
③ 選擇角色【Dragon】。

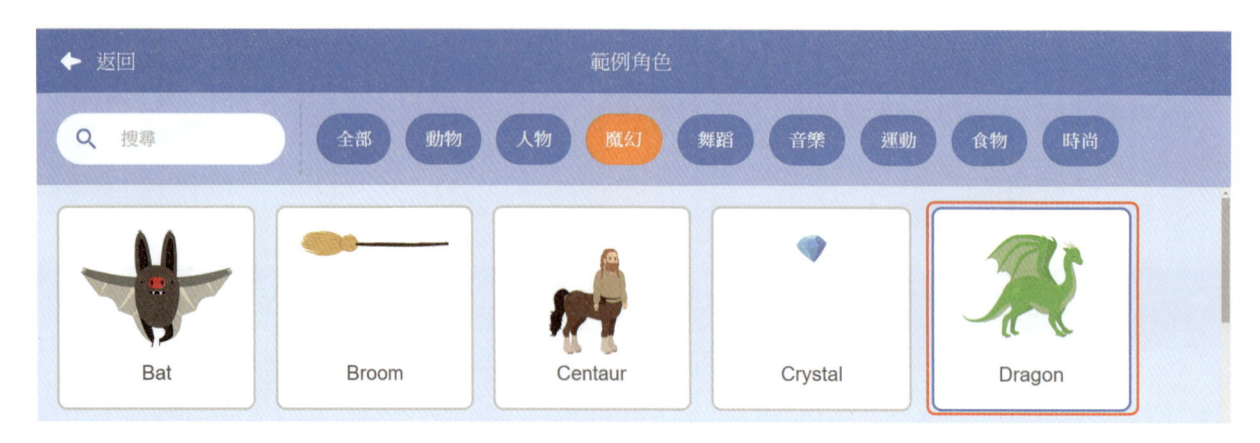

6 「舞台」的電子積木組完整編輯狀態。

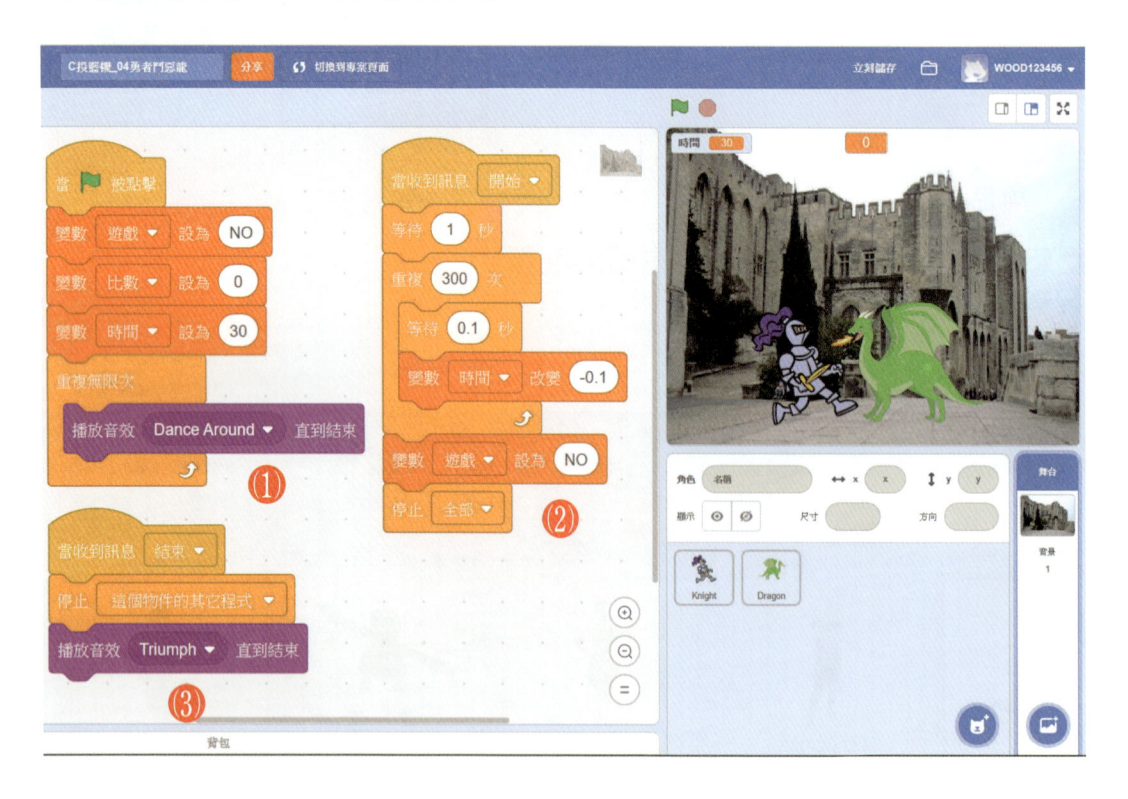

主題 3　互動遊戲程式設計

7　新增 3 個變數

① 點擊【舞台】。
② 點擊【電子積木區】→【程式】頁籤→【變數】群組。
③ 重複點擊【建立一個變數】。
④ 依序建立「比數」、「時間」、「遊戲」3 個變數。
⑤ 變數「比數」（改為大型顯示）、「時間」的「變數顯示框」擺放位置見前頁「勇者鬥惡龍」遊戲畫面。
⑥ 將變數「遊戲」前方的點選框取消，讓變數「變數顯示框」隱藏。

8　「舞台」新增背景音樂

① 點擊【電子積木區】→【音效】頁籤。
② 刪除原隨圖音效。
③ 點擊【選個音效】清單中的【選個音效】。
④ 點擊【循環】群組→選擇音效【Dance Around】。

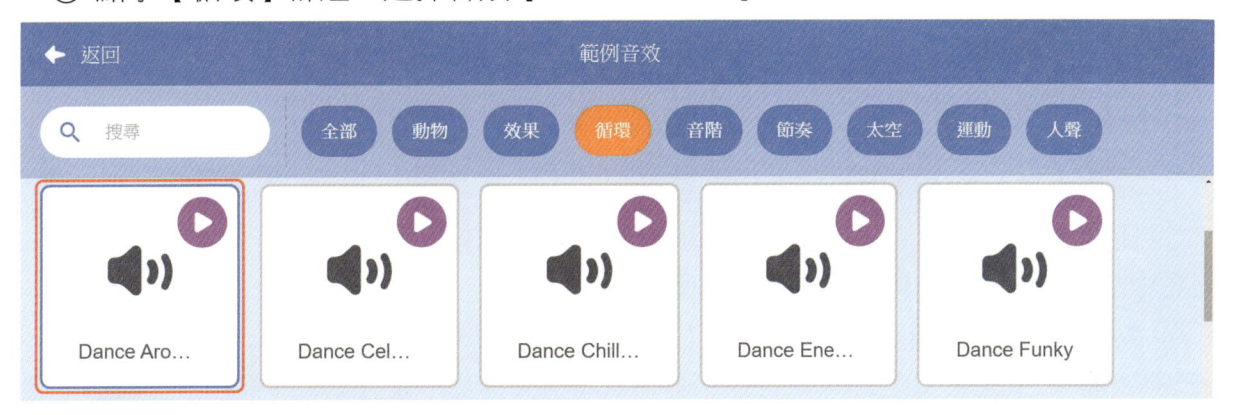

9　「舞台」的電子積木組 ①

1. 點擊綠旗啟動下方串接的電子積木組。
2. 設定變數「遊戲」的值為 NO。
3. 設定變數「比數」的值為 0。
4. 設定變數「時間」的值為 30。
5. 無限次重複執行積木串內的程式。
6. 將音效檔「Dance Around」完整不中斷播放完畢。

10 「舞台」的電子積木組 ②

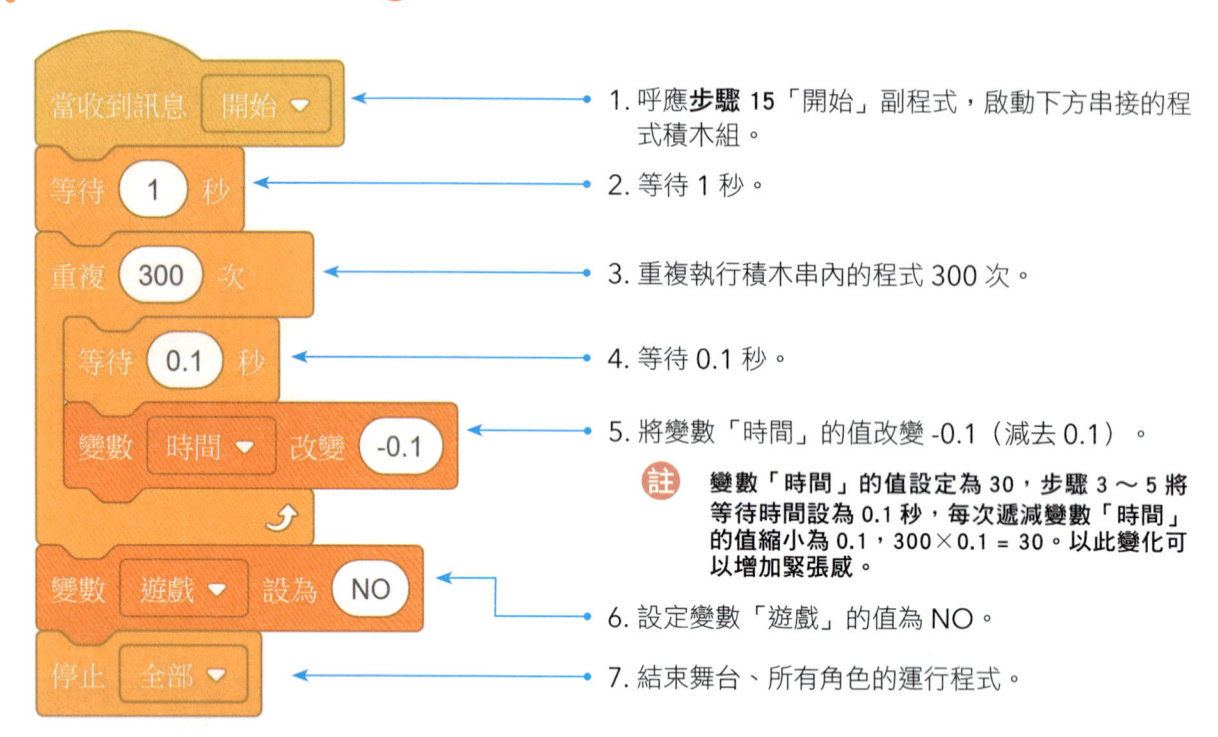

1. 呼應**步驟** 15「開始」副程式,啟動下方串接的程式積木組。
2. 等待 1 秒。
3. 重複執行積木串內的程式 300 次。
4. 等待 0.1 秒。
5. 將變數「時間」的值改變 -0.1(減去 0.1)。

> **註** 變數「時間」的值設定為 30,步驟 3 ～ 5 將等待時間設為 0.1 秒,每次遞減變數「時間」的值縮小為 0.1,300×0.1 = 30。以此變化可以增加緊張感。

6. 設定變數「遊戲」的值為 NO。
7. 結束舞台、所有角色的運行程式。

11 「舞台」新增結束音樂

① 點擊【電子積木區】→【音效】頁籤。
② 刪除原隨圖音效。
③ 點擊【選個音效】清單中的【選個音效】。
④ 點擊【循環】群組 → 選擇音效【Triumph】。

12 「舞台」的電子積木組 ③

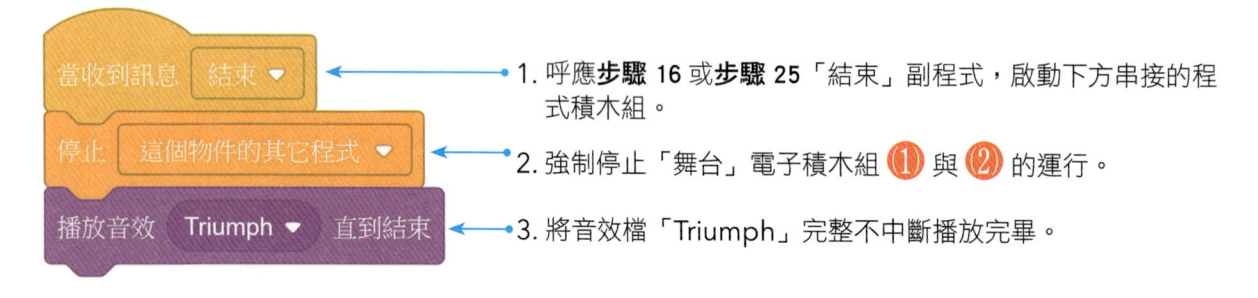

1. 呼應**步驟** 16 或**步驟** 25「結束」副程式,啟動下方串接的程式積木組。
2. 強制停止「舞台」電子積木組 ① 與 ② 的運行。
3. 將音效檔「Triumph」完整不中斷播放完畢。

主題 3　互動遊戲程式設計

13 「角色 1（Knight）」的電子積木組完整編輯狀態。

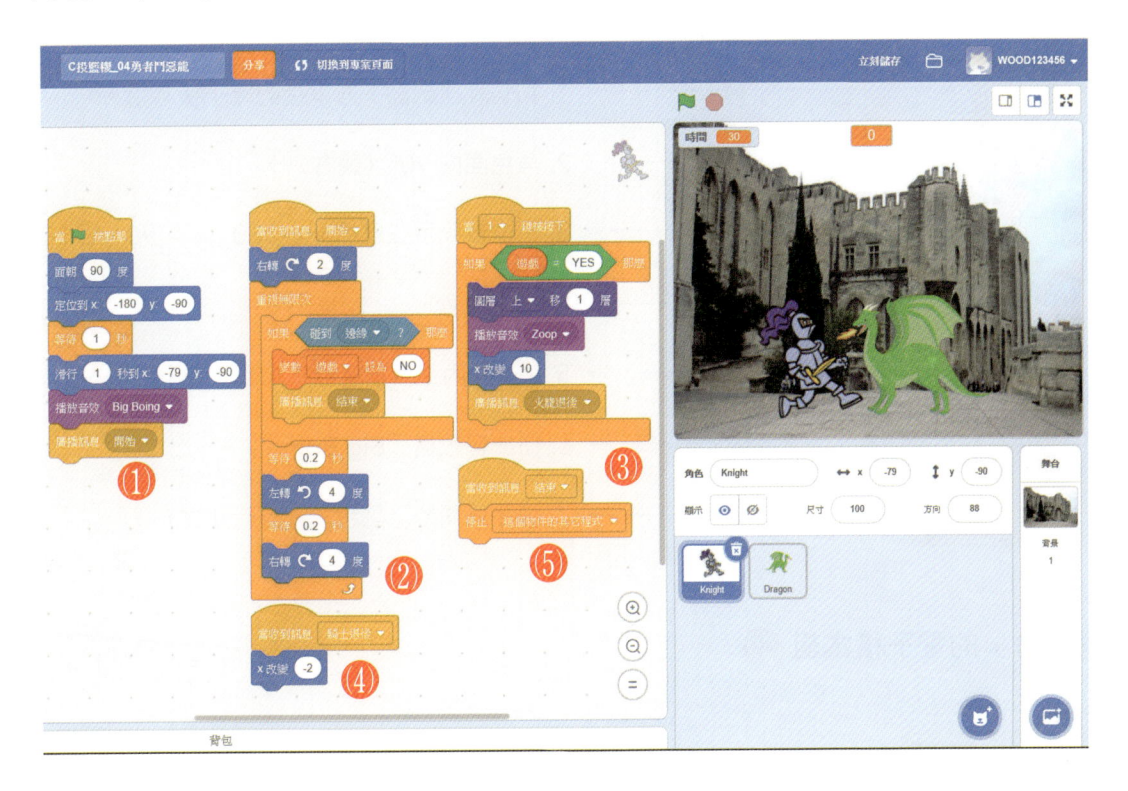

14 「角色 1」新增音效

① 點擊【電子積木區】→【音效】頁籤。
② 刪除原隨圖音效。
③ 點擊【選個音效】清單中的【選個音效】。
④ 點擊【效果】群組→選擇音效【Big Boing】。

15 「角色 1」的電子積木組 ①

1. 點擊綠旗啟動下方串接的電子積木組。
2. 角色面向 90°（朝右）。
3. 將位置設定在座標 x：-180 y：-90。
4. 等待 1 秒。
5. 在 1 秒內從目前座標移動到座標 x：-79 y：-90。
6. 播放音效檔「Big Boing」。
7. 廣播「開始」副程式（自行建立）。

16 「角色 1」的電子積木組 ②

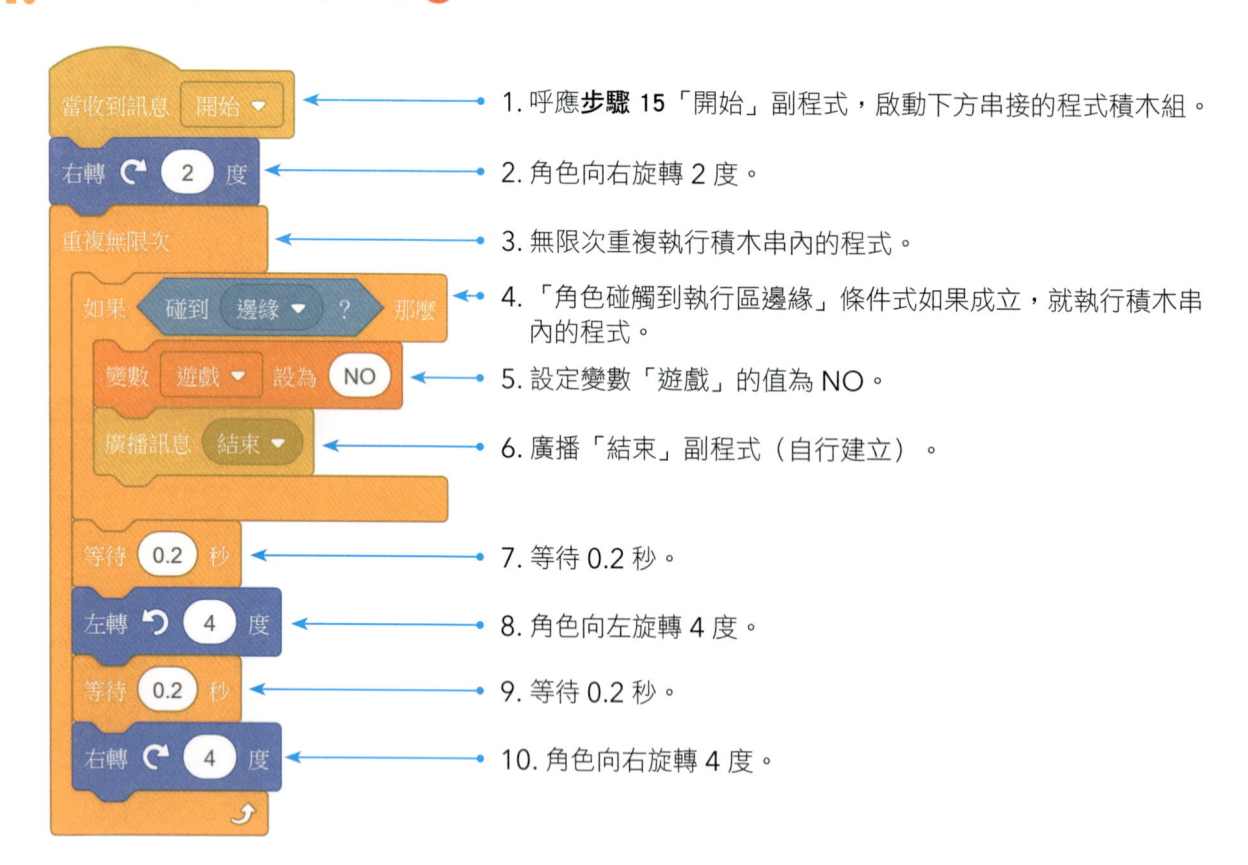

1. 呼應**步驟 15**「開始」副程式，啟動下方串接的程式積木組。
2. 角色向右旋轉 2 度。
3. 無限次重複執行積木串內的程式。
4. 「角色碰觸到執行區邊緣」條件式如果成立，就執行積木串內的程式。
5. 設定變數「遊戲」的值為 NO。
6. 廣播「結束」副程式（自行建立）。
7. 等待 0.2 秒。
8. 角色向左旋轉 4 度。
9. 等待 0.2 秒。
10. 角色向右旋轉 4 度。

主題 3　互動遊戲程式設計

17 「角色 1」新增音效

① 點擊【電子積木區】→【音效】頁籤。
② 點擊【選個音效】清單中的【選個音效】。
③ 點擊【效果】群組→選擇音效【Zoop】。

18 「角色 1」的電子積木組 ③

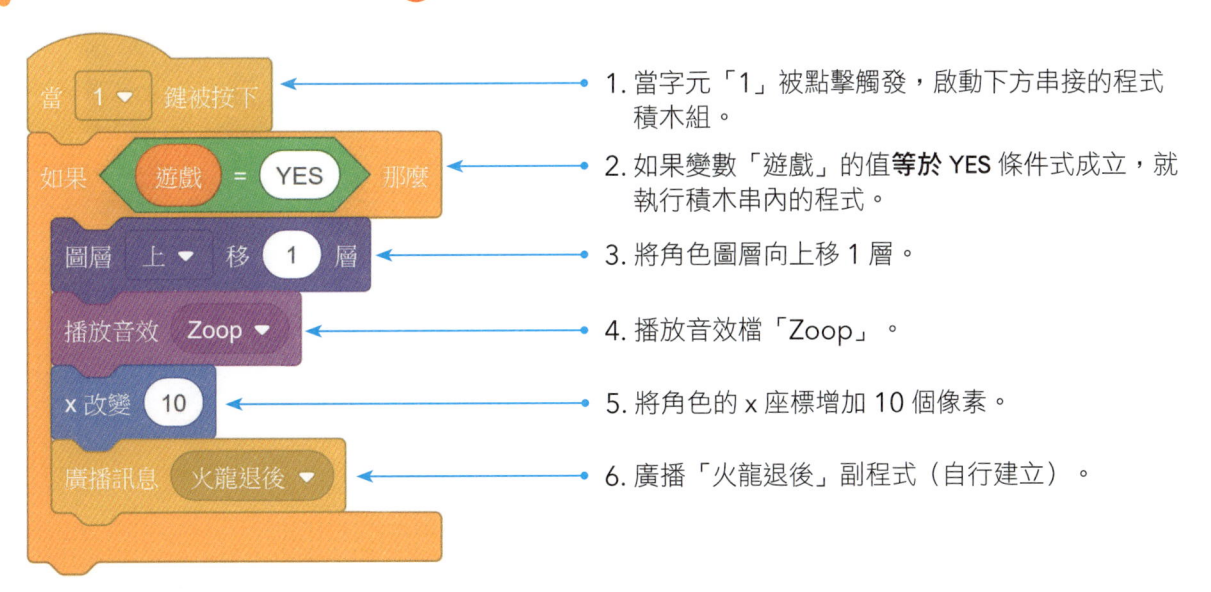

1. 當字元「1」被點擊觸發，啟動下方串接的程式積木組。
2. 如果變數「遊戲」的值**等於** YES 條件式成立，就執行積木串內的程式。
3. 將角色圖層向上移 1 層。
4. 播放音效檔「Zoop」。
5. 將角色的 x 座標增加 10 個像素。
6. 廣播「火龍退後」副程式（自行建立）。

19 「角色 1」的電子積木組 ④

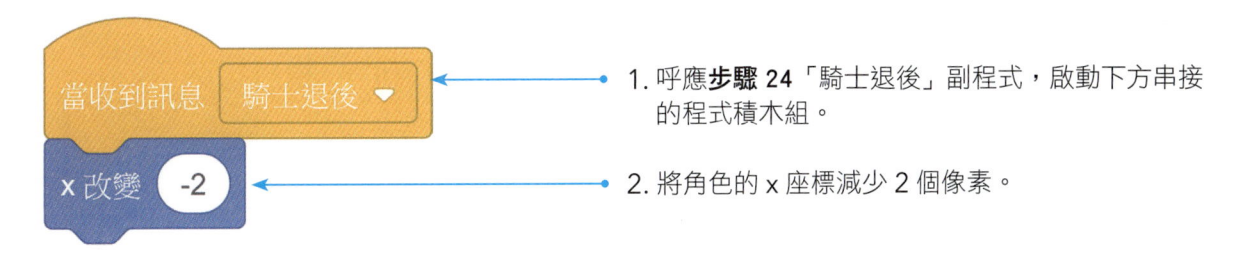

1. 呼應**步驟** 24「騎士退後」副程式，啟動下方串接的程式積木組。
2. 將角色的 x 座標減少 2 個像素。

20 「角色 1」的電子積木組 ⑤

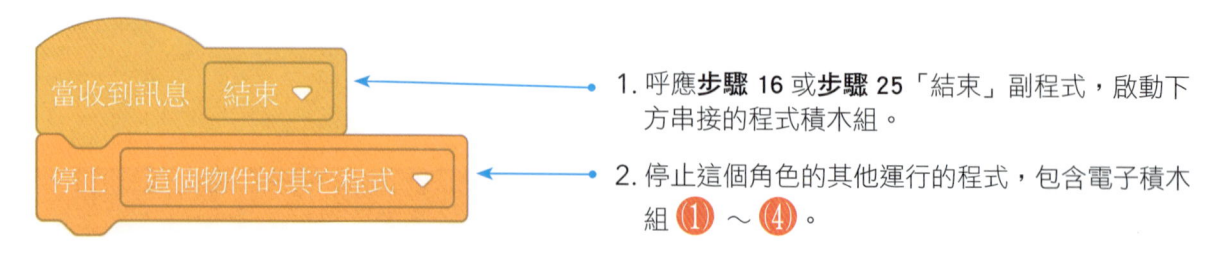

1. 呼應**步驟 16** 或**步驟 25**「結束」副程式，啟動下方串接的程式積木組。
2. 停止這個角色的其他運行的程式，包含電子積木組 ① ～ ④。

21 「角色 2（Dragon）」的電子積木組完整編輯狀態。

22 「角色 2」的電子積木組 ①

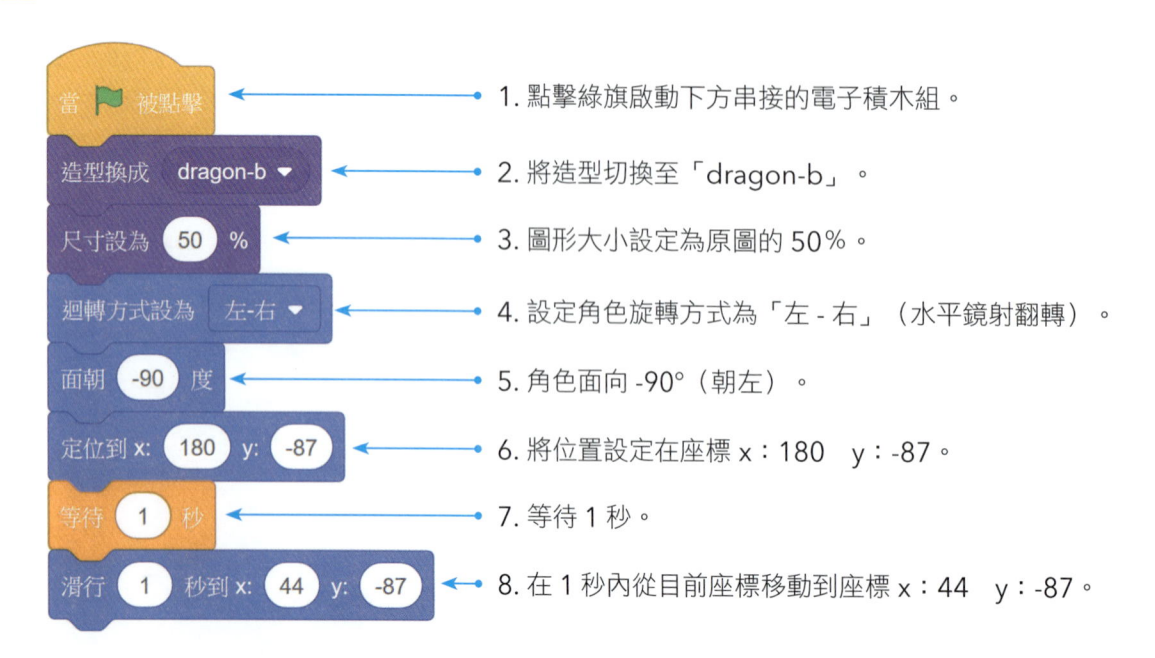

1. 點擊綠旗啟動下方串接的電子積木組。
2. 將造型切換至「dragon-b」。
3. 圖形大小設定為原圖的 50%。
4. 設定角色旋轉方式為「左 - 右」（水平鏡射翻轉）。
5. 角色面向 -90°（朝左）。
6. 將位置設定在座標 x：180　y：-87。
7. 等待 1 秒。
8. 在 1 秒內從目前座標移動到座標 x：44　y：-87。

23 「角色 2」新增音效

① 點擊【電子積木區】→【音效】頁籤。
② 刪除原隨圖音效。
③ 點擊【選個音效】清單中的【選個音效】。
④ 點擊【效果】群組 → 選擇音效【Bite】。

24 「角色 2」的電子積木組 ②

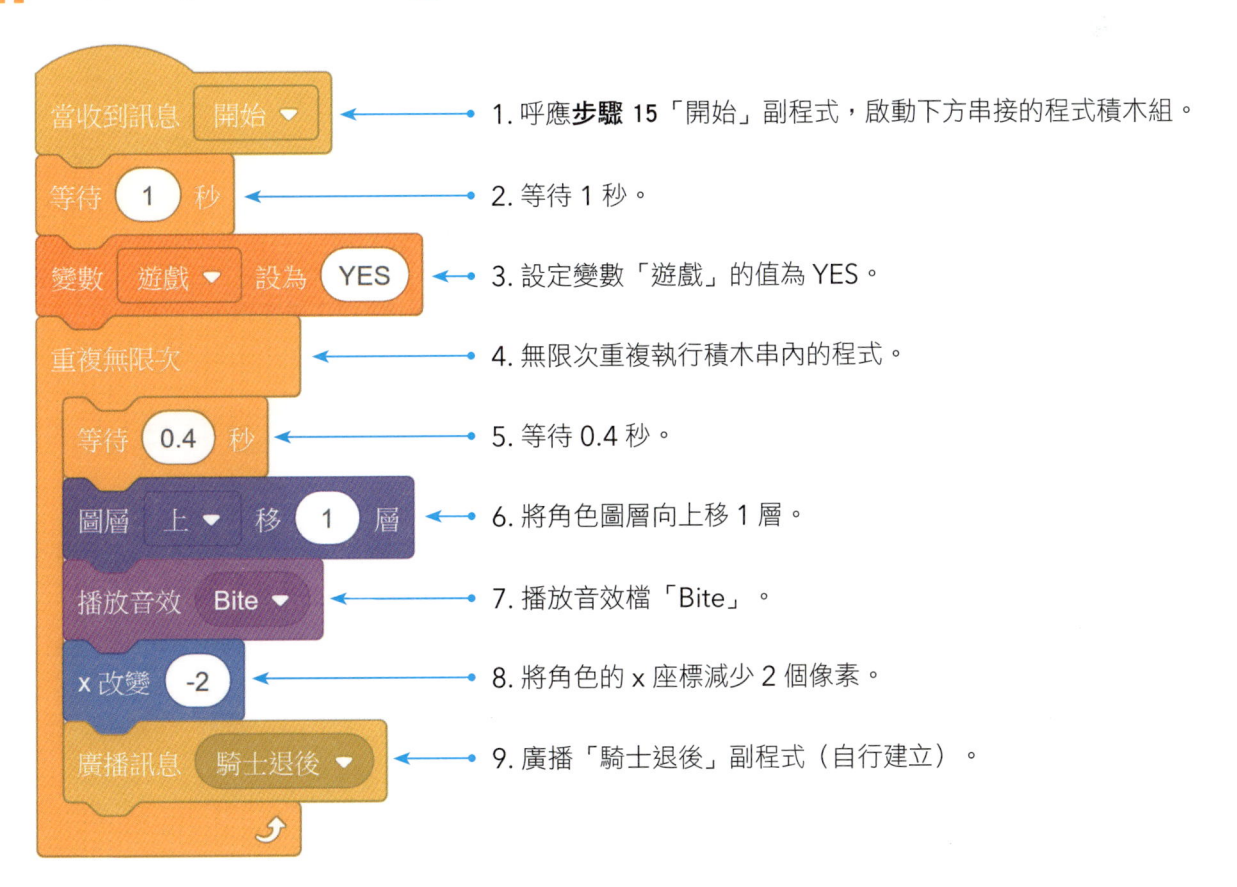

1. 呼應**步驟** 15「開始」副程式，啟動下方串接的程式積木組。
2. 等待 1 秒。
3. 設定變數「遊戲」的值為 YES。
4. 無限次重複執行積木串內的程式。
5. 等待 0.4 秒。
6. 將角色圖層向上移 1 層。
7. 播放音效檔「Bite」。
8. 將角色的 x 座標減少 2 個像素。
9. 廣播「騎士退後」副程式（自行建立）。

25 「角色 2」的電子積木組 ③

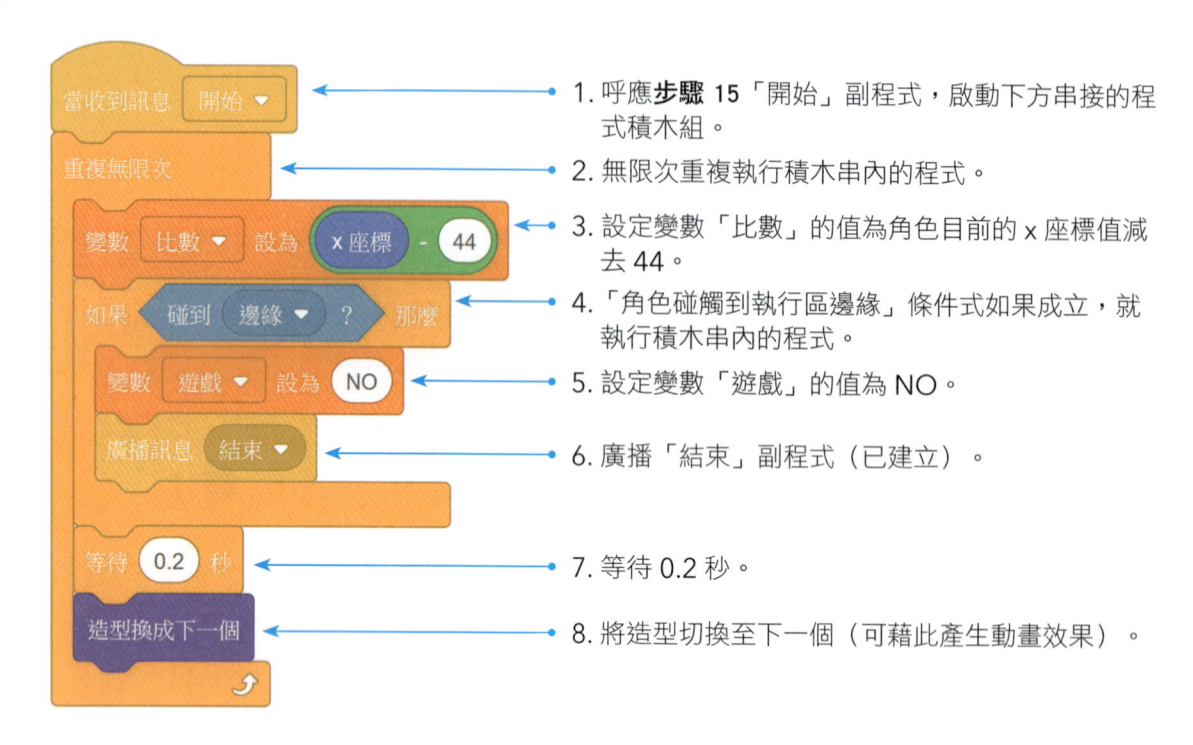

1. 呼應**步驟** 15「開始」副程式，啟動下方串接的程式積木組。
2. 無限次重複執行積木串內的程式。
3. 設定變數「比數」的值為角色目前的 x 座標值減去 44。
4. 「角色碰觸到執行區邊緣」條件式如果成立，就執行積木串內的程式。
5. 設定變數「遊戲」的值為 NO。
6. 廣播「結束」副程式（已建立）。
7. 等待 0.2 秒。
8. 將造型切換至下一個（可藉此產生動畫效果）。

26 「角色 2」的電子積木組 ④

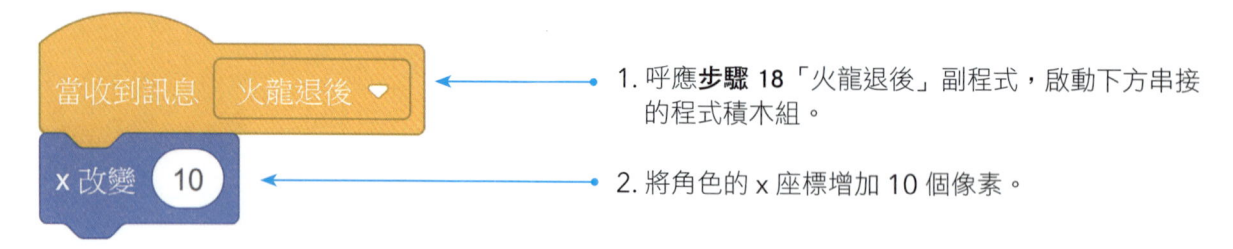

1. 呼應**步驟** 18「火龍退後」副程式，啟動下方串接的程式積木組。
2. 將角色的 x 座標增加 10 個像素。

27 「角色 2」的電子積木組 ⑤

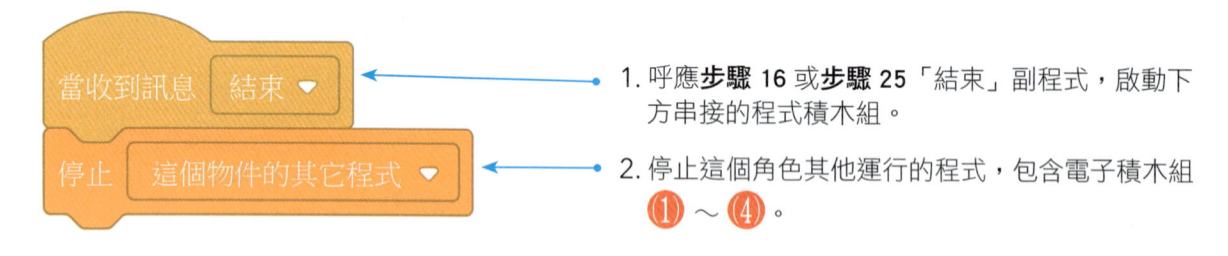

1. 呼應**步驟** 16 或**步驟** 25「結束」副程式，啟動下方串接的程式積木組。
2. 停止這個角色其他運行的程式，包含電子積木組 ① ～ ④。

主題 3　實作題 4

「勇者鬥惡龍」遊戲程式變化

請修改遊戲程式，試著讓武士攻擊時的畫面更震撼。

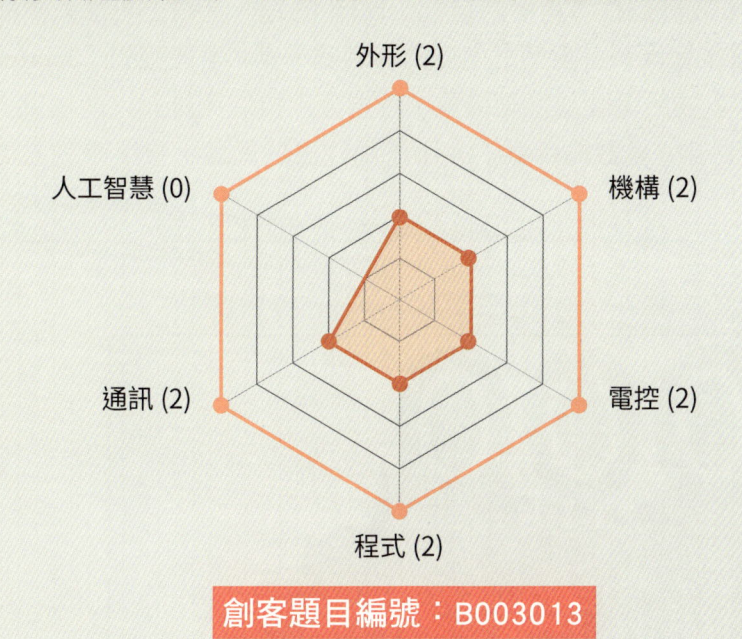

創客題目編號：B003013

實作時間：20min	
創客指標	指數
外形（專業）	2
機構	2
電控	2
程式	2
通訊	2
人工智慧	0
創客總數	**10**

>> 末日火龍也不是吃素的，豈能輕易任人宰割呢！

勇者鬥惡龍對戰版

創作時間：90～120分鐘

　　英雄使勁拔出石中劍，一步步向前進逼，準備消滅末日火龍，可是從地底竄出的末日火龍也不是吃素的，光是一張口就能噴出烈焰就知道不是好惹的，所以到底是勇者鬥惡龍？還是惡龍咬勇者？鹿死誰手還不知道呢！

範例程式說明（參考「勇者鬥惡龍對戰版 .sb3」）

本範例的硬體採兩組連結架構，遊戲設計是在「勇者鬥惡龍 .sb3」的程式基礎上再加入更多設計變化，當個別的球投入兩組籃框後會觸發各自籃框內側的偵測器，偵測器連接的「Scratch Board」會送出字元「1」與「2」的訊號給電腦或行動裝置，就能分別控制英雄與火龍攻擊對手。本範例還加入數字物件設計，改善「變數顯示框」太小不易判讀的問題，接下來就看誰出手又快又準，將對手打下擂台。

□ 勇者鬥惡龍對戰版遊戲畫面

勇者鬥惡龍對戰版互動遊戲程式的撰寫步驟

1 啟動 Scratch 3.0（參考「主題 2：Scratch 程式開發平台說明」）開始設計互動遊戲。

2 延續「勇者鬥惡龍.sb3」遊戲程式繼續撰寫。

3 新增「角色 3」～「角色 5」
① 點擊【選個角色】清單中的【選個角色】。
② 直接在搜尋列輸入「0」按下【Enter】。
③ 選擇角色【Glow-0】。
④ 重複執行兩次②、③，再挑選兩次角色【Glow-0】。

4 變更「角色 3」～「角色 5」角色名稱
① 將「角色 3」角色名稱變更為「百位數」。
② 將「角色 4」角色名稱變更為「十位數」。
③ 將「角色 5」角色名稱變更為「個位數」。

創客木工結合 3D Onshape 建模含雷雕製作與 Scratch 3.0 程式設計

5 「舞台」的電子積木組完整編輯狀態。

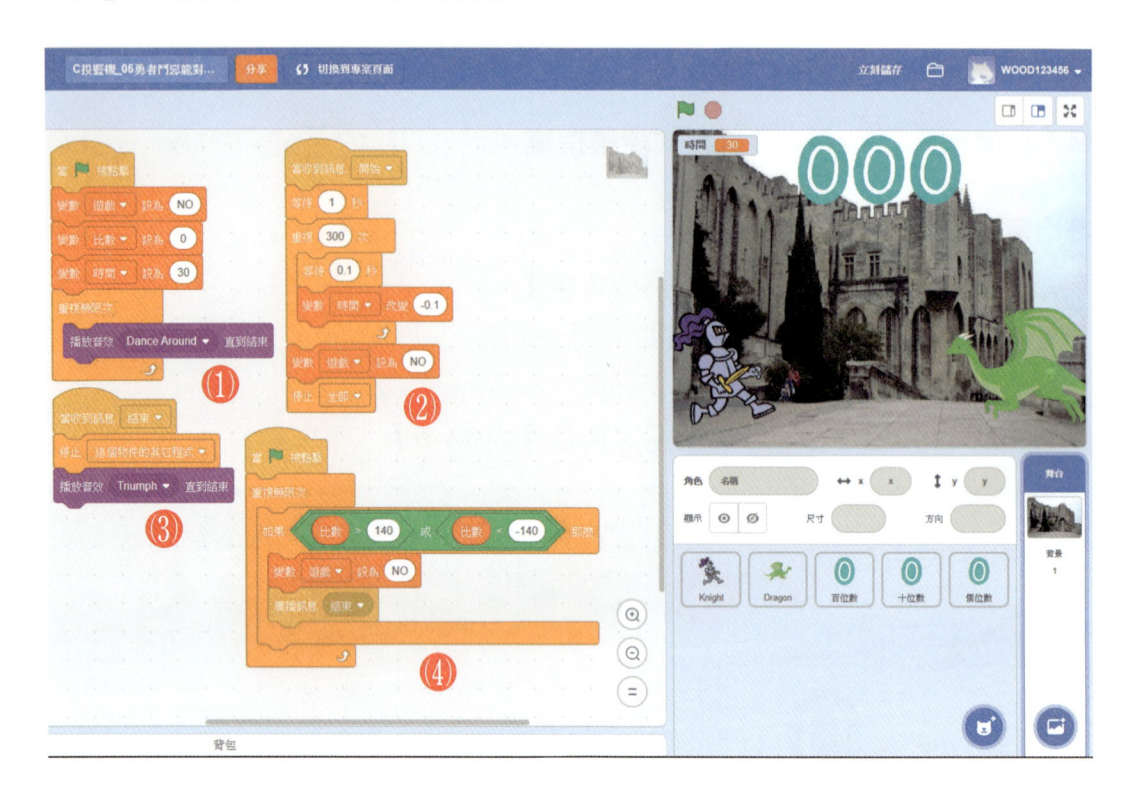

6 將變數「比數」前方的點選框取消，讓變數【變數顯示框】隱藏。

7 「舞台」的電子積木組 ① ～ ③

「勇者鬥惡龍對戰版」設計與「勇者鬥惡龍」完全相同。

8 「舞台」的電子積木組 ④

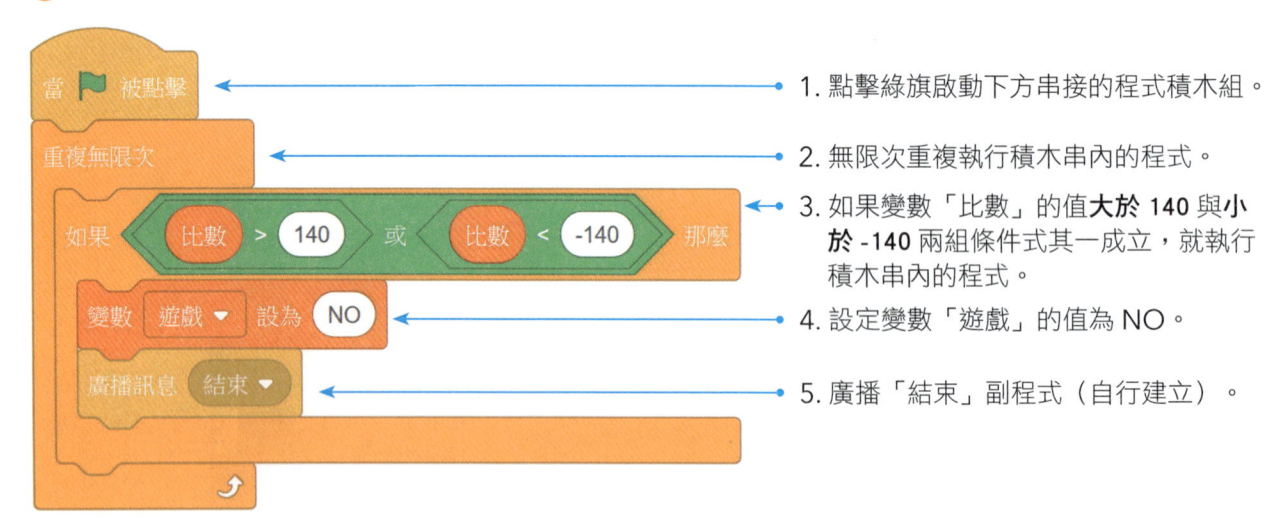

1. 點擊綠旗啟動下方串接的程式積木組。
2. 無限次重複執行積木串內的程式。
3. 如果變數「比數」的值**大於** 140 與**小於** -140 兩組條件式其一成立，就執行積木串內的程式。
4. 設定變數「遊戲」的值為 NO。
5. 廣播「結束」副程式（自行建立）。

主題 3　互動遊戲程式設計

9 「角色 1（Knight）」的電子積木組完整編輯狀態。

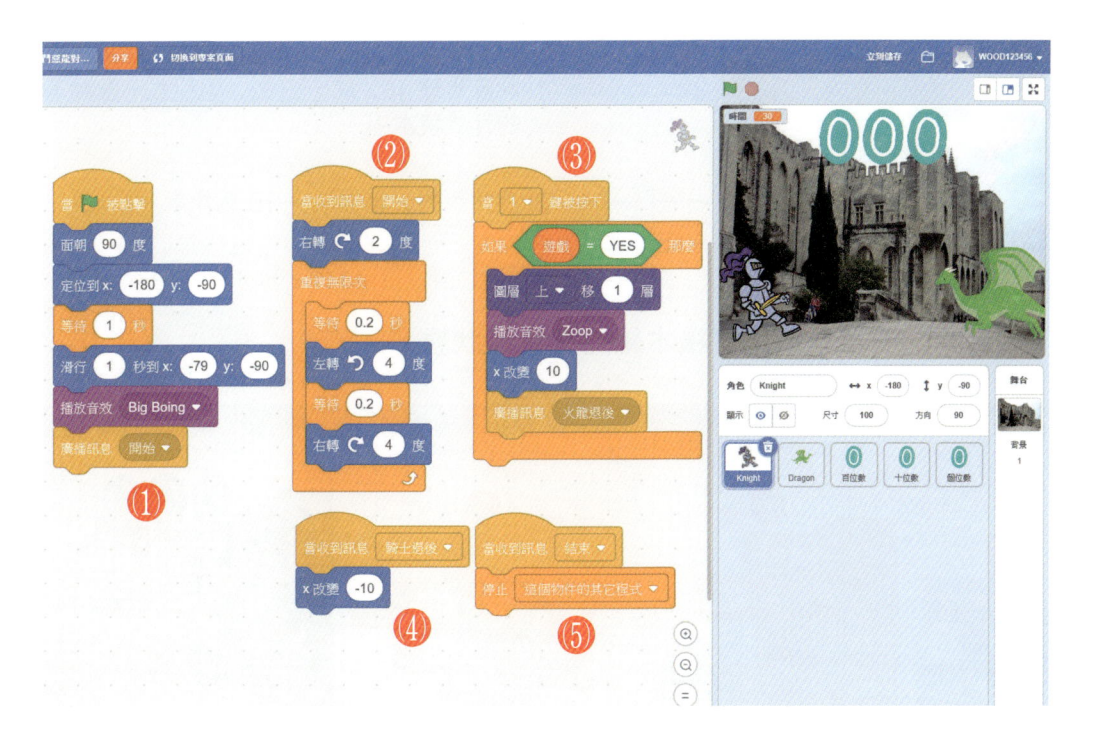

10 「角色 1」的電子積木組 ①、③、⑤

「勇者鬥惡龍對戰版」設計與「勇者鬥惡龍」完全相同。

11 「角色 1」的電子積木組 ②

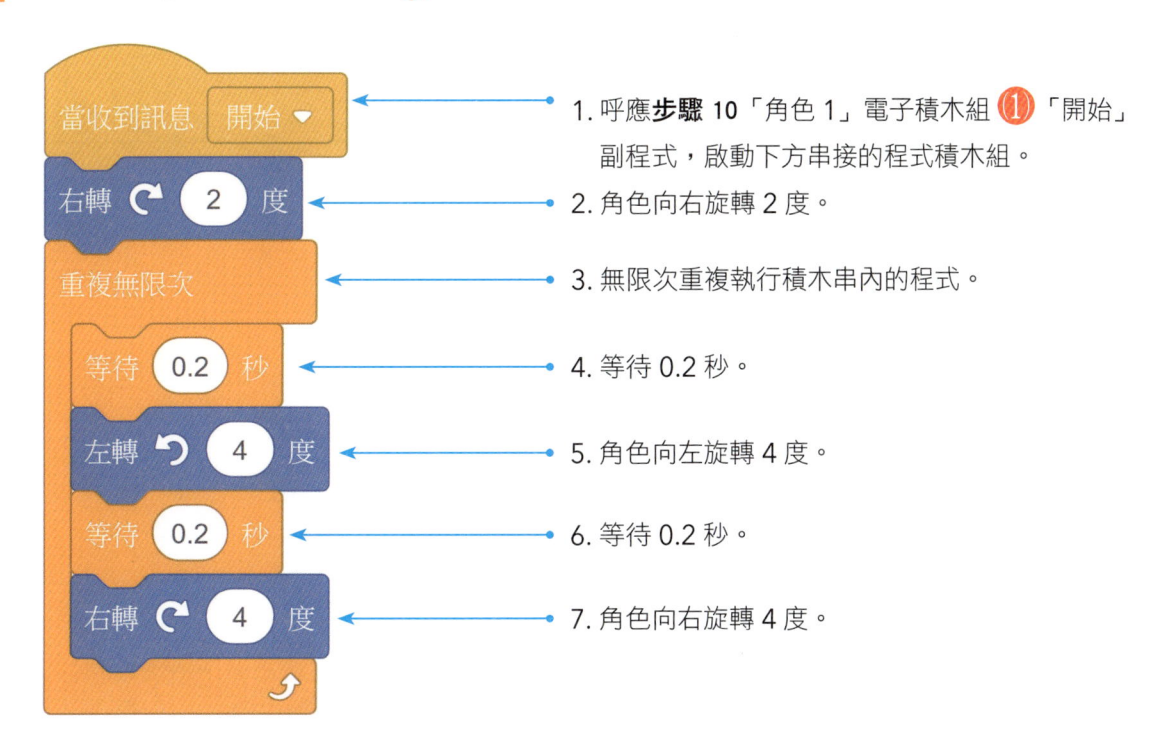

1. 呼應**步驟** 10「角色 1」電子積木組 ①「開始」副程式，啟動下方串接的程式積木組。
2. 角色向右旋轉 2 度。
3. 無限次重複執行積木串內的程式。
4. 等待 0.2 秒。
5. 角色向左旋轉 4 度。
6. 等待 0.2 秒。
7. 角色向右旋轉 4 度。

12 「角色 1」的電子積木組 ④

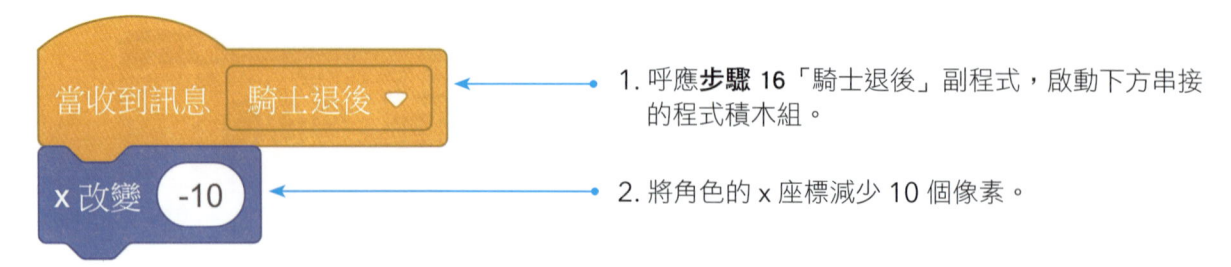

1. 呼應**步驟** 16「騎士退後」副程式，啟動下方串接的程式積木組。

2. 將角色的 x 座標減少 10 個像素。

13 「角色 2（Dragon）」的電子積木組完整編輯狀態。

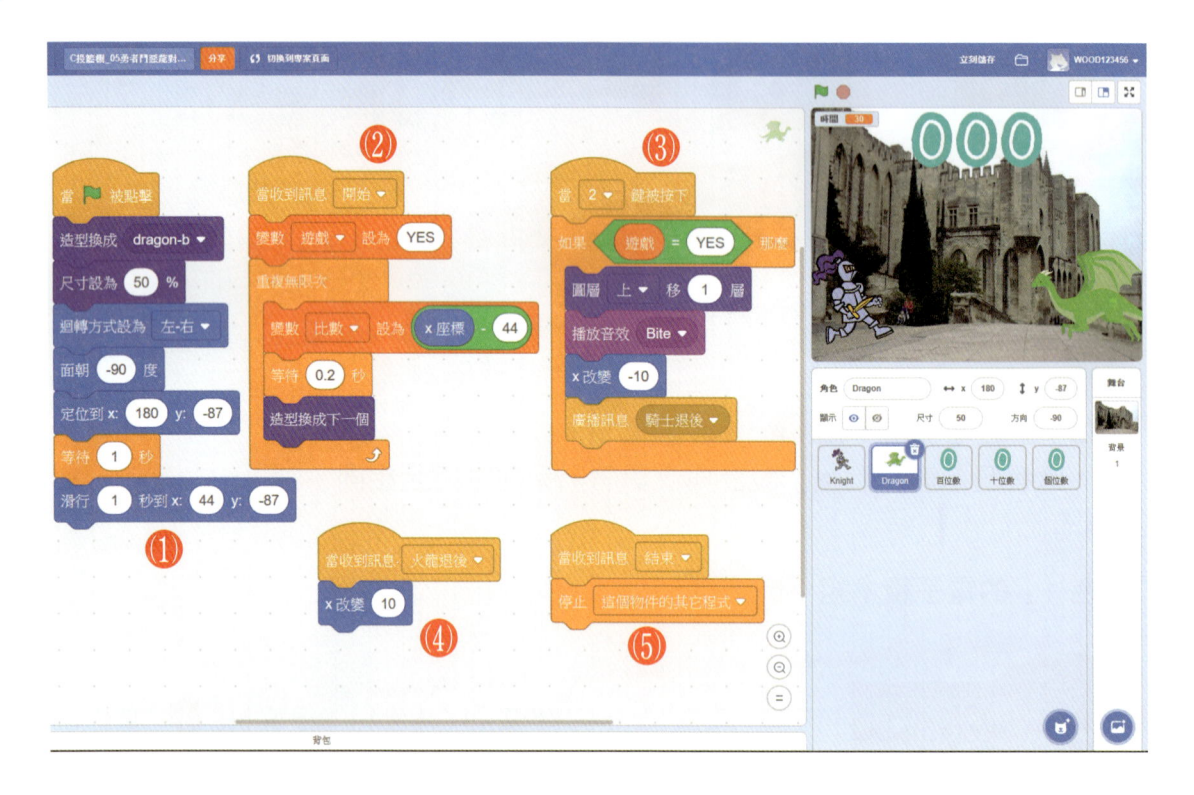

14 「角色 2」的電子積木組 ①、④、⑤

「勇者鬥惡龍對戰版」設計與「勇者鬥惡龍」完全相同。

15 「角色 2」的電子積木組 ②

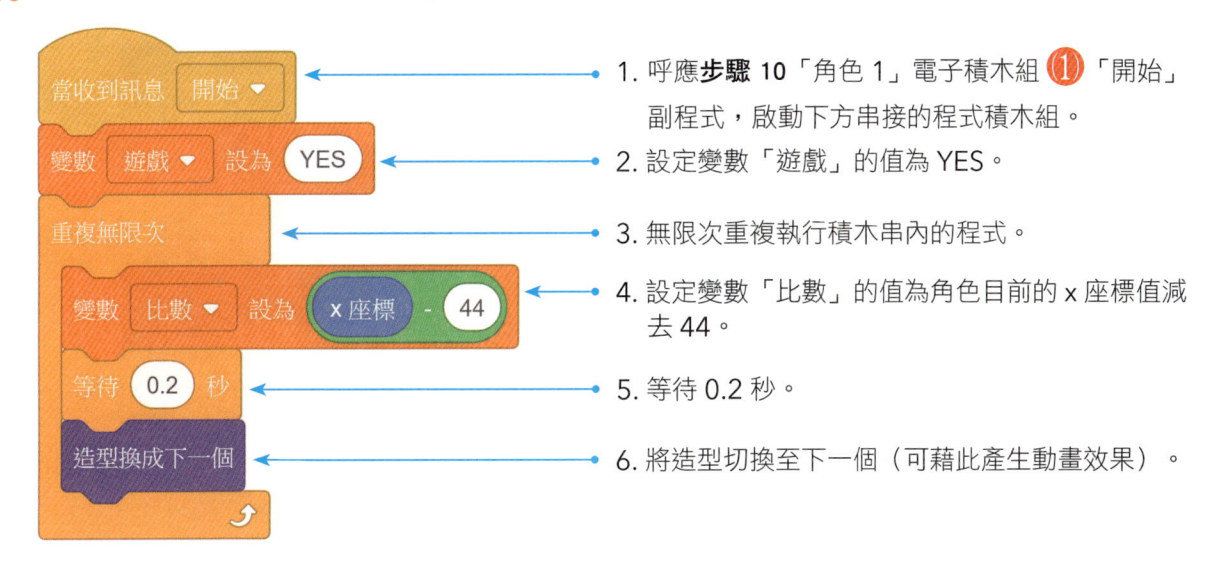

1. 呼應**步驟** 10「角色 1」電子積木組 ①「開始」副程式，啟動下方串接的程式積木組。
2. 設定變數「遊戲」的值為 YES。
3. 無限次重複執行積木串內的程式。
4. 設定變數「比數」的值為角色目前的 x 座標值減去 44。
5. 等待 0.2 秒。
6. 將造型切換至下一個（可藉此產生動畫效果）。

16 「角色 2」的電子積木組 ③

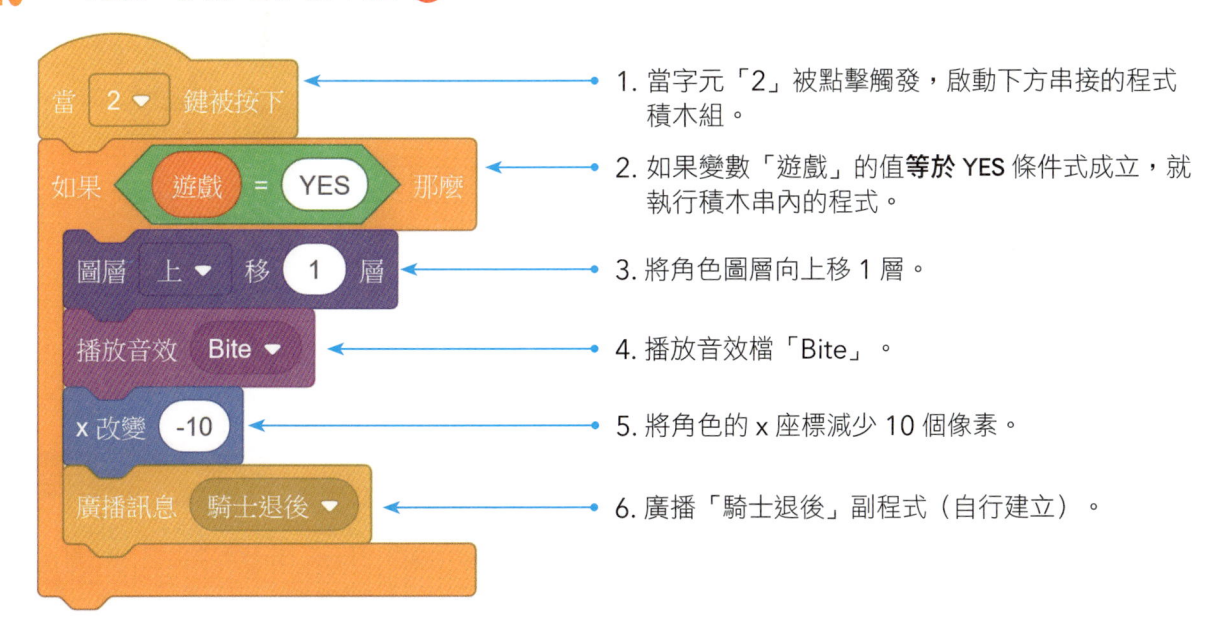

1. 當字元「2」被點擊觸發，啟動下方串接的程式積木組。
2. 如果變數「遊戲」的值**等於** YES 條件式成立，就執行積木串內的程式。
3. 將角色圖層向上移 1 層。
4. 播放音效檔「Bite」。
5. 將角色的 x 座標減少 10 個像素。
6. 廣播「騎士退後」副程式（自行建立）。

17 「角色 3（百位數）」的電子積木組完整編輯狀態。

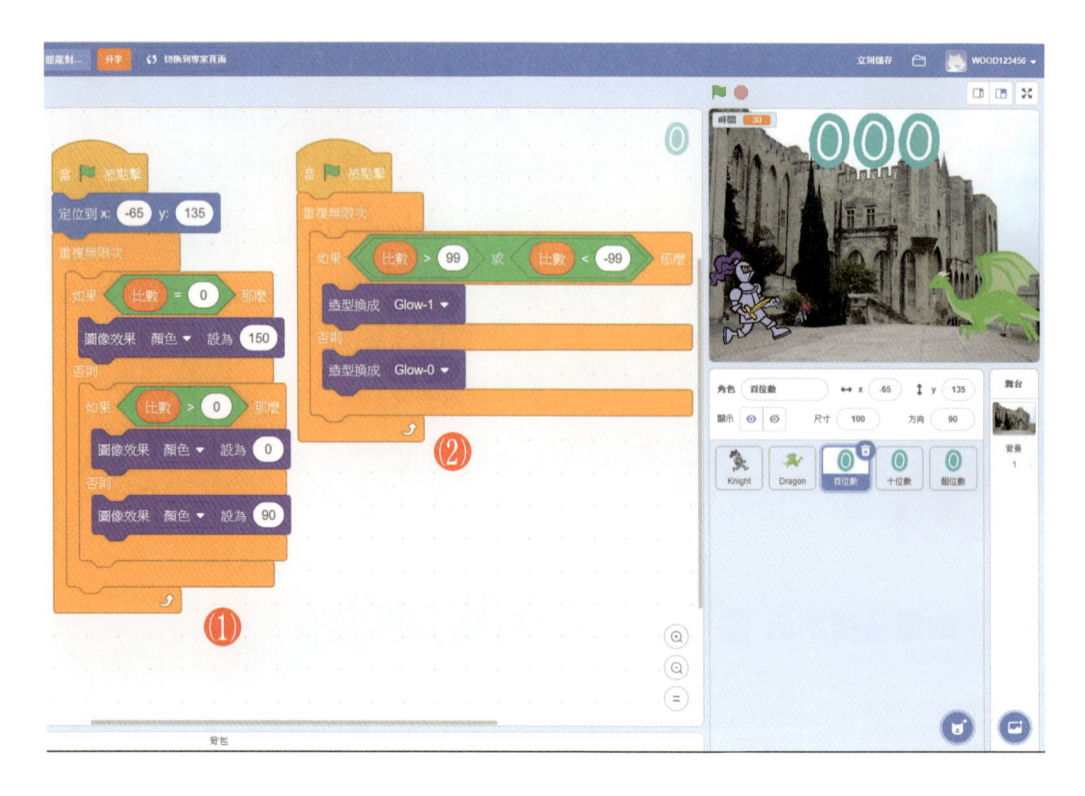

18 新增「角色 3」新造型

① 點擊【電子積木區】→【造型】頁籤。
② 點擊【選個造型】清單中的【選個造型】。
③ 直接在搜尋列輸入「1」按下【Enter】。
④ 選擇角色【Glow-1】。

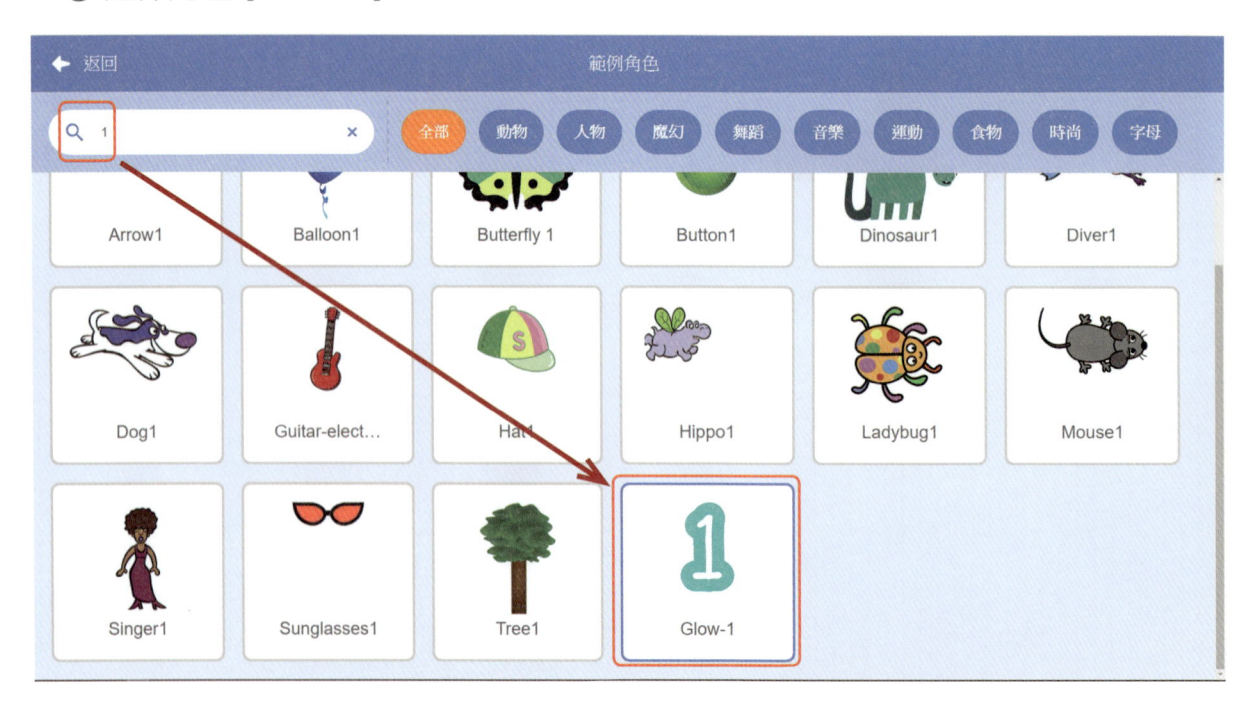

19 「角色 3」的電子積木組 ①

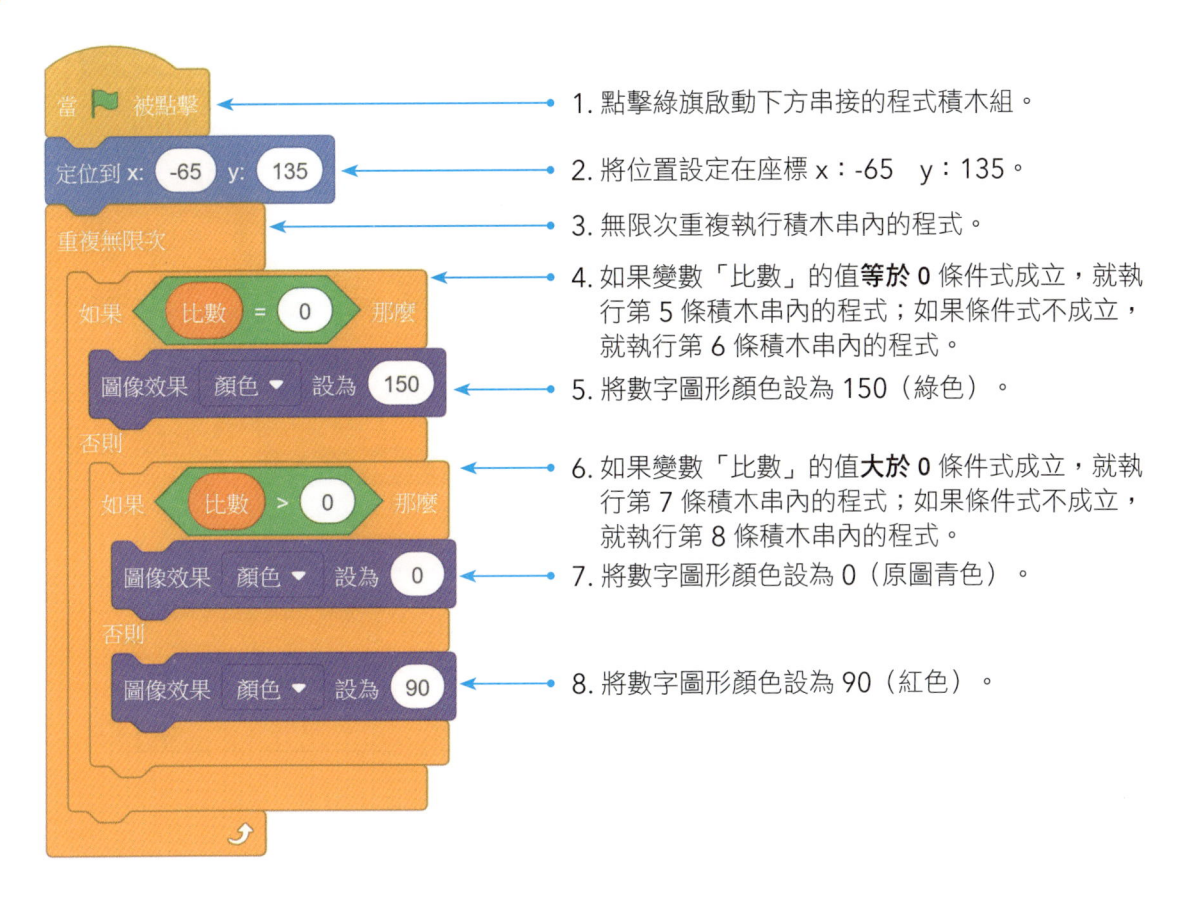

1. 點擊綠旗啟動下方串接的程式積木組。
2. 將位置設定在座標 x：-65　y：135。
3. 無限次重複執行積木串內的程式。
4. 如果變數「比數」的值**等於** 0 條件式成立，就執行第 5 條積木串內的程式；如果條件式不成立，就執行第 6 條積木串內的程式。
5. 將數字圖形顏色設為 150（綠色）。
6. 如果變數「比數」的值**大於** 0 條件式成立，就執行第 7 條積木串內的程式；如果條件式不成立，就執行第 8 條積木串內的程式。
7. 將數字圖形顏色設為 0（原圖青色）。
8. 將數字圖形顏色設為 90（紅色）。

20 「角色 3」的電子積木組 ②

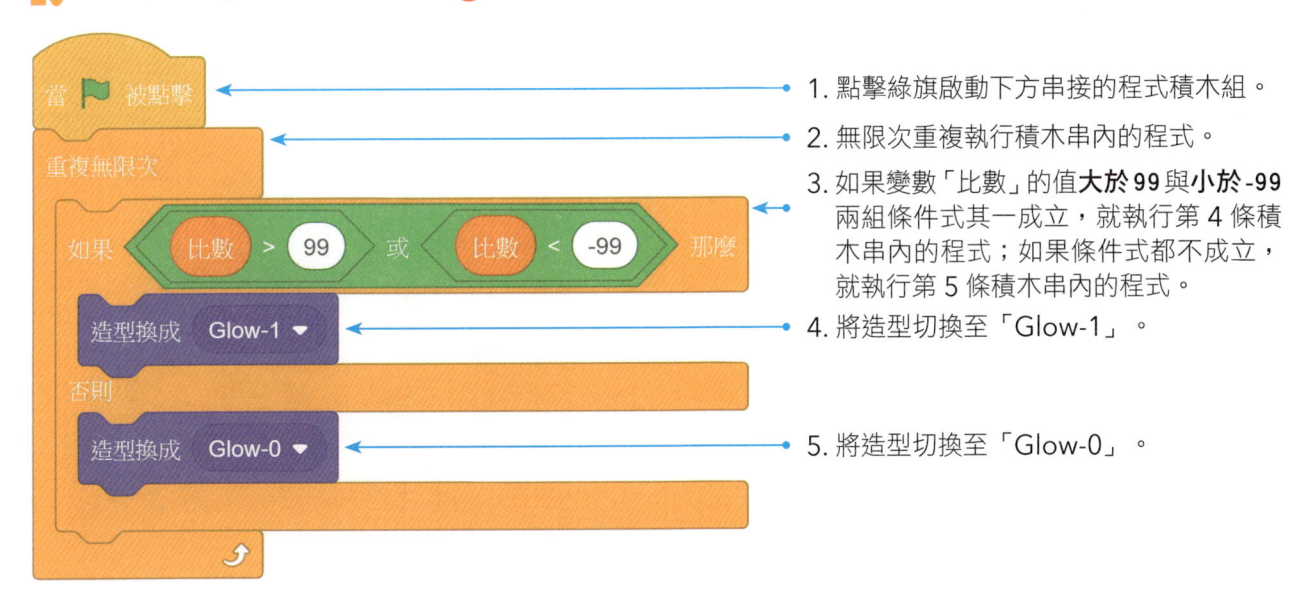

1. 點擊綠旗啟動下方串接的程式積木組。
2. 無限次重複執行積木串內的程式。
3. 如果變數「比數」的值**大於** 99 與**小於** -99 兩組條件式其一成立，就執行第 4 條積木串內的程式；如果條件式都不成立，就執行第 5 條積木串內的程式。
4. 將造型切換至「Glow-1」。
5. 將造型切換至「Glow-0」。

21 「角色 4（十位數）」的電子積木組完整編輯狀態。

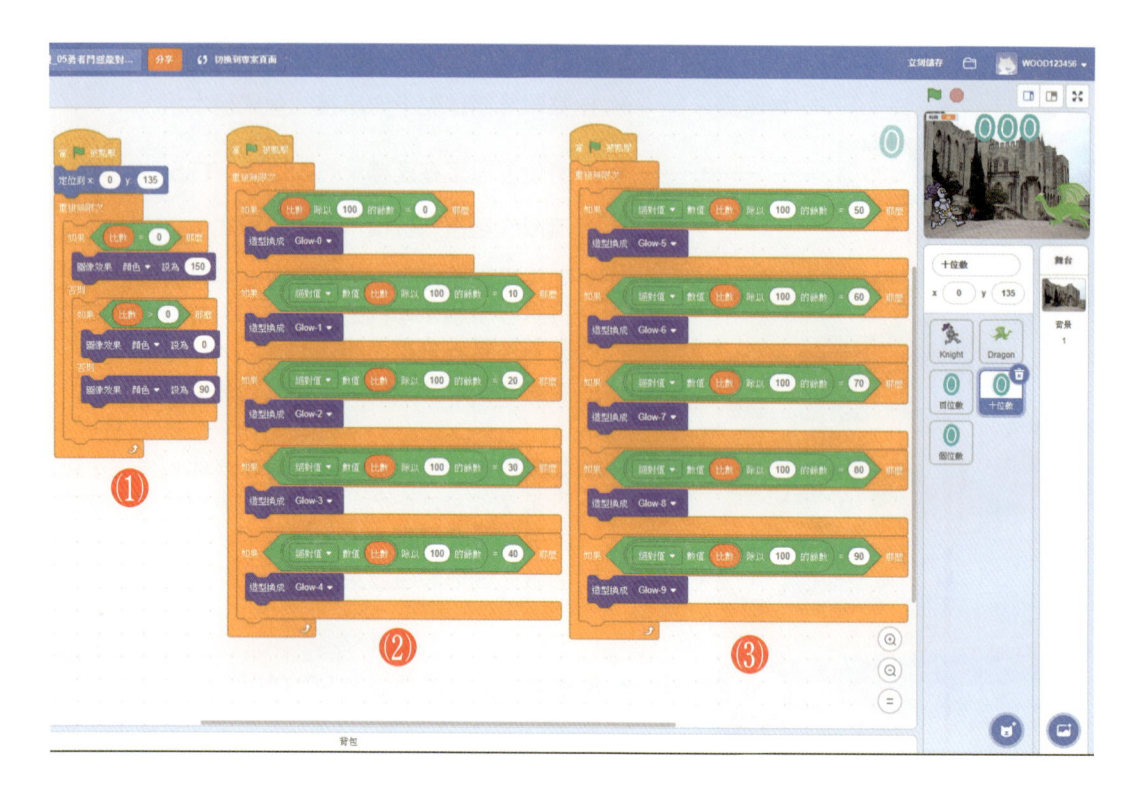

22 新增「角色 4」新造型

① 按照步驟 18 方式點擊【電子積木區】→【造型】頁籤。
② 點擊【選個造型】清單中的【選個造型】。
③ 直接在搜尋列依序輸入「1」～「9」搜尋。
④ 依序選擇角色【Glow-1】～【Glow-9】。

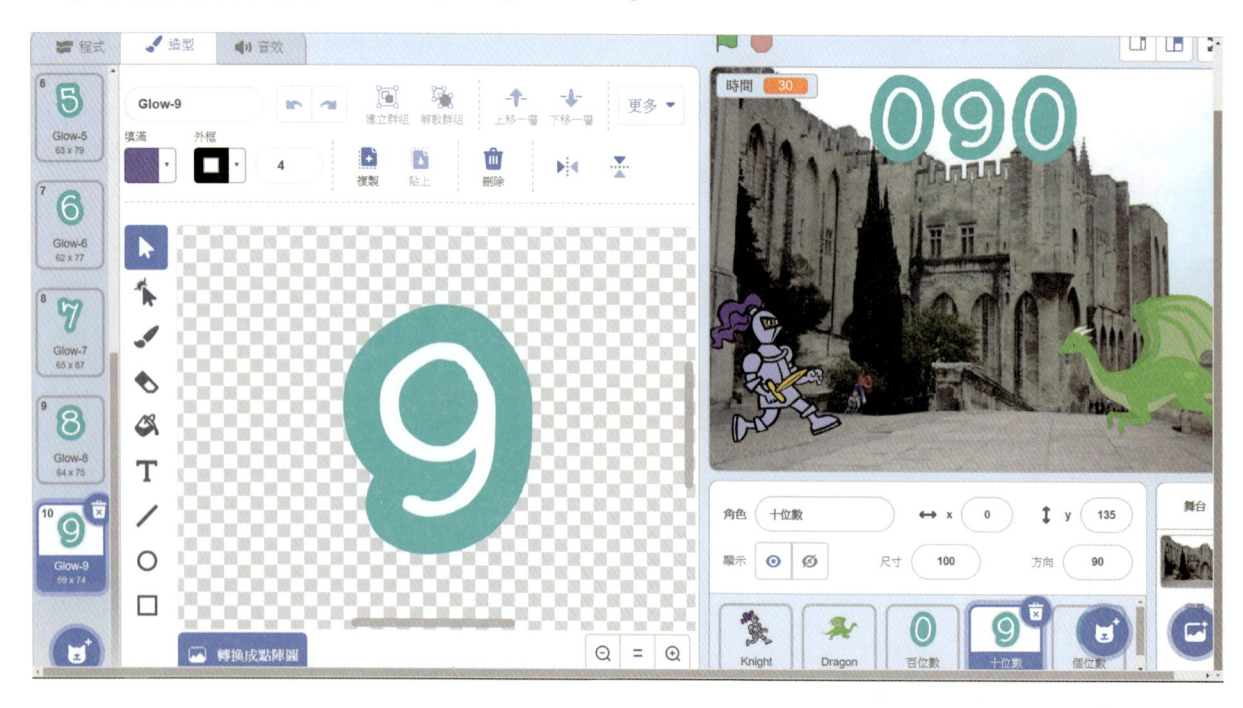

23 「角色 4」的電子積木組 ①

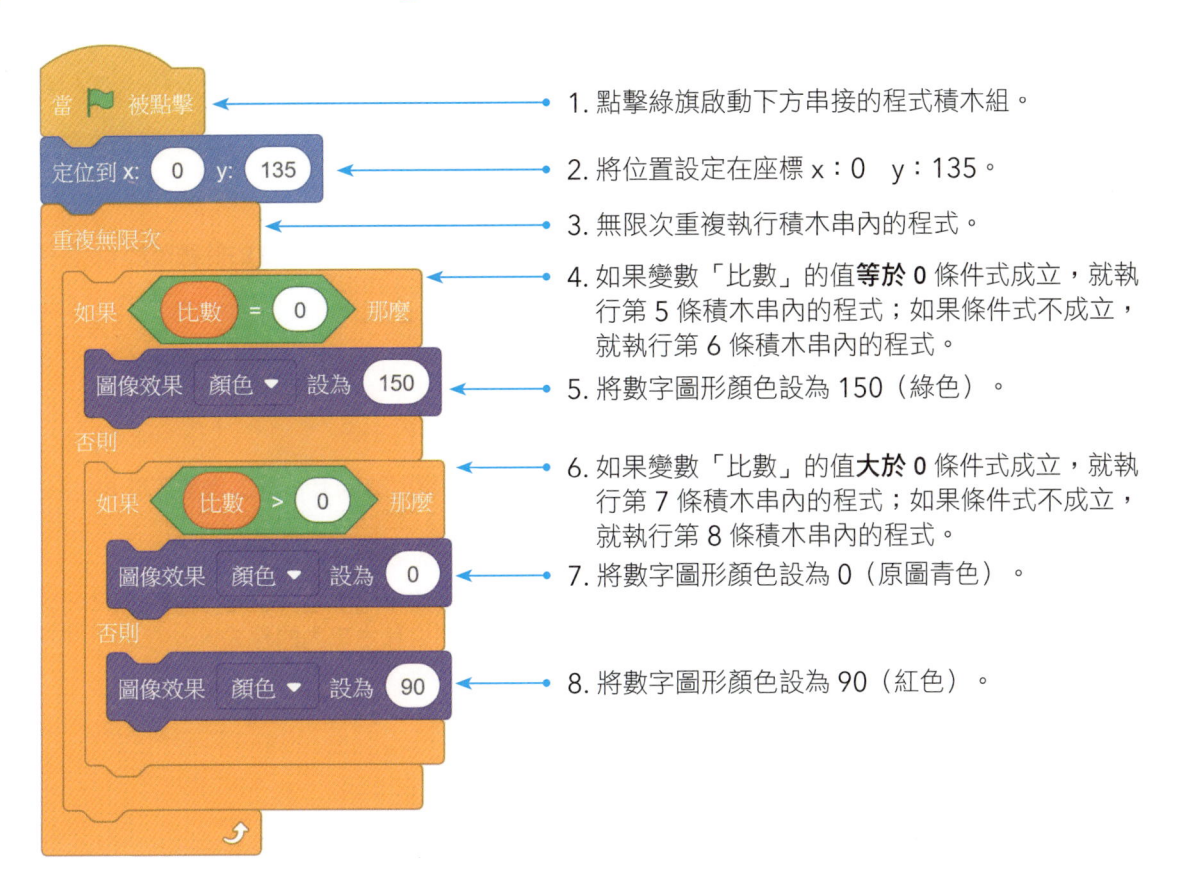

1. 點擊綠旗啟動下方串接的程式積木組。
2. 將位置設定在座標 x：0　y：135。
3. 無限次重複執行積木串內的程式。
4. 如果變數「比數」的值**等於** 0 條件式成立，就執行第 5 條積木串內的程式；如果條件式不成立，就執行第 6 條積木串內的程式。
5. 將數字圖形顏色設為 150（綠色）。
6. 如果變數「比數」的值**大於** 0 條件式成立，就執行第 7 條積木串內的程式；如果條件式不成立，就執行第 8 條積木串內的程式。
7. 將數字圖形顏色設為 0（原圖青色）。
8. 將數字圖形顏色設為 90（紅色）。

24 「角色 4」的電子積木組 ②

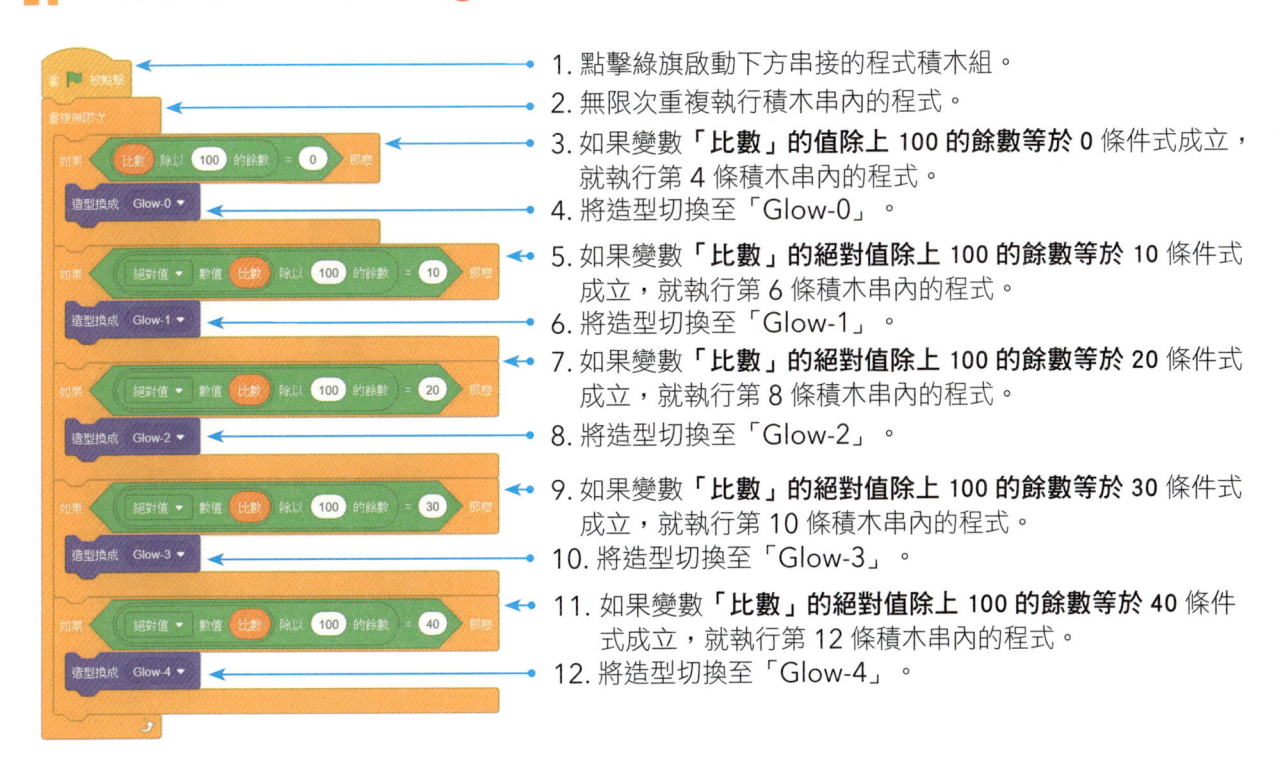

1. 點擊綠旗啟動下方串接的程式積木組。
2. 無限次重複執行積木串內的程式。
3. 如果變數「比數」的值除上 100 的餘數等於 0 條件式成立，就執行第 4 條積木串內的程式。
4. 將造型切換至「Glow-0」。
5. 如果變數「比數」的絕對值除上 100 的餘數等於 10 條件式成立，就執行第 6 條積木串內的程式。
6. 將造型切換至「Glow-1」。
7. 如果變數「比數」的絕對值除上 100 的餘數等於 20 條件式成立，就執行第 8 條積木串內的程式。
8. 將造型切換至「Glow-2」。
9. 如果變數「比數」的絕對值除上 100 的餘數等於 30 條件式成立，就執行第 10 條積木串內的程式。
10. 將造型切換至「Glow-3」。
11. 如果變數「比數」的絕對值除上 100 的餘數等於 40 條件式成立，就執行第 12 條積木串內的程式。
12. 將造型切換至「Glow-4」。

25 「角色 4」的電子積木組 ③

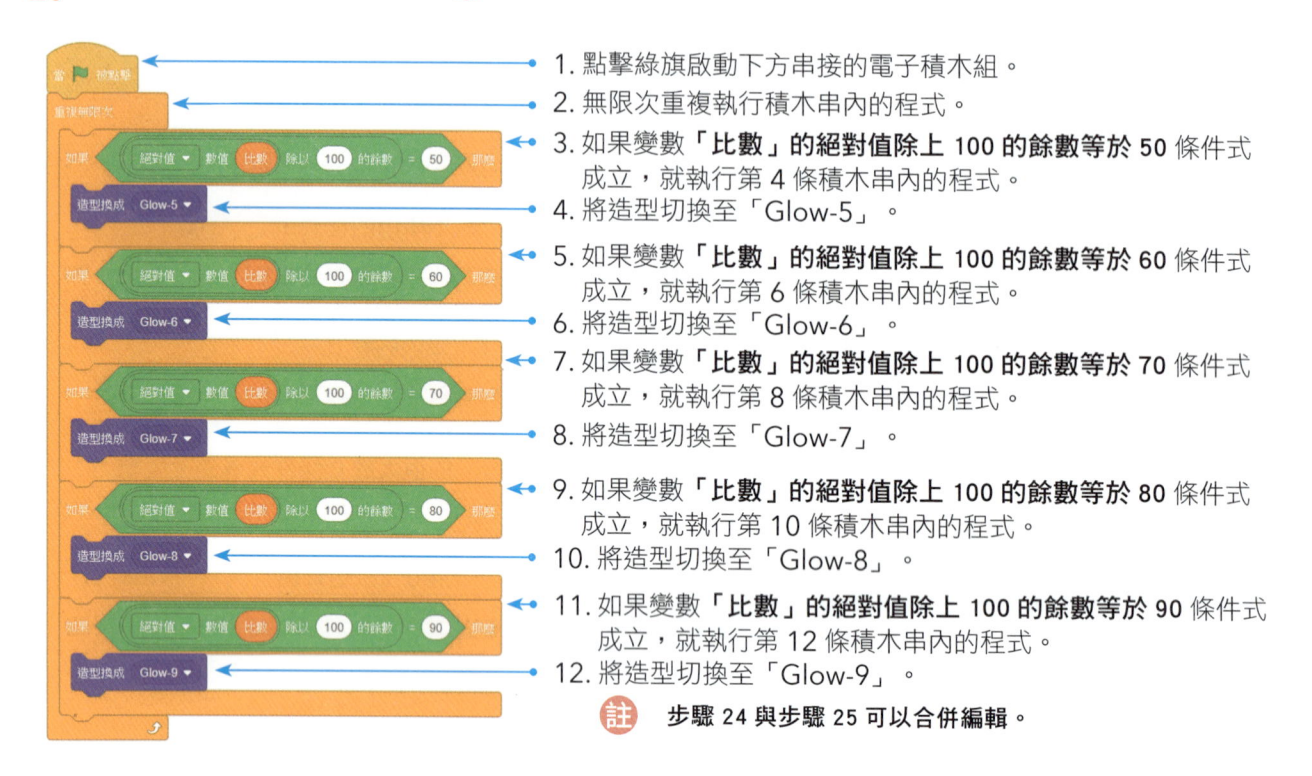

1. 點擊綠旗啟動下方串接的電子積木組。
2. 無限次重複執行積木串內的程式。
3. 如果變數「比數」的絕對值除上 100 的餘數等於 50 條件式成立，就執行第 4 條積木串內的程式。
4. 將造型切換至「Glow-5」。
5. 如果變數「比數」的絕對值除上 100 的餘數等於 60 條件式成立，就執行第 6 條積木串內的程式。
6. 將造型切換至「Glow-6」。
7. 如果變數「比數」的絕對值除上 100 的餘數等於 70 條件式成立，就執行第 8 條積木串內的程式。
8. 將造型切換至「Glow-7」。
9. 如果變數「比數」的絕對值除上 100 的餘數等於 80 條件式成立，就執行第 10 條積木串內的程式。
10. 將造型切換至「Glow-8」。
11. 如果變數「比數」的絕對值除上 100 的餘數等於 90 條件式成立，就執行第 12 條積木串內的程式。
12. 將造型切換至「Glow-9」。

註　步驟 24 與步驟 25 可以合併編輯。

26 「角色 5（個位數）」的電子積木組完整編輯狀態。

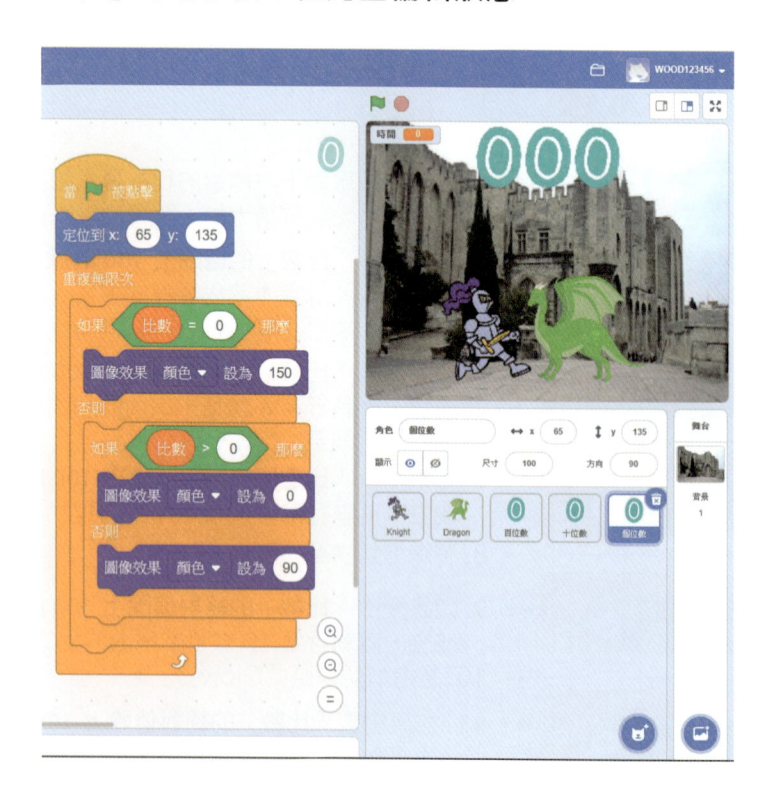

27 「角色 5」的電子積木組

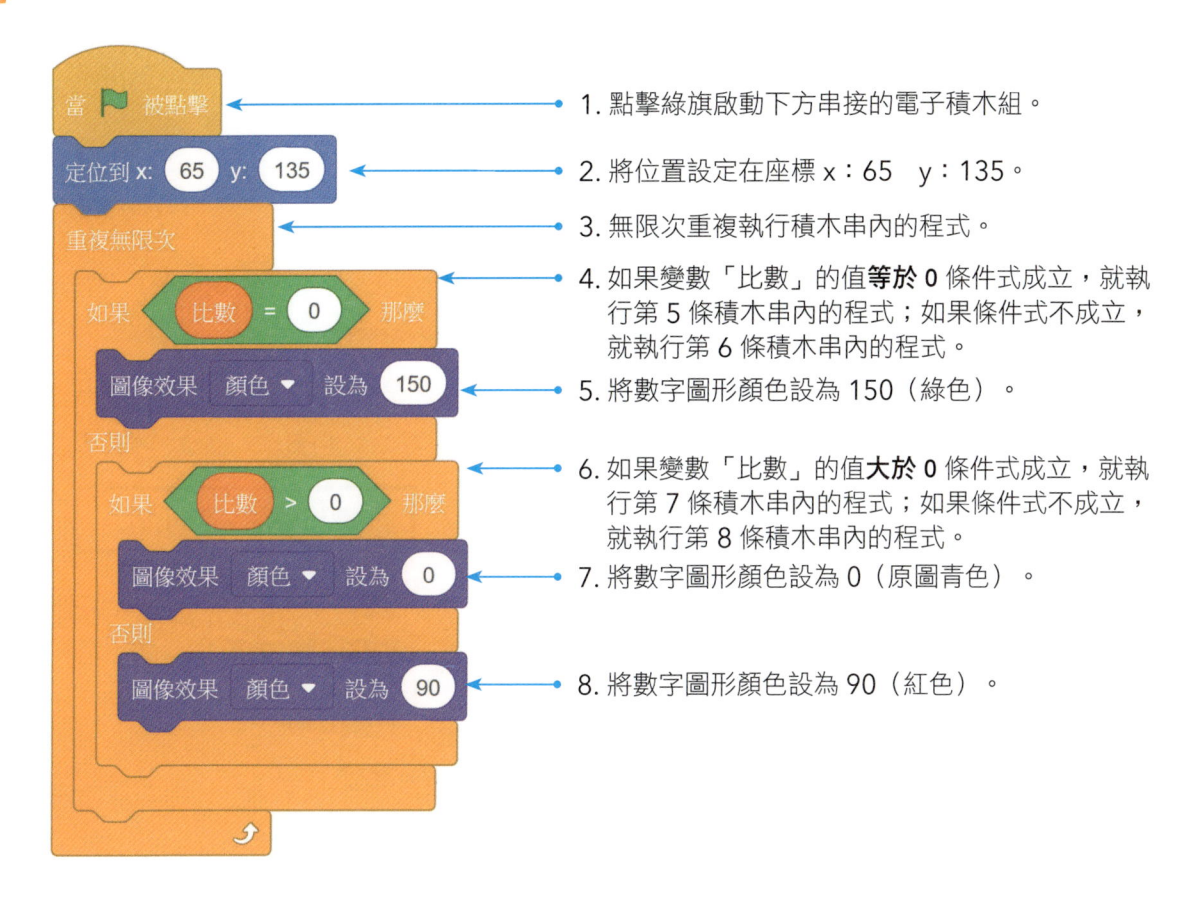

1. 點擊綠旗啟動下方串接的電子積木組。
2. 將位置設定在座標 x：65　y：135。
3. 無限次重複執行積木串內的程式。
4. 如果變數「比數」的值**等於** 0 條件式成立，就執行第 5 條積木串內的程式；如果條件式不成立，就執行第 6 條積木串內的程式。
5. 將數字圖形顏色設為 150（綠色）。
6. 如果變數「比數」的值**大於** 0 條件式成立，就執行第 7 條積木串內的程式；如果條件式不成立，就執行第 8 條積木串內的程式。
7. 將數字圖形顏色設為 0（原圖青色）。
8. 將數字圖形顏色設為 90（紅色）。

主題 3　實作題 5

「勇者鬥惡龍對戰版」遊戲程式變化

請修改遊戲程式，將遊戲時間拉長至 1 分鐘或更長。另外再加入一些遊戲提示訊息，讓遊戲節奏更精確。

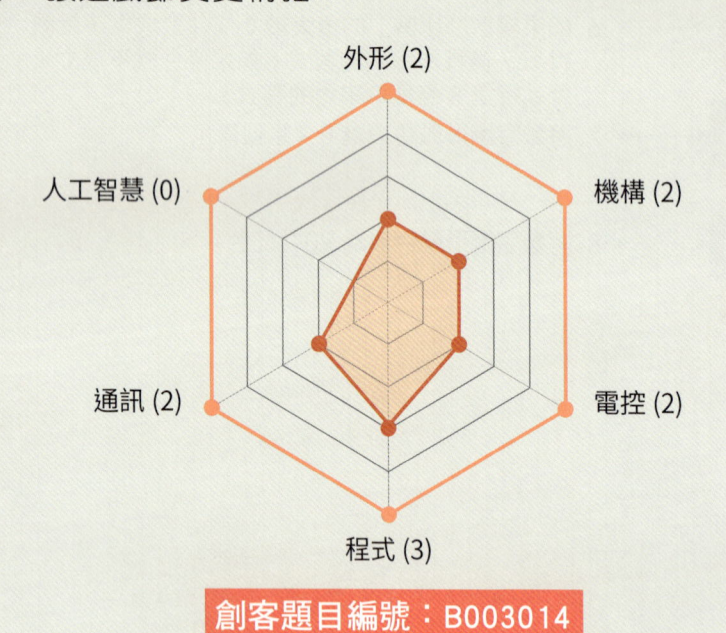

創客題目編號：B003014

實作時間：20min	
創客指標	指數
外形（專業）	2
機構	2
電控	2
程式	3
通訊	2
人工智慧	0
創客總數	**11**

主題 3　互動遊戲程式設計

>> 您繫好安全帶了嗎？準備飛向宇宙、浩瀚無垠！

火箭升空

創作時間：90～120分鐘

《玩具總動員》裡的巴斯光年經常高喊的台詞就是「飛向宇宙、浩瀚無垠！」投籃機除了可以用來投籃、對決惡龍，沒想過還可以跟夥伴一起飛向太空吧！你沒有聽錯，多找幾個朋友結伴出發，一起飛向銀河另一頭的潘朵拉星球吧！

📝 範例程式說明　（參考「火箭升空.sb3」）

本範例的硬體採四組連結架構，當四顆球分別投入四組籃框時會觸發各籃框內側的偵測器，偵測器連接的「Scratch Board」會送出字元「1」、「2」、「3」、「4」的訊號給電腦或行動裝置，就能分別控制螢幕上的火箭飛行，先飛到頂端的就能獲得勝利。

🔲 火箭升空遊戲畫面

創客木工結合 3D Onshape 建模含雷雕製作與 Scratch 3.0 程式設計

◯ 火箭升空互動遊戲程式的撰寫步驟

1 啟動 Scratch 3.0（參考「主題 2：Scratch 程式開發平台說明」）開始設計互動遊戲。

2 刪除預設小貓角色（點選角色右上方垃圾桶圖示刪除）。

3 「舞台」新增背景
　① 點擊【選個背景】清單中的【選個背景】。
　② 點擊【太空】群組。
　③ 選擇背景【Galaxy】及【Nebula】。

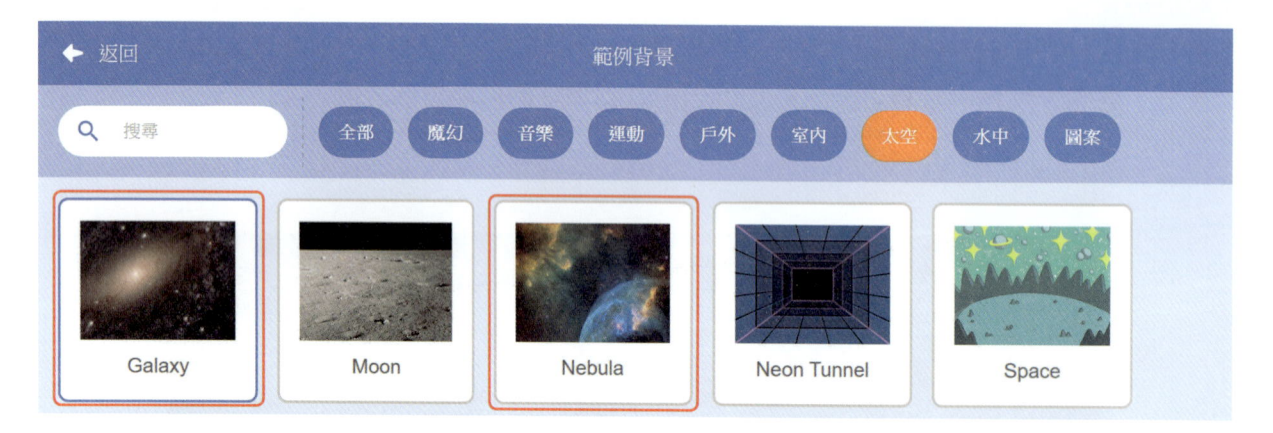

4 新增「角色 1」
　① 點擊【選個角色】清單中的【選個角色】。
　② 直接在搜尋列輸入「3」按下【Enter】。
　③ 選擇角色【Glow-3】。

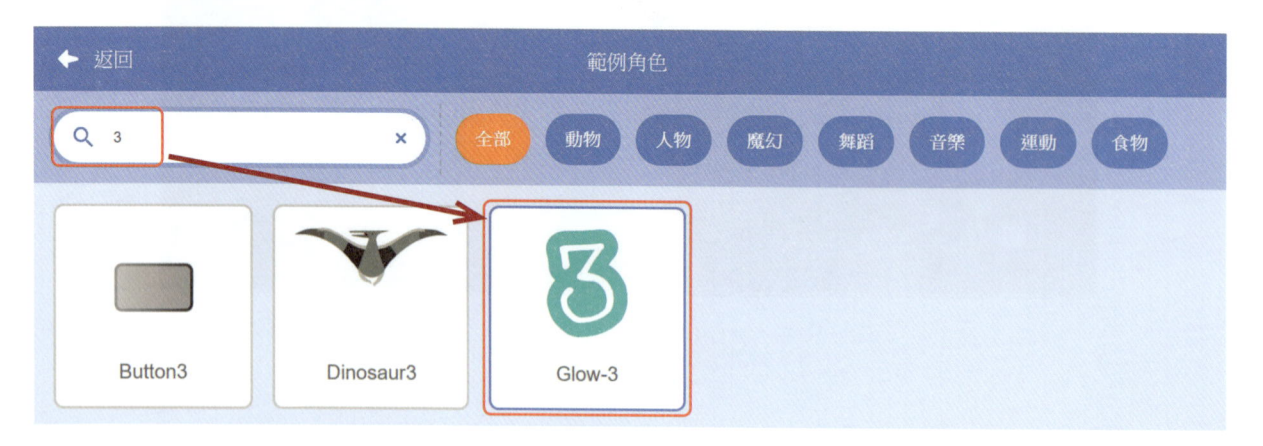

5 新增「角色2」

① 點擊【選個角色】清單中的【選個角色】。
② 點擊【全部】群組。
③ 選擇角色【Rocketship】。

6 「舞台」的電子積木組完整編輯狀態。

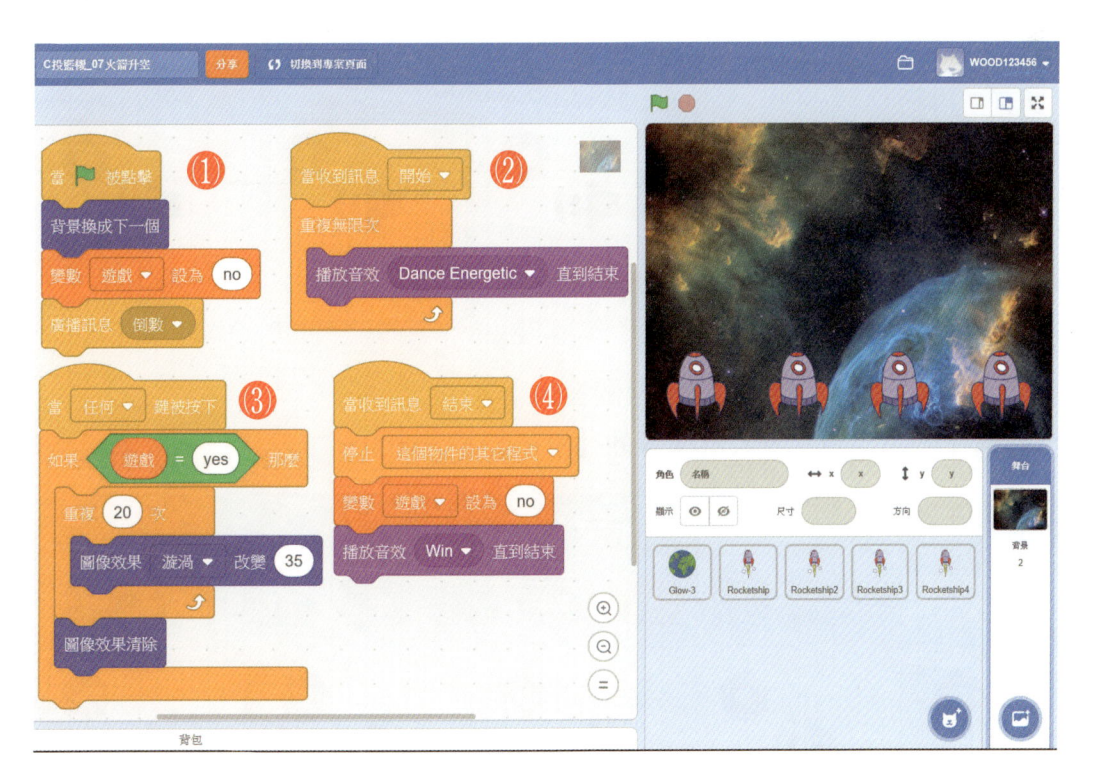

7 新增變數

① 點擊【舞台】。
② 點擊【電子積木區】→【程式】頁籤→【變數】群組。
③ 重複點擊【建立一個變數】。
④ 建立「遊戲」變數。
⑤ 將變數「遊戲」前方的點選框取消，讓變數【變數顯示框】隱藏。

8 「舞台」新增背景音樂

① 點擊【電子積木區】→【音效】頁籤。
② 刪除原隨圖音效。
③ 點擊【選個音效】清單中的【選個音效】。
④ 點擊【循環】群組→選擇音效【Dance Energetic】。

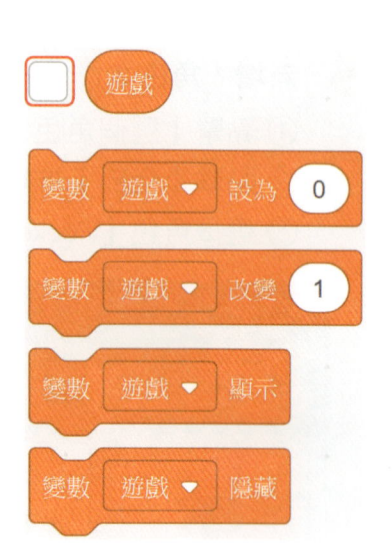

⑤ 點擊【選個音效】清單中的【選個音效】。
⑥ 再點擊【效果】群組 → 選擇音效【Win】。

主題 3　互動遊戲程式設計

9 「舞台」的電子積木組 ①

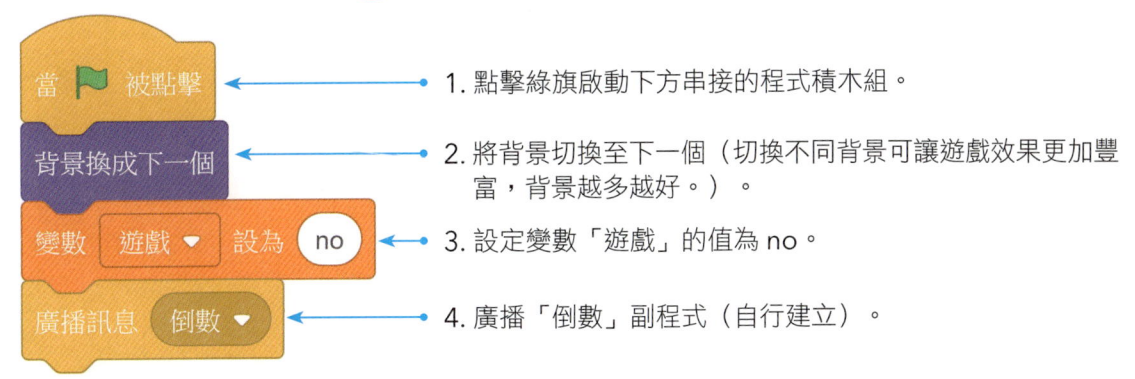

1. 點擊綠旗啟動下方串接的程式積木組。
2. 將背景切換至下一個（切換不同背景可讓遊戲效果更加豐富，背景越多越好。）。
3. 設定變數「遊戲」的值為 no。
4. 廣播「倒數」副程式（自行建立）。

10 「舞台」的電子積木組 ②

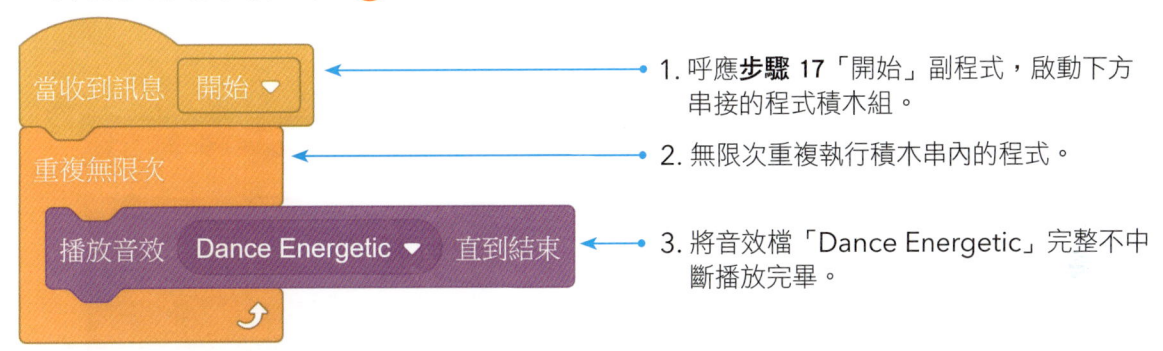

1. 呼應**步驟** 17「開始」副程式，啟動下方串接的程式積木組。
2. 無限次重複執行積木串內的程式。
3. 將音效檔「Dance Energetic」完整不中斷播放完畢。

11 「舞台」的電子積木組 ③

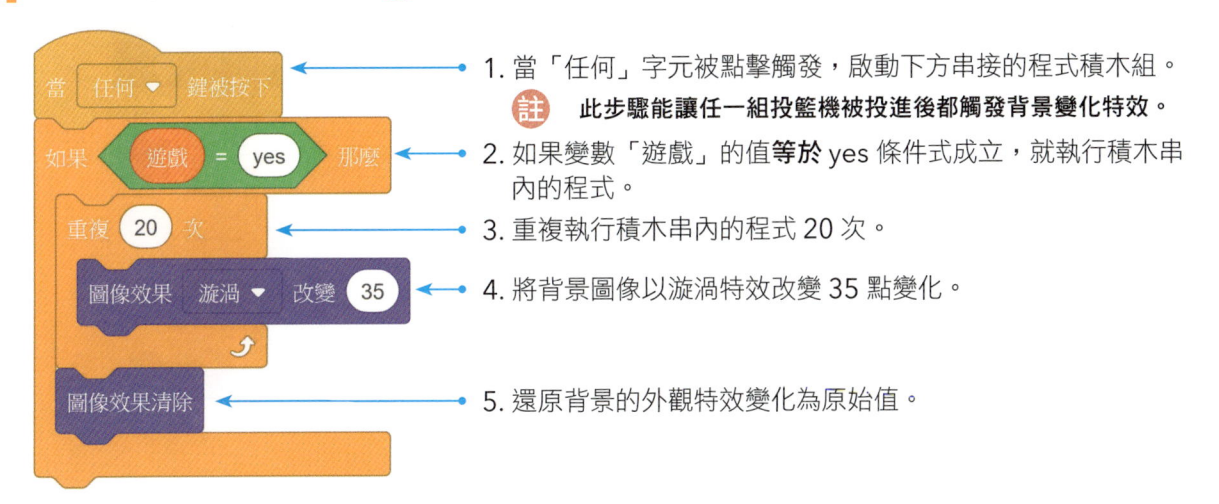

1. 當「任何」字元被點擊觸發，啟動下方串接的程式積木組。
   註　此步驟能讓任一組投籃機被投進後都觸發背景變化特效。
2. 如果變數「遊戲」的值**等於** yes 條件式成立，就執行積木串內的程式。
3. 重複執行積木串內的程式 20 次。
4. 將背景圖像以漩渦特效改變 35 點變化。
5. 還原背景的外觀特效變化為原始值。

12 「舞台」的電子積木組 ④

1. 呼應「**角色 2～角色 5**」電子積木組 ④「結束」副程式，啟動下方串接的程式積木組。
2. 強制停止「舞台」電子積木組 ① ～ ③ 的運行。
3. 設定變數「遊戲」的值為 no。
4. 將音效檔「Win」完整不中斷播放完畢。

13 「角色 1（Glow-3）」的電子積木組完整編輯狀態。

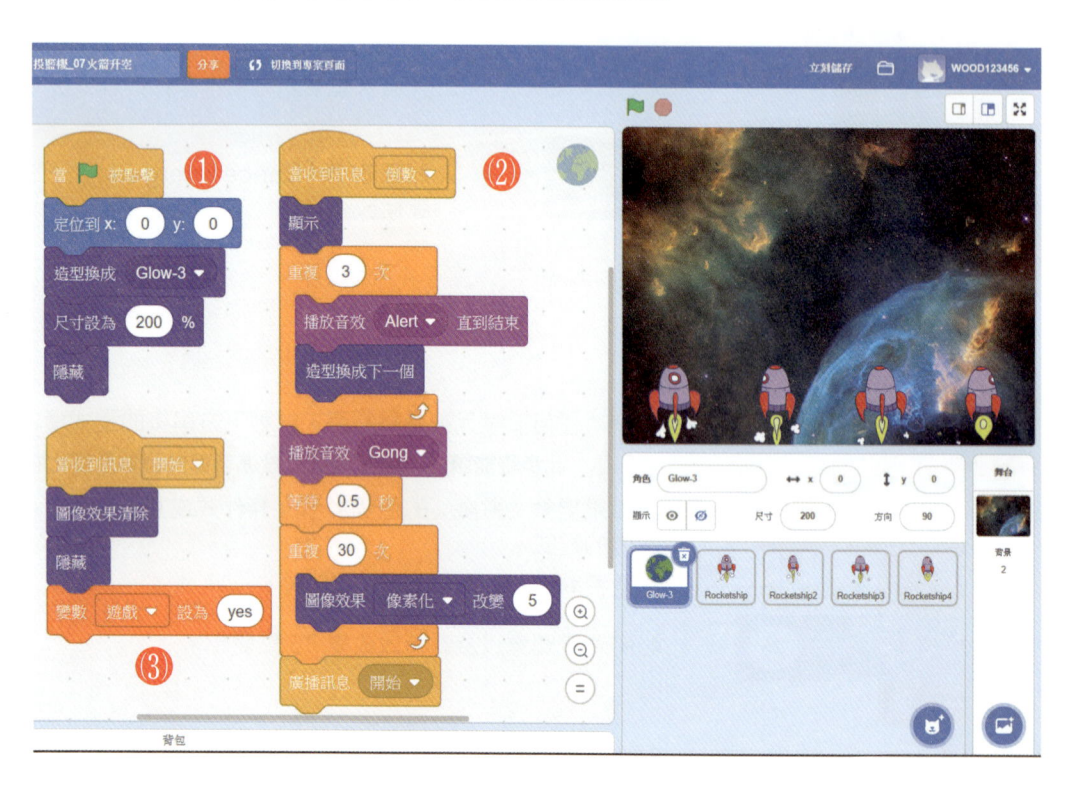

14 「角色 1」再新增三個「造型」

① 點擊【電子積木區】→【造型】頁籤。
② 點擊【選個造型】清單中的【選個造型】。
③ 直接在搜尋列依序輸入「2」、「1」、「Earth」搜尋。
④ 依序選擇角色【Glow-2】、【Glow-1】、【Earth】。

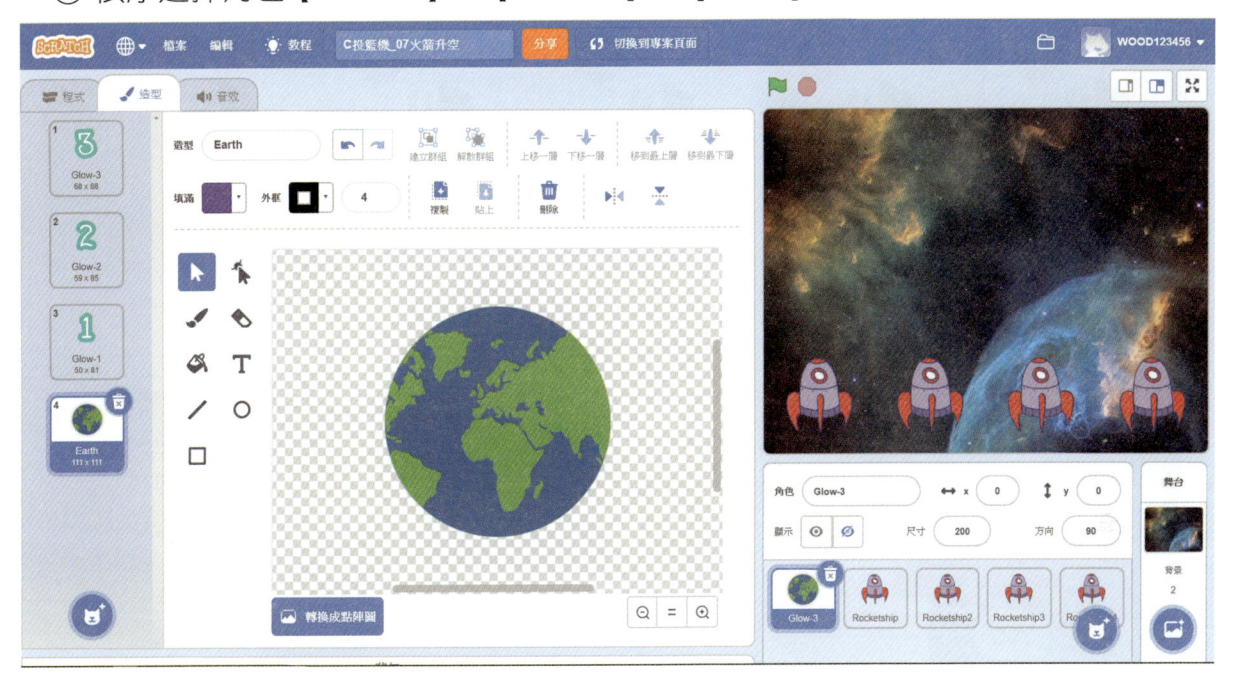

15 「角色 1」新增音效

① 點擊【電子積木區】→【音效】頁籤。
② 刪除原隨圖音效。
③ 點擊【選個音效】清單中的【選個音效】。
④ 點擊【效果】群組 → 選擇音效【Alert】。

⑤ 點擊【選個音效】清單中的【選個音效】。
⑥ 點擊【節奏】群組→選擇音效【Gong】。

16 「角色 1」的電子積木組 ①

1. 點擊綠旗啟動下方串接的電子積木組。
2. 將位置設定在座標 x：0　y：0。
3. 將造型切換至「Glow-3」。
4. 圖形大小設定為原圖的 200％。
5. 將狀態設為「隱藏」。

17 「角色 1」的電子積木組 ②

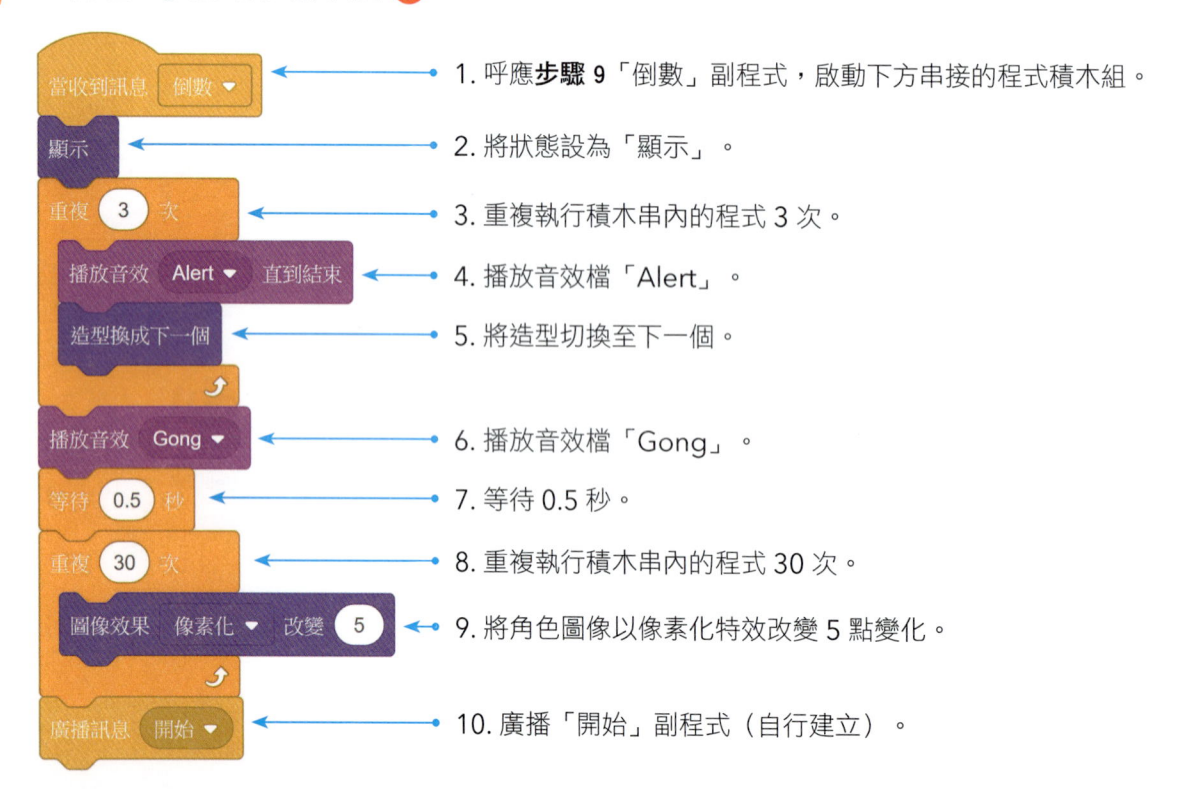

1. 呼應**步驟 9**「倒數」副程式，啟動下方串接的程式積木組。
2. 將狀態設為「顯示」。
3. 重複執行積木串內的程式 3 次。
4. 播放音效檔「Alert」。
5. 將造型切換至下一個。
6. 播放音效檔「Gong」。
7. 等待 0.5 秒。
8. 重複執行積木串內的程式 30 次。
9. 將角色圖像以像素化特效改變 5 點變化。
10. 廣播「開始」副程式（自行建立）。

主題 3　互動遊戲程式設計

18　「角色 1」的電子積木組 ③

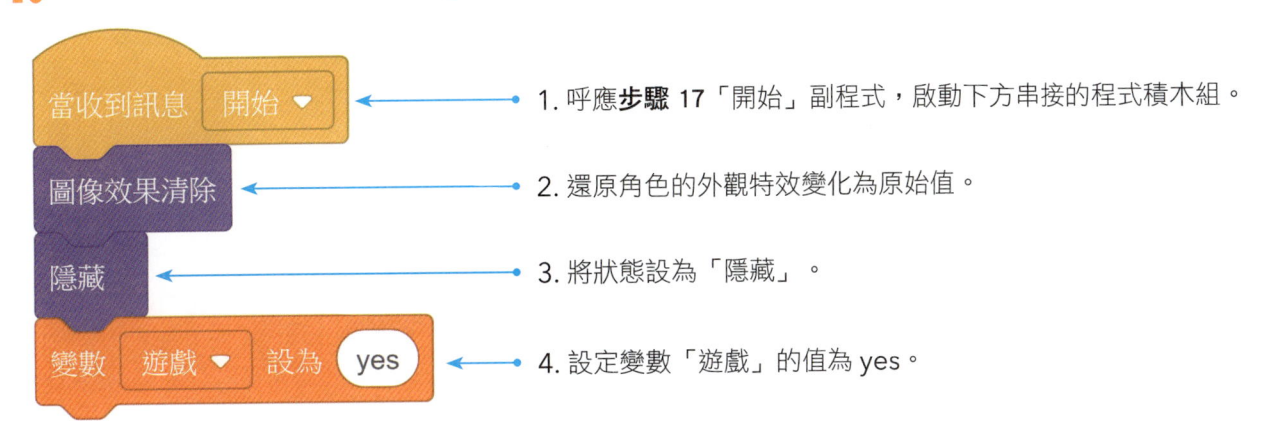

1. 呼應**步驟** 17「開始」副程式，啟動下方串接的程式積木組。

2. 還原角色的外觀特效變化為原始值。

3. 將狀態設為「隱藏」。

4. 設定變數「遊戲」的值為 yes。

19　「角色 2（Rocketship）」的電子積木組完整編輯狀態。

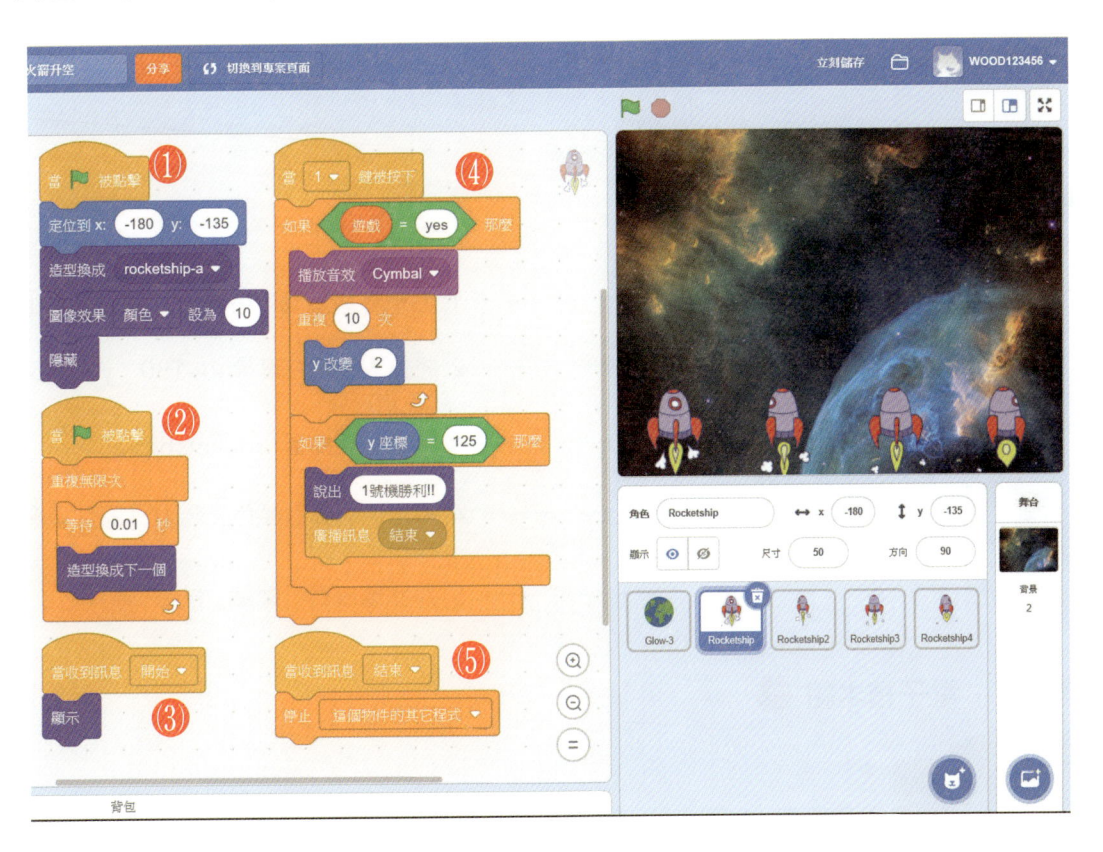

20 「角色 2」新增音效

① 點擊【電子積木區】→【音效】頁籤。
② 刪除原隨圖音效。
③ 點擊【選個音效】清單中的【選個音效】。
④ 點擊【節奏】群組→選擇音效【Cymbal】。

21 「角色 2」電子積木組 ①

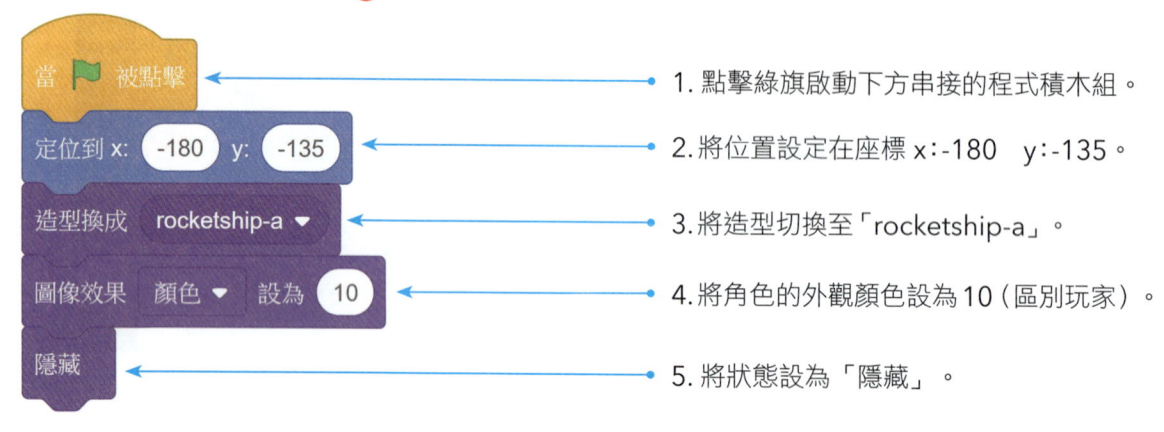

1. 點擊綠旗啟動下方串接的程式積木組。
2. 將位置設定在座標 x:-180 y:-135。
3. 將造型切換至「rocketship-a」。
4. 將角色的外觀顏色設為 10（區別玩家）。
5. 將狀態設為「隱藏」。

22 「角色 2」電子積木組 ②

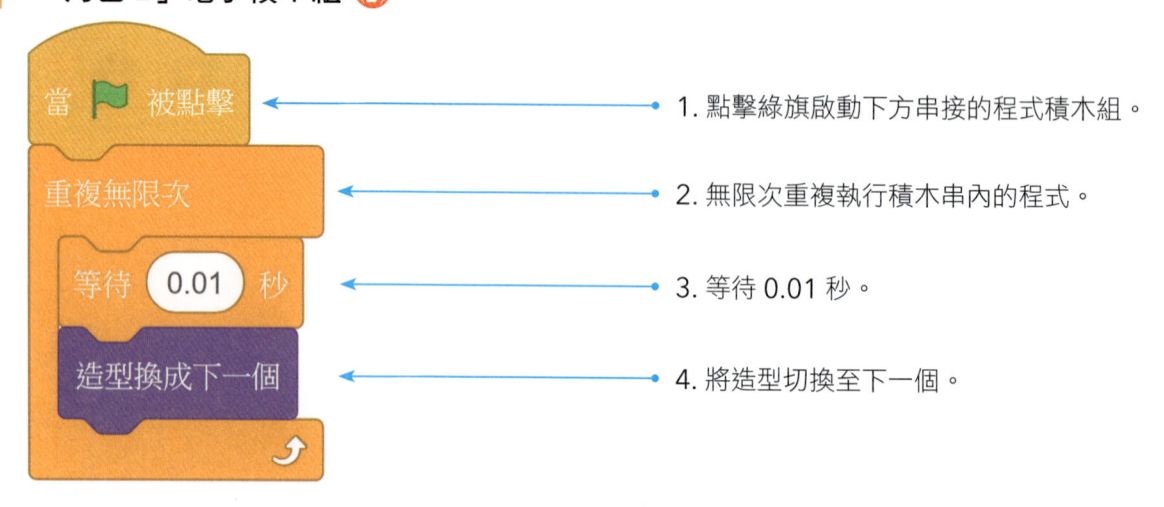

1. 點擊綠旗啟動下方串接的程式積木組。
2. 無限次重複執行積木串內的程式。
3. 等待 0.01 秒。
4. 將造型切換至下一個。

23 「角色 2」的電子積木組 ③

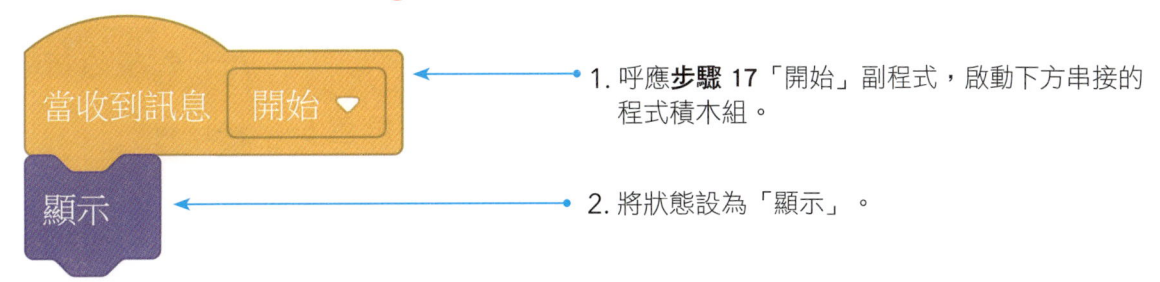

當收到訊息 開始
顯示

1. 呼應**步驟** 17「開始」副程式，啟動下方串接的程式積木組。
2. 將狀態設為「顯示」。

24 「角色 2」的電子積木組 ④

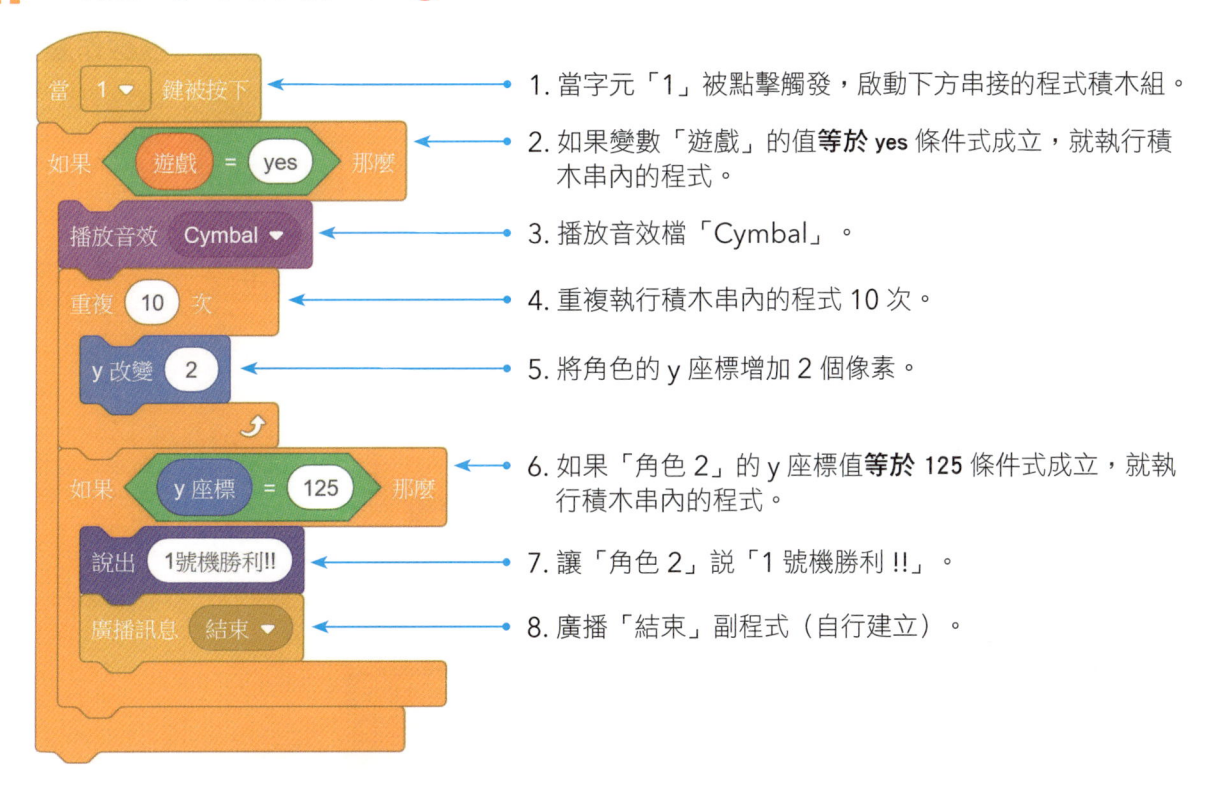

當 1 鍵被按下
如果 遊戲 = yes 那麼
　播放音效 Cymbal
　重複 10 次
　　y 改變 2
　如果 y 座標 = 125 那麼
　　說出 1號機勝利!!
　　廣播訊息 結束

1. 當字元「1」被點擊觸發，啟動下方串接的程式積木組。
2. 如果變數「遊戲」的值**等於** yes 條件式成立，就執行積木串內的程式。
3. 播放音效檔「Cymbal」。
4. 重複執行積木串內的程式 10 次。
5. 將角色的 y 座標增加 2 個像素。
6. 如果「角色 2」的 y 座標值**等於** 125 條件式成立，就執行積木串內的程式。
7. 讓「角色 2」說「1 號機勝利!!」。
8. 廣播「結束」副程式（自行建立）。

25 「角色 2」的電子積木組 ⑤

當收到訊息 結束
停止 這個物件的其它程式

1. 呼應「**角色 2～角色 5**」電子積木組 ④「結束」副程式，啟動下方串接的程式積木組。
2. 停止這個角色其他運行的程式，包含電子積木組 ①～④。

創客木工結合 3D Onshape 建模含雷雕製作與 Scratch 3.0 程式設計

26 複製產生「角色 3（Rocketship2）」～「角色 5（Rocketship4）」

① 滑鼠游標移至「角色 2（Rocketship）」上方按下滑鼠右鍵，出現清單後選擇【複製】功能。此步驟共重複執行三次。

② 三次複製產生的「角色 3（Rocketship2）」～「角色 5（Rocketship4）」，程式內容（含音效）都會和「角色 2（Rocketship）」相同。

③ 執行**步驟** 27 調整各角色參數。

27 由「角色 2（Rocketship）」複製產生的「角色 3（Rocketship2）」～「角色 5（Rocketship4）」，4 個角色的程式積木需針對下列標註之控制、位置、變數作變更，變更內容見下列「變更項目一覽表」：

「變更項目一覽表」如下：

角色	角色 2（Rocketship）	角色 3（Rocketship2）	角色 4（Rocketship3）	角色 5（Rocketship4）
[1] 起始位置座標	x：-180　y：-135	x：-60　y：-135	x：60　y：-135	x：180　y：-135
[2] 顏色設定	10	40	70	100
[3] 控制鍵字元	1	2	3	4
[4] 勝利訊息	1 號機勝利！	2 號機勝利！	3 號機勝利！	4 號機勝利！

主題 3　實作題 6

「火箭升空」遊戲程式變化

請修改遊戲程式，讓火箭進球往前飛時，還可以讓其他玩家的火箭倒退。

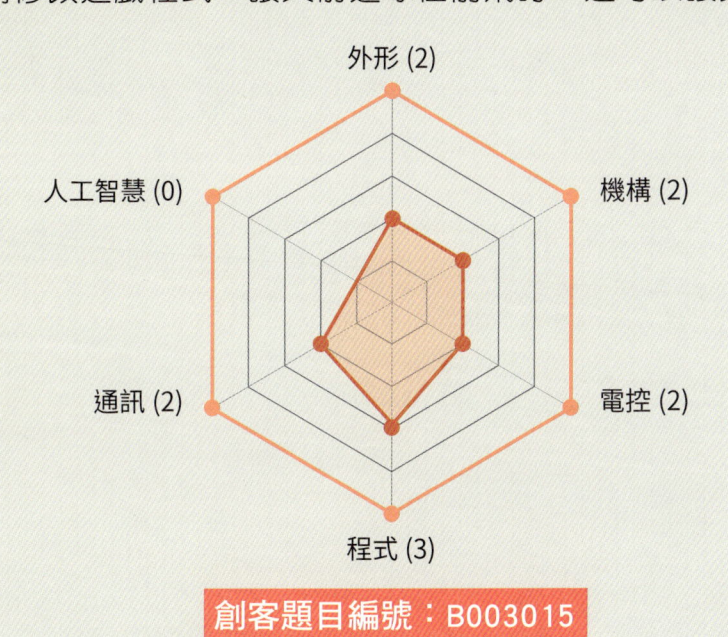

外形 (2)
機構 (2)
電控 (2)
程式 (3)
通訊 (2)
人工智慧 (0)

創客題目編號：B003015

實作時間：25min	
創客指標	指數
外形（專業）	2
機構	2
電控	2
程式	3
通訊	2
人工智慧	0
創客總數	11

主題 4　進階互動遊戲程式設計

跟著上一單元的內容，你們是否設計出了有趣的遊戲程式呢？上一單元循序完成了多款單人至數人互動的 Scratch 投籃遊戲，接下來就可以發揮「互動投籃機」的強大擴充功能，將互動投籃機變身為──「九宮格投球機」。

本單元將示範如何運用 1 組「單打投籃機套件」與 8 組「投籃機擴充機構包」，製作成一組 3x3 的井字「九宮格投球機」，再搭配進階 Scratch 遊戲程式開發，就可以讓多人一起遊戲，培養合作默契，也可以設計更有趣的 PK 對戰玩法，如此就能讓簡單的「投籃機」發揮無比的樂趣。

接下來就跟著內容循序漸進學習，把更多的創意融入遊戲程式開發。

>> 跟夥伴一起進入黑暗森林探險，看誰先找出幽靈！

魔鬼剋星

創作時間：120分鐘以上

　　食物要跟朋友一起分享才好吃，遊戲當然也要跟朋友一起玩才更好玩。將 9 組投籃機按井字組合排列，就可以跟三五好友一起遊戲。接下來就和夥伴合作，大家輪流投出手上的驅魔球，看誰最先找到躲在黑暗森林的幽靈。

範例程式說明　（參考「魔鬼剋星 .sb3」）

本範例我們做些創意發揮將 1 人玩的「投籃機」改成可以多人一起玩的「魔鬼剋星」，硬體採 3x3，9 組連結架構。遊戲畫面一開始有 9 個禮盒，每次點擊遊戲開始時會亂數分配數字 1～9 給 9 個禮盒，當球分別投入九組籃框時會觸發各自籃框內側的偵測器，偵測器連接的「Scratch Board」會送出字元「1～9」的訊號給電腦或行動裝置。接下來可以讓兩位以上的玩家一起輪流投擲，如果選到亂數分配到數字 1～8 的禮盒，電腦會給你一個代表安全的生日蛋糕，但如果選到亂數分配到數字 9 的禮盒，你就能找到森林裡的幽靈。

□ 魔鬼剋星遊戲畫面

魔鬼剋星互動遊戲程式的撰寫步驟

1 啟動 Scratch 3.0（參考「主題 2：Scratch 程式開發平台說明」）開始設計互動遊戲。

2 刪除預設小貓角色（點選角色右上方垃圾桶圖示刪除）。

3 「舞台」新增背景

① 點擊【選個背景】清單中的【選個背景】。
② 點擊【戶外】群組。
③ 選擇背景【Jungle】。

4 新增「角色 1」

① 點擊【選個角色】清單中的【選個角色】。
② 選擇角色【Gift】。

創客木工結合 3D Onshape 建模含雷雕製作與 Scratch 3.0 程式設計

5 「舞台」的電子積木組完整編輯狀態。

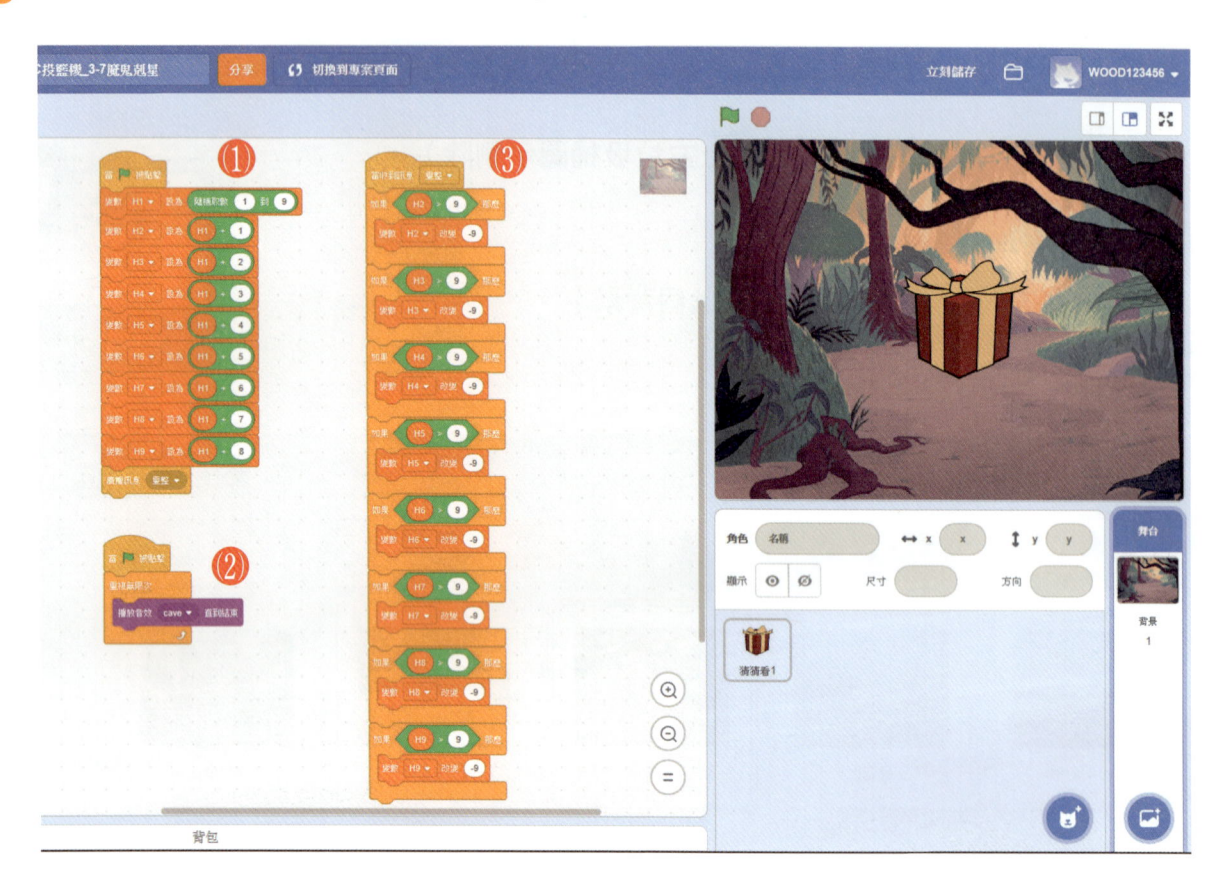

6 新增 9 個變數

① 點擊【舞台】。
② 點擊【電子積木區】→【程式】頁籤→【變數】群組。
③ 重複點擊【建立一個變數】。
④ 依序建立「H1」～「H9」9 個變數。
⑤ 將變數前方的點選框都點選取消，讓變數【變數顯示框】隱藏。

7 「舞台」的電子積木組 ①

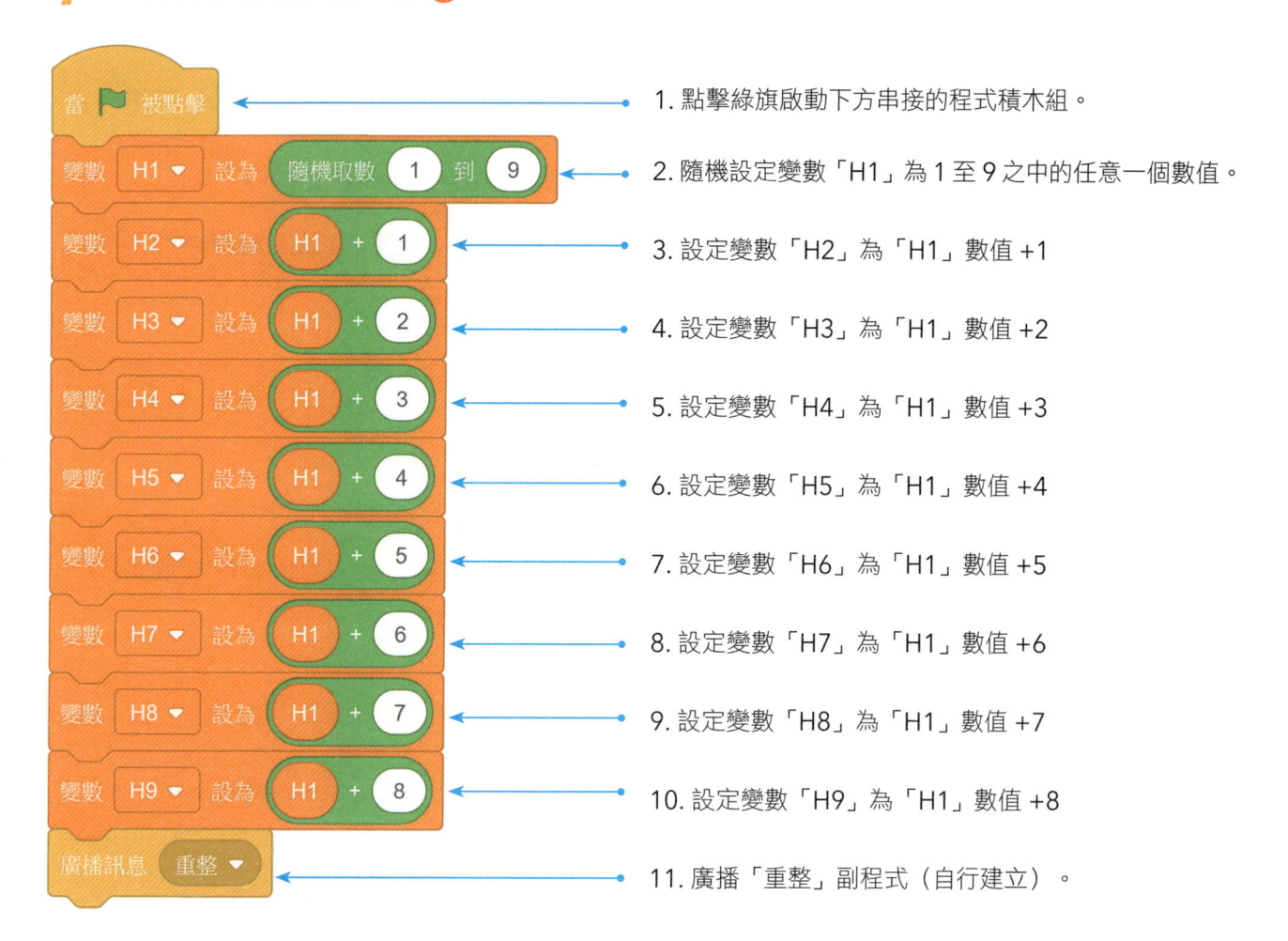

1. 點擊綠旗啟動下方串接的程式積木組。
2. 隨機設定變數「H1」為 1 至 9 之中的任意一個數值。
3. 設定變數「H2」為「H1」數值 +1
4. 設定變數「H3」為「H1」數值 +2
5. 設定變數「H4」為「H1」數值 +3
6. 設定變數「H5」為「H1」數值 +4
7. 設定變數「H6」為「H1」數值 +5
8. 設定變數「H7」為「H1」數值 +6
9. 設定變數「H8」為「H1」數值 +7
10. 設定變數「H9」為「H1」數值 +8
11. 廣播「重整」副程式（自行建立）。

8 「舞台」新增 1 個音效

① 點擊【電子積木區】→【音效】頁籤。
② 點擊【選個音效】清單中的【選個音效】。
③ 點擊【循環】群組→選擇音效【Cave】。

9 「舞台」的電子積木組 ②

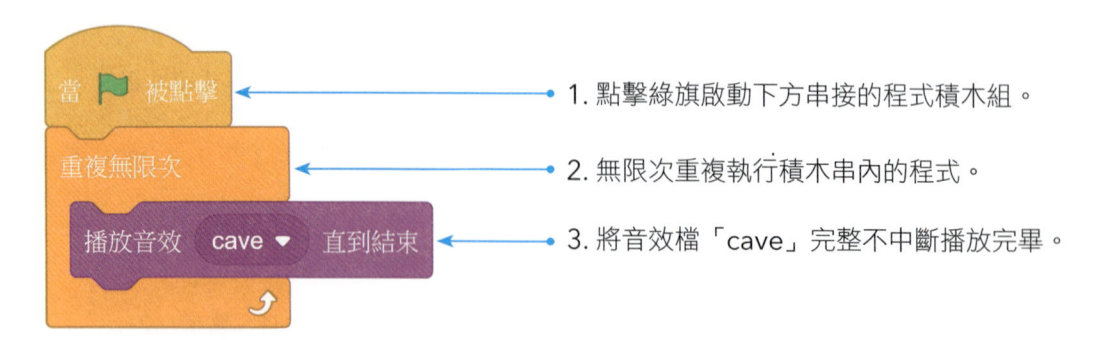

1. 點擊綠旗啟動下方串接的程式積木組。
2. 無限次重複執行積木串內的程式。
3. 將音效檔「cave」完整不中斷播放完畢。

10 「舞台」的電子積木組 ③

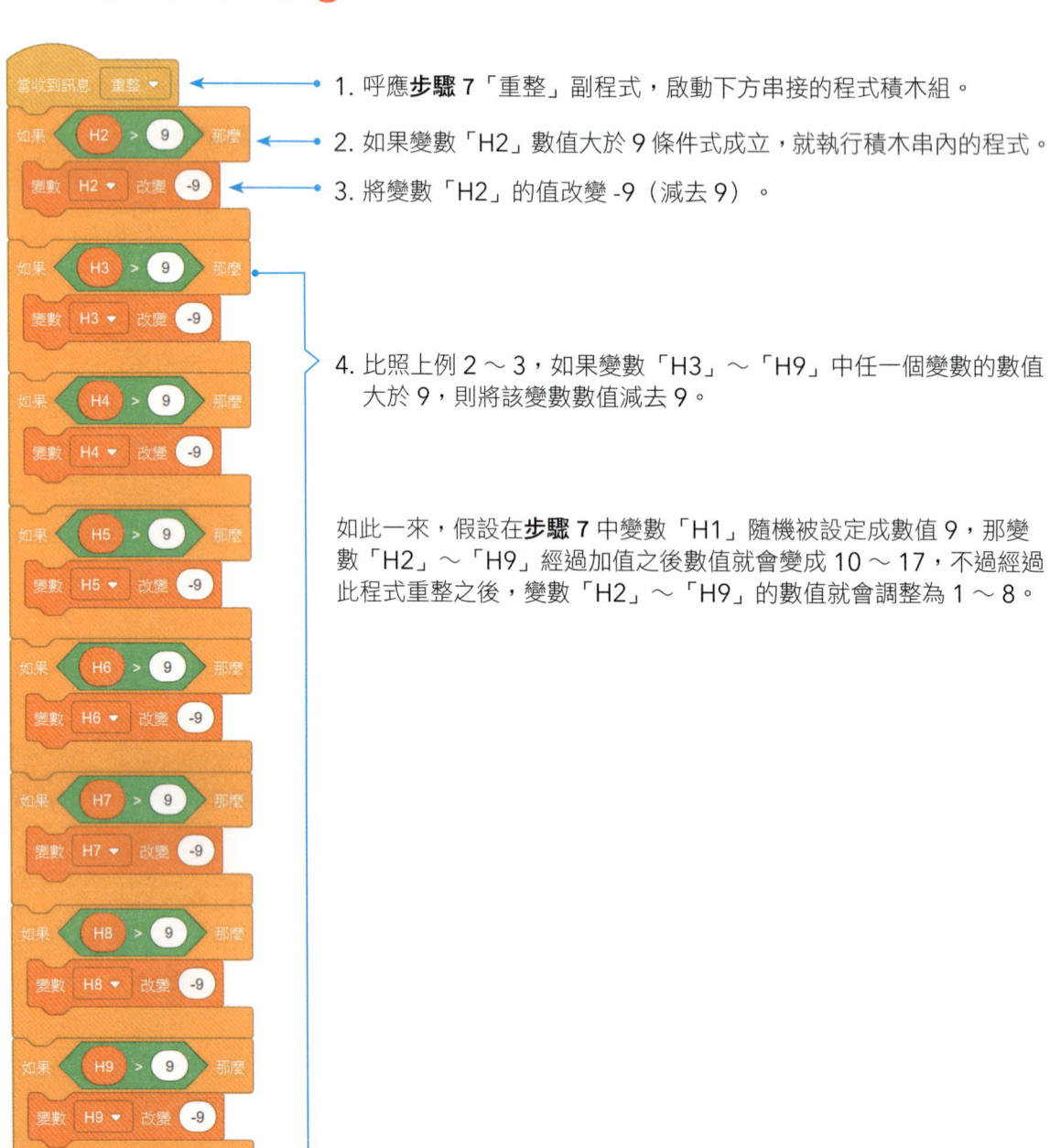

1. 呼應**步驟 7**「重整」副程式，啟動下方串接的程式積木組。
2. 如果變數「H2」數值大於 9 條件式成立，就執行積木串內的程式。
3. 將變數「H2」的值改變 -9（減去 9）。

4. 比照上例 2～3，如果變數「H3」～「H9」中任一個變數的數值大於 9，則將該變數數值減去 9。

如此一來，假設在**步驟 7** 中變數「H1」隨機被設定成數值 9，那變數「H2」～「H9」經過加值之後數值就會變成 10～17，不過經過此程式重整之後，變數「H2」～「H9」的數值就會調整為 1～8。

11 「角色 1（猜猜看 1）」的電子積木組完整編輯狀態。

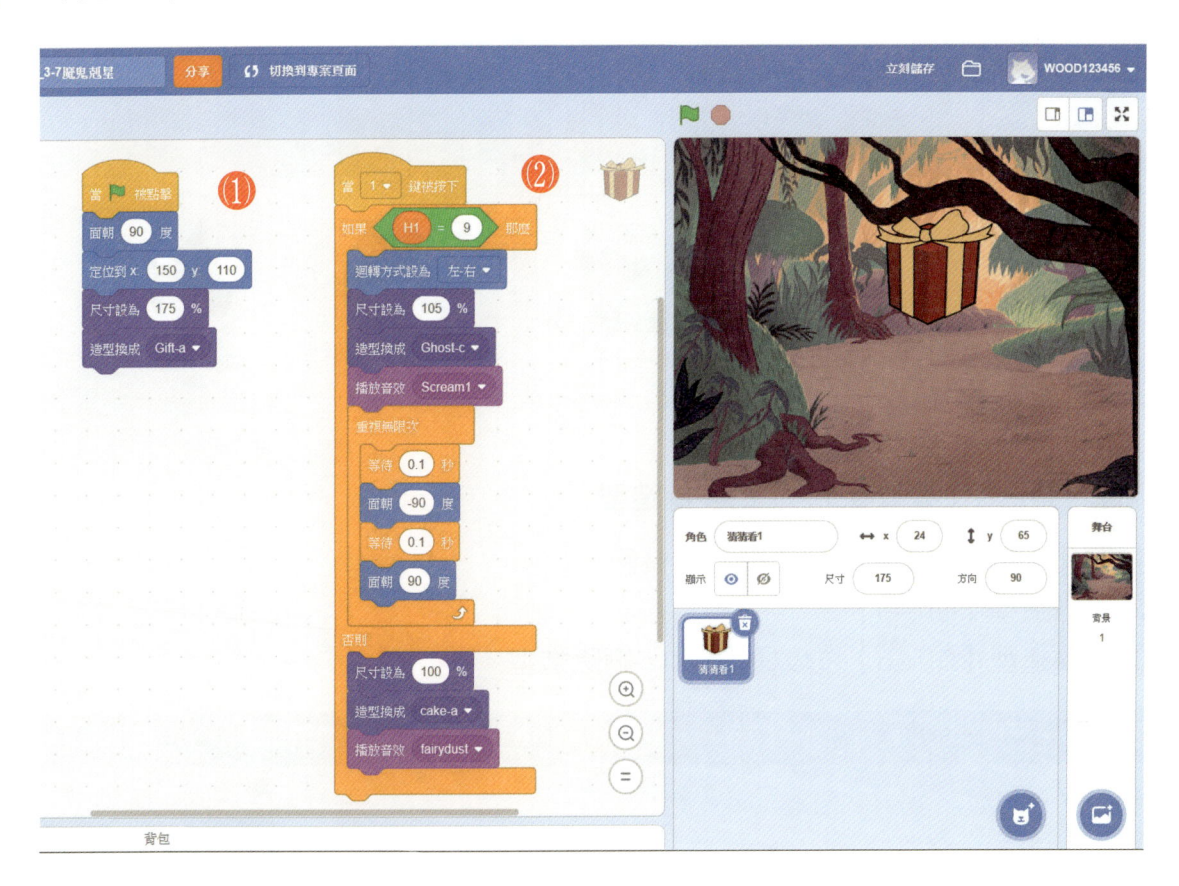

12 「角色 1」再新增兩個造型

① 點擊【電子積木區】→【造型】頁籤。
② 點擊【選個造型】清單中的【選個造型】。
③ 點擊【食物】群組→選擇角色【Cake-a】。

④ 點擊【魔幻】群組→選擇角色【Ghost-c】。

13 刪除「角色 1（猜猜看 1）」的多餘造型

① 點擊【電子積木區】→【造型】頁籤。

② 選擇造型【Gift-b】。

③ 點擊造型【Gift-b】垃圾桶【X】，刪除造型。

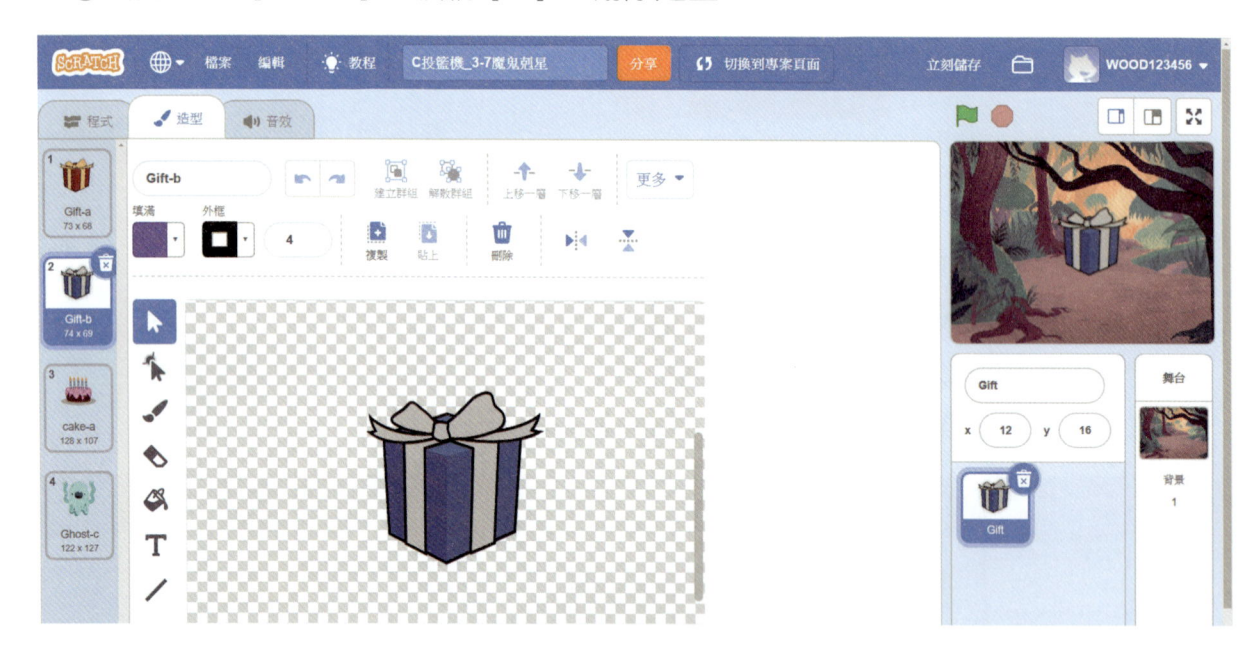

14 將「角色 1（Gift）」重新命名為（猜猜看 1）。

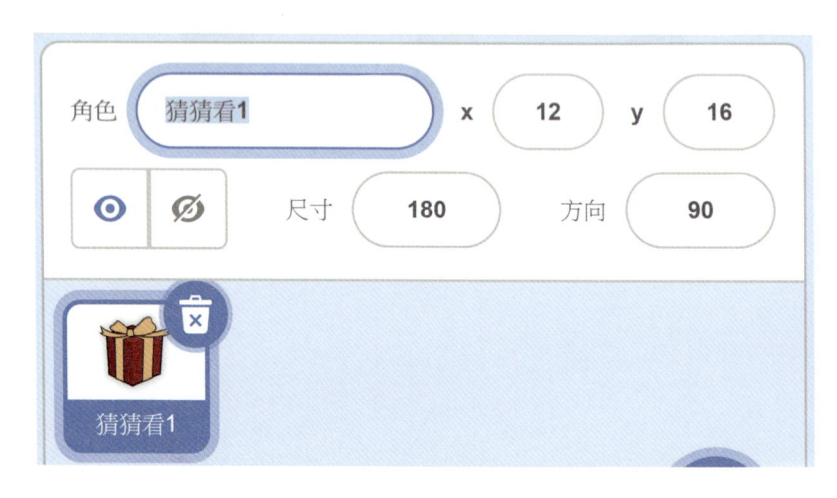

15 調整「角色1（猜猜看1）」各造型尺寸大小

若一個角色有兩個（含）以上的造型，而兩個造型的圖形尺寸又不相同，程式在執行時圖形切換變化忽大忽小會讓呈現效果十分怪異，調整的方式可以採用外部繪圖軟體做修正，本例採用直接運用程式積木語法做調整，首先先確認各圖形需放大縮小的百分比例。

① 點擊【電子積木區】→【造型】頁籤。
② 檢視各造型的圖形尺寸大小，以造型「cake-a」的寬度 128 作為調整基準值（100%）。
③ 造型「Gift-a」的寬度為 73，所以需放大至 128 / 73 = 1.75（即 175%）。
④ 造型「Ghost2-c」的寬度為 122，所以需放大至 128 / 122 = 1.05（即 105%）。

16 「角色1」的電子積木組 ①

1. 點擊綠旗啟動下方串接的程式積木組。
2. 將方向設定為 90 度（向右）。
3. 將位置設定在座標 x：150　y：110
4. 圖形大小設定為原圖的 175%（原因見步驟 15）。
5. 將造型切換至「Gift-a」。

17 「角色 1」新增 1 個音效

① 點擊【電子積木區】→【音效】頁籤。
② 點擊【選個音效】清單中的【選個音效】。
③ 點擊【全部】群組→選擇音效【Fairydust】。

④ 點擊【人聲】群組→選擇音效【Scream1】。

18 「角色 1」電子積木組 ②

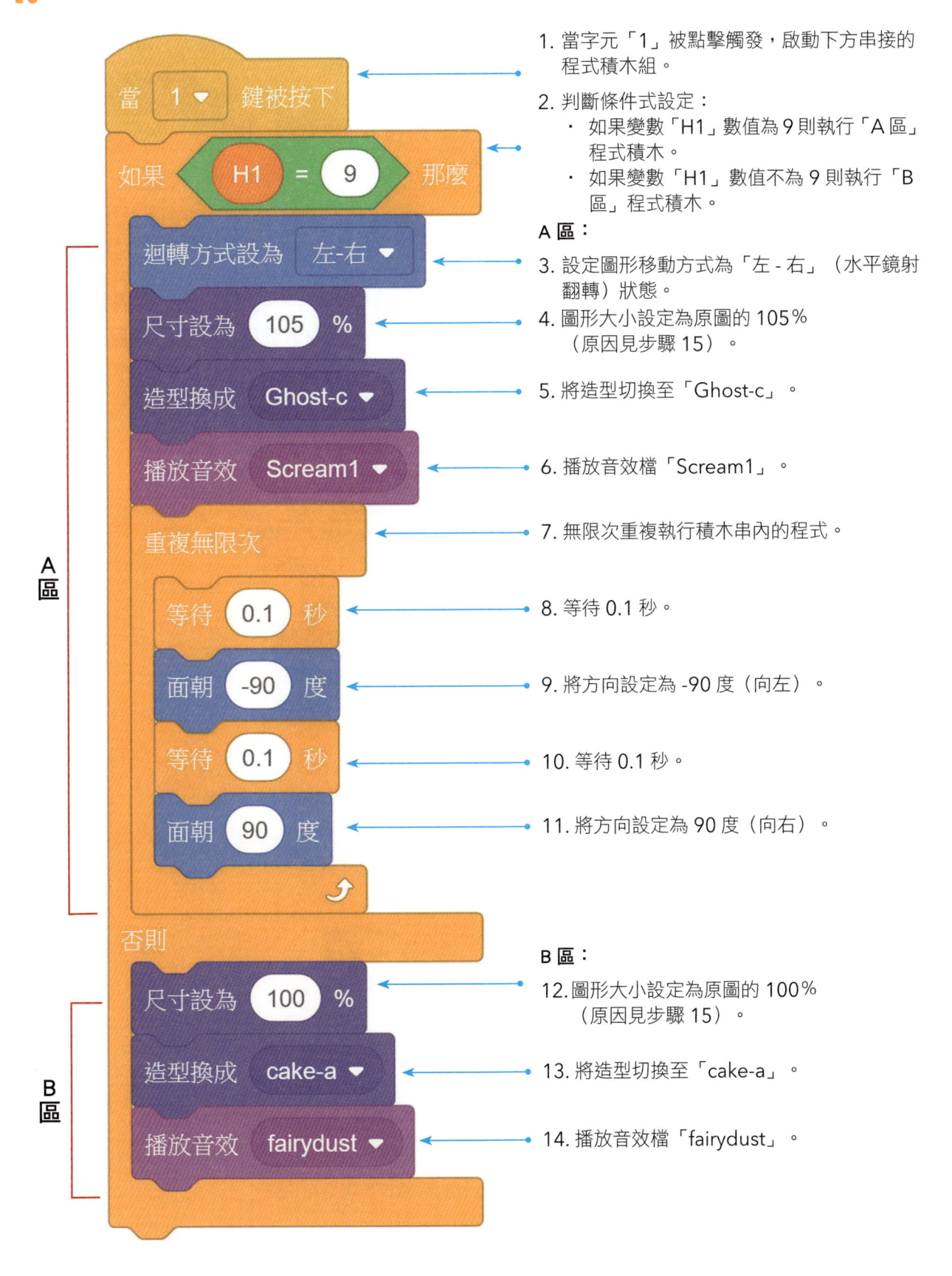

1. 當字元「1」被點擊觸發，啟動下方串接的程式積木組。
2. 判斷條件式設定：
   - 如果變數「H1」數值為 9 則執行「A 區」程式積木。
   - 如果變數「H1」數值不為 9 則執行「B 區」程式積木。

A 區：

3. 設定圖形移動方式為「左 - 右」（水平鏡射翻轉）狀態。
4. 圖形大小設定為原圖的 105％（原因見步驟 15）。
5. 將造型切換至「Ghost-c」。
6. 播放音效檔「Scream1」。
7. 無限次重複執行積木串內的程式。
8. 等待 0.1 秒。
9. 將方向設定為 -90 度（向左）。
10. 等待 0.1 秒。
11. 將方向設定為 90 度（向右）。

B 區：

12. 圖形大小設定為原圖的 100％（原因見步驟 15）。
13. 將造型切換至「cake-a」。
14. 播放音效檔「fairydust」。

19 複製產生「角色2」～「角色9」

① 滑鼠游標移至「角色1（猜猜看1）」上方按下滑鼠右鍵，出現清單後選擇【複製】功能。此步驟共重複執行8次。

② 8次複製產生的「角色2（猜猜看2）」～「角色9（猜猜看9）」程式內容（含音效）都會和「角色1（猜猜看1）」相同。

③ 執行**步驟20**調整各角色參數。

20 由「角色1（猜猜看1）」複製產生的「角色2（猜猜看2）」～「角色9（猜猜看9）」，程式積木需針對下列標註之控制、位置、變數作變更，變更內容見下列「變更項目一覽表」：

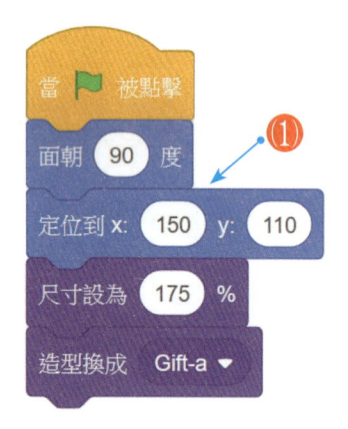

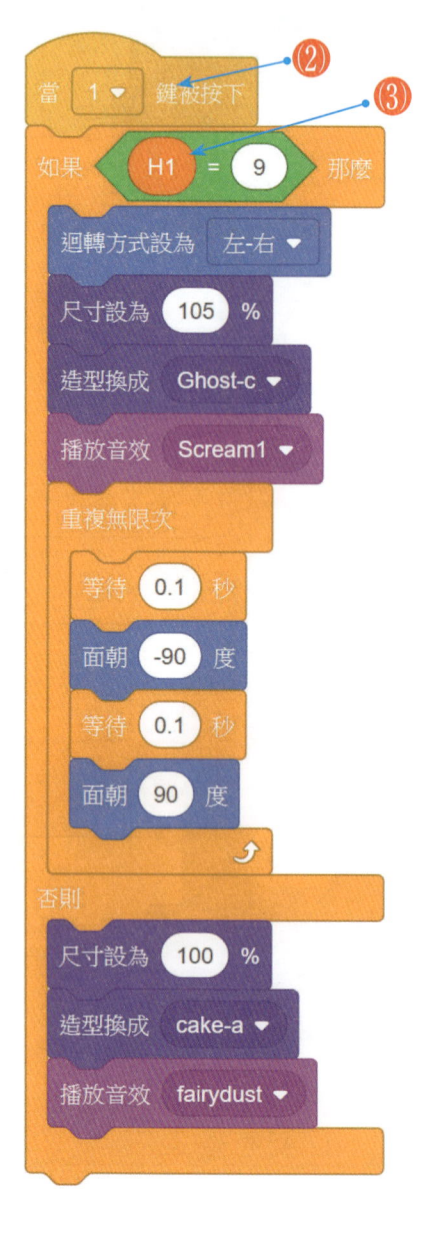

「變更項目一覽表」如下：

角色	[1] 起始位置座標		[2] 控制鍵字元	[3] 變數
猜猜看 1	x：150	y：110	1	H1
猜猜看 2	x：0	y：110	2	H2
猜猜看 3	x：-150	y：110	3	H3
猜猜看 4	x：150	y：0	4	H4
猜猜看 5	x：0	y：0	5	H5
猜猜看 6	x：-150	y：0	6	H6
猜猜看 7	x：150	y：-110	7	H7
猜猜看 8	x：0	y：-110	8	H8
猜猜看 9	x：-150	y：-110	9	H9

「變更項目一覽表」如下：

主題 4　實作題 1

「魔鬼剋星」遊戲程式變化

請修改遊戲程式，讓鬼出現的效果更震撼一點。

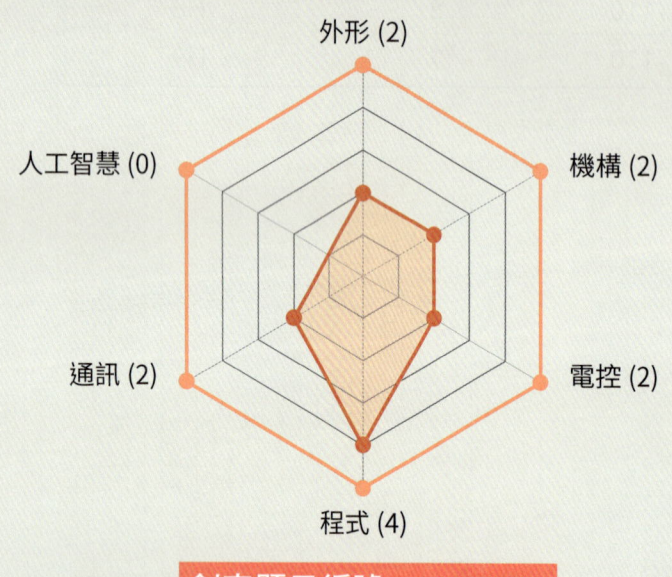

創客題目編號：B003016

創客指標	指數
外形（專業）	2
機構	2
電控	2
程式	4
通訊	2
人工智慧	0
創客總數	**12**

實作時間：25min

>> 代誌大條了！幽靈的兄弟姊妹都來了，快找幫手來助陣！

魔鬼剋星加強版

創作時間：120分鐘以上

在上一章節玩家輪流投球找尋躲在黑暗森林裡的一隻幽靈，接下來就讓遊戲更刺激一點，9 隻幽靈會輪番重複出現，而且當幽靈被消滅後會立即呼叫另一隻幽靈出現，週而復始源源不絕，現在能做的就是不斷打倒出現的幽靈，撐到遊戲結束就算勝利，接下來看看你們能在天亮之前打倒幾隻幽靈。

範例程式說明 （參考「魔鬼剋星加強版 .sb3」）

本範例硬體同樣採 3x3，9 組連結架構，遊戲畫面一開始會隨機呼叫一隻幽靈出現，當球分別投入 9 組籃框時會觸發各籃框內側的偵測器，偵測器連接的「Scratch Board」會送出字元「1～9」的訊號給電腦或行動裝置，球投入對應幽靈出現的籃框就能將鬼消滅。

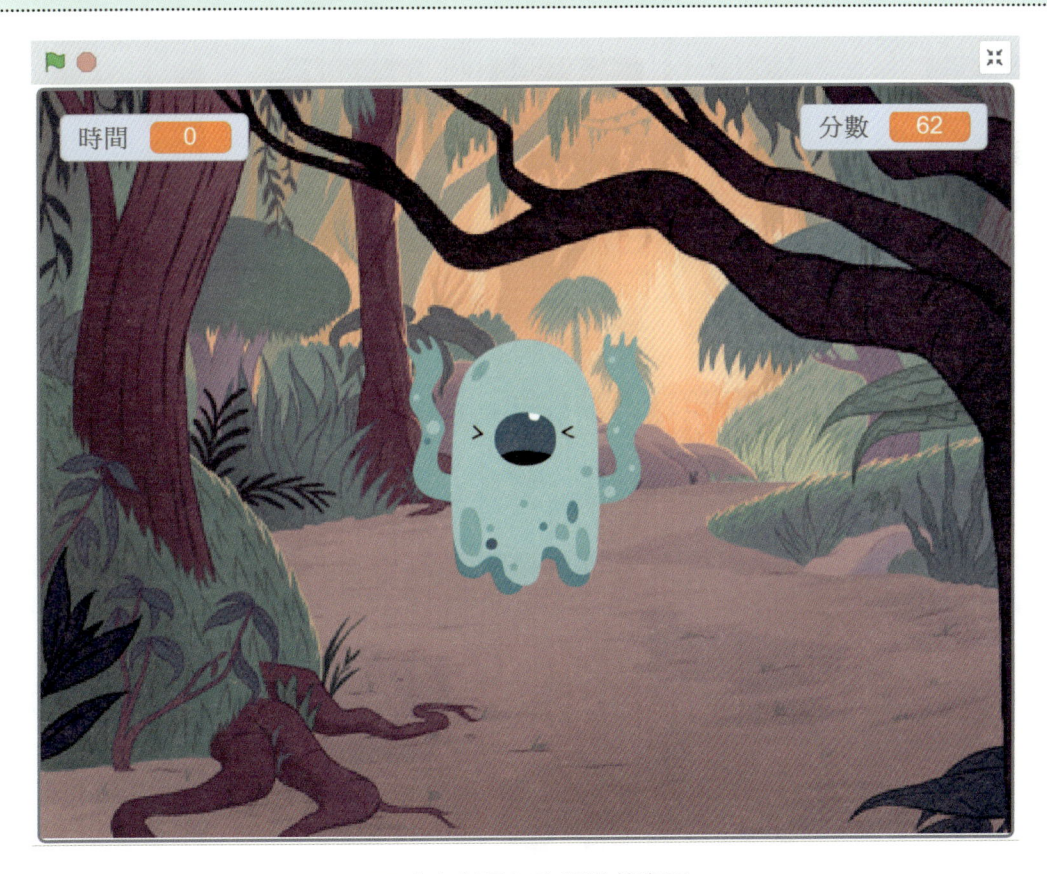

□ 魔鬼剋星加強版遊戲畫面

創客木工結合 3D Onshape 建模含雷雕製作與 Scratch 3.0 程式設計

⬤ 魔鬼剋星加強版互動遊戲程式的撰寫步驟

1 啟動 Scratch 3.0（參考「主題 2：Scratch 程式開發平台說明」）開始設計互動遊戲。

2 刪除預設小貓角色（點選角色右上方垃圾桶圖示刪除）。

3 「舞台」新增背景

① 點擊【選個背景】清單中的【選個背景】。
② 點擊【戶外】群組。
③ 選擇背景【Jungle】。

4 新增「角色 1」

① 點擊【選個角色】清單中的【選個角色】。
② 點擊【魔幻】群組。
③ 選擇角色【Ghost】。

5 「舞台」的電子積木組完整編輯狀態。

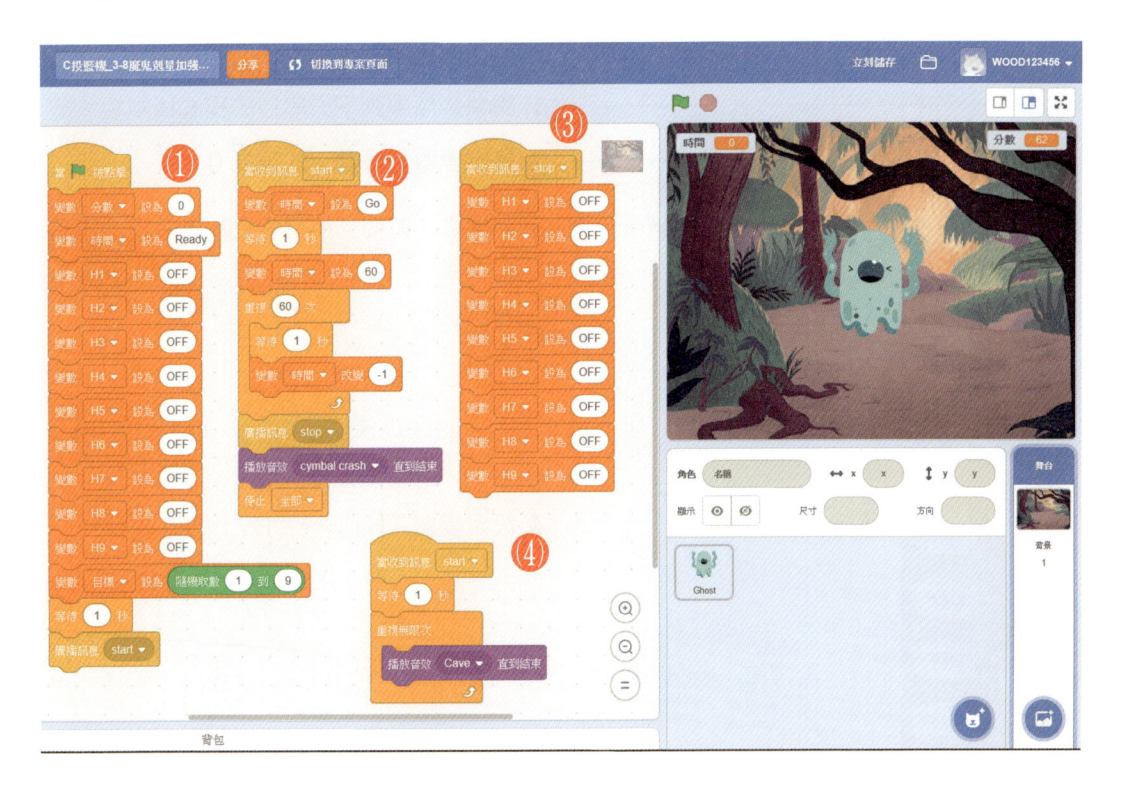

6 新增 12 個變數

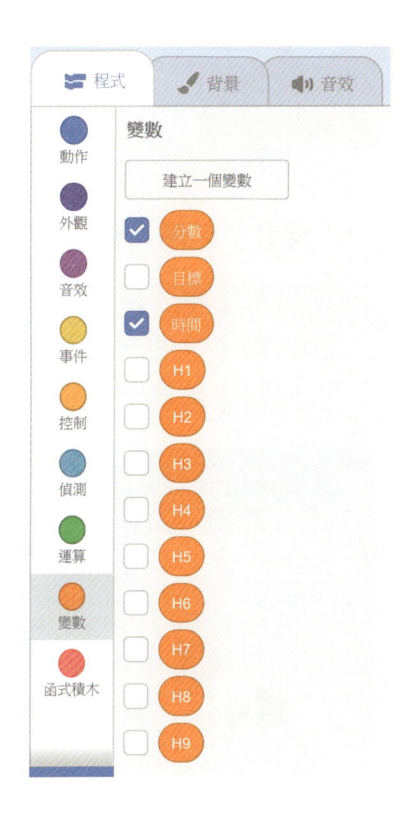

① 點擊【舞台】。
② 點擊【電子積木區】→【程式】頁籤→【變數】群組。
③ 重複點擊【建立一個變數】。
④ 依序建立「分數」、「目標」、「時間」、「H1」～「H9」等 12 個變數。
⑤ 將除了「分數」與「時間」之外的變數前方的點選框都點選取消，讓變數「變數顯示框」隱藏。
⑥ 見步驟 5 附圖，將「時間」拖曳放置於畫面的左上角，將「分數」拖曳放置於畫面的右上角。

7 「舞台」的電子積木組 ①

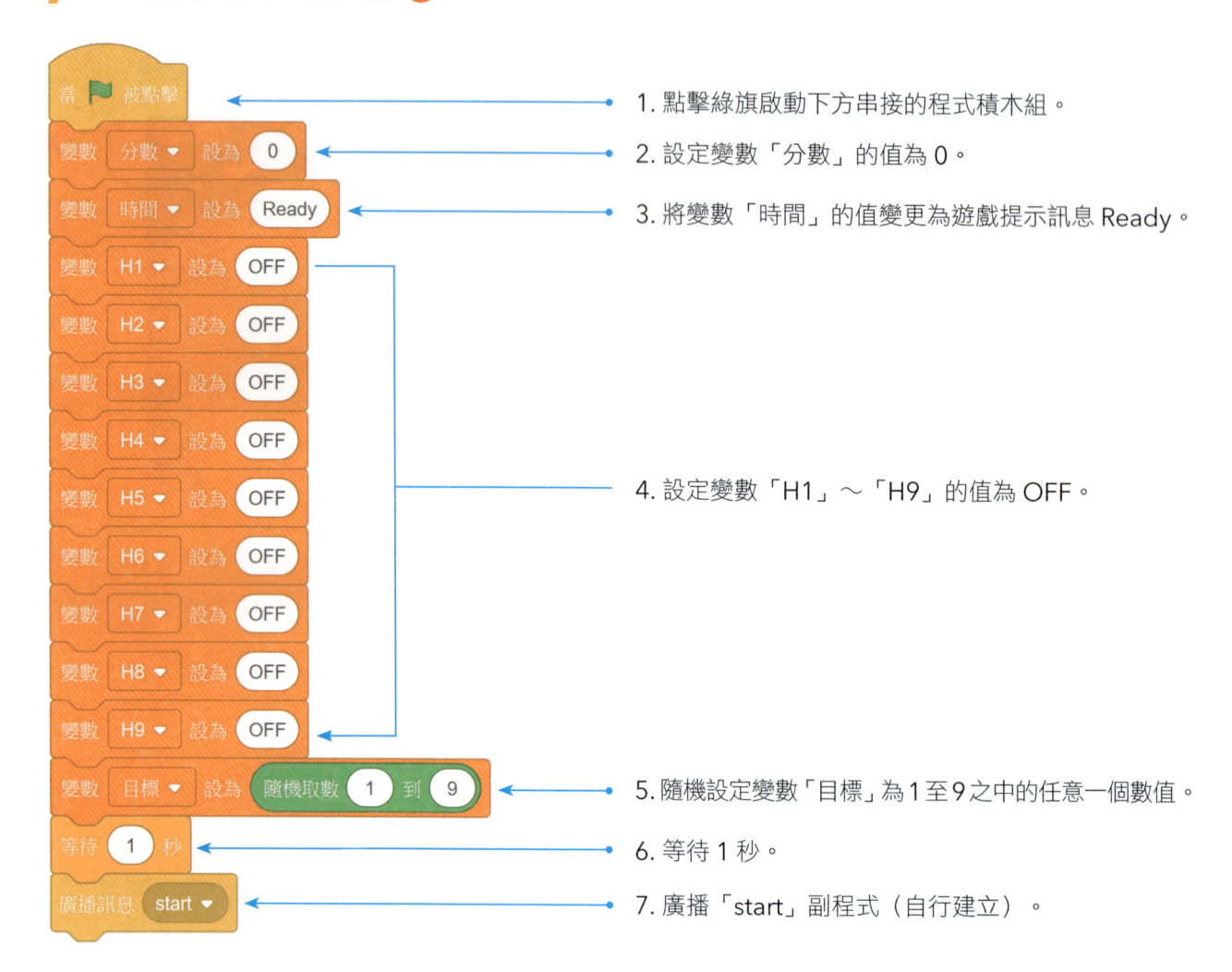

1. 點擊綠旗啟動下方串接的程式積木組。
2. 設定變數「分數」的值為 0。
3. 將變數「時間」的值變更為遊戲提示訊息 Ready。
4. 設定變數「H1」～「H9」的值為 OFF。
5. 隨機設定變數「目標」為 1 至 9 之中的任意一個數值。
6. 等待 1 秒。
7. 廣播「start」副程式（自行建立）。

8 「舞台」新增 1 個音效

① 點擊【電子積木區】→【音效】頁籤。
② 點擊【選個音效】清單中的【選個音效】。
③ 點擊【節奏】群組→選擇音效【cymbal Crash】。

9 「舞台」的電子積木組 ②

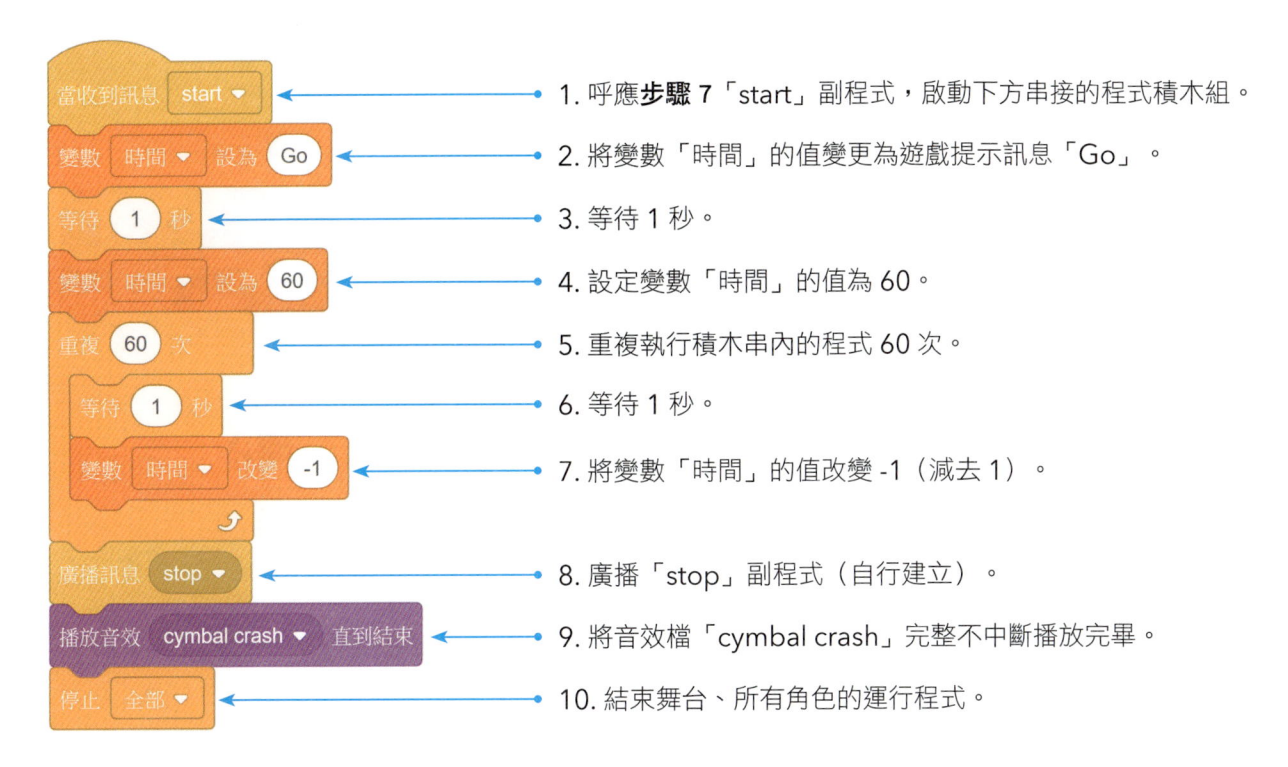

1. 呼應**步驟 7**「start」副程式，啟動下方串接的程式積木組。
2. 將變數「時間」的值變更為遊戲提示訊息「Go」。
3. 等待 1 秒。
4. 設定變數「時間」的值為 60。
5. 重複執行積木串內的程式 60 次。
6. 等待 1 秒。
7. 將變數「時間」的值改變 -1（減去 1）。
8. 廣播「stop」副程式（自行建立）。
9. 將音效檔「cymbal crash」完整不中斷播放完畢。
10. 結束舞台、所有角色的運行程式。

10 「舞台」的電子積木組 ③

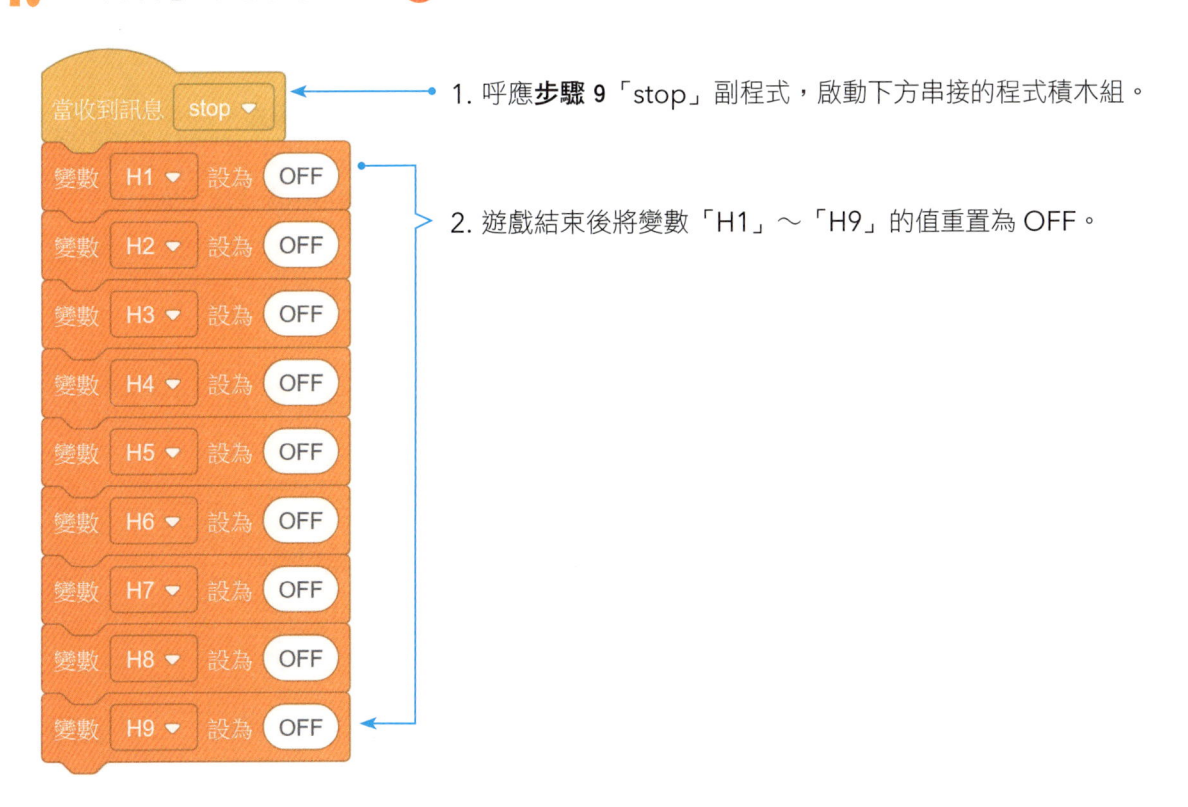

1. 呼應**步驟 9**「stop」副程式，啟動下方串接的程式積木組。
2. 遊戲結束後將變數「H1」～「H9」的值重置為 OFF。

11 「舞台」新增 1 個音效

① 點擊【電子積木區】→【音效】頁籤。
② 點擊【選個音效】清單中的【選個音效】。
③ 點擊【循環】群組→選擇音效【Cave】。

12 「舞台」的電子積木組 ④

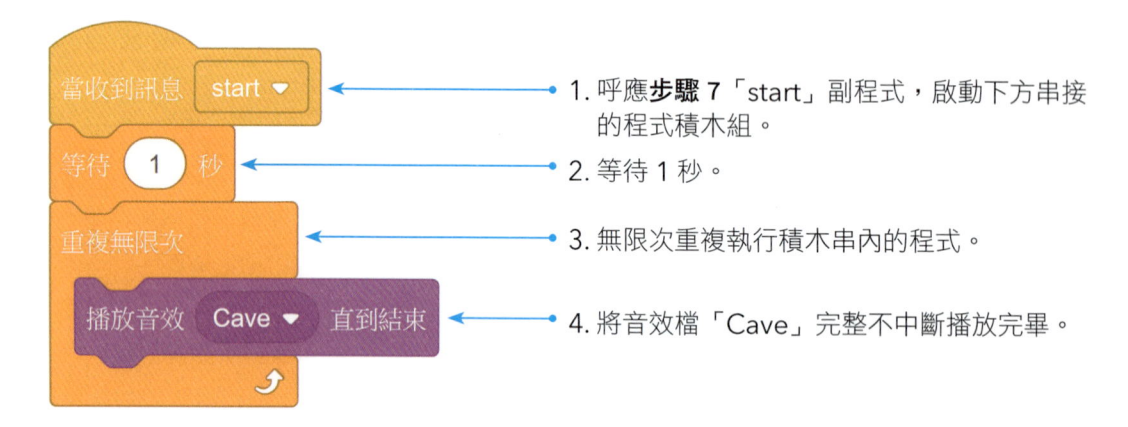

1. 呼應**步驟** 7「start」副程式，啟動下方串接的程式積木組。
2. 等待 1 秒。
3. 無限次重複執行積木串內的程式。
4. 將音效檔「Cave」完整不中斷播放完畢。

主題 4　進階互動遊戲程式設計

13 「角色 1（猜猜看 1）」的電子積木組完整編輯狀態。

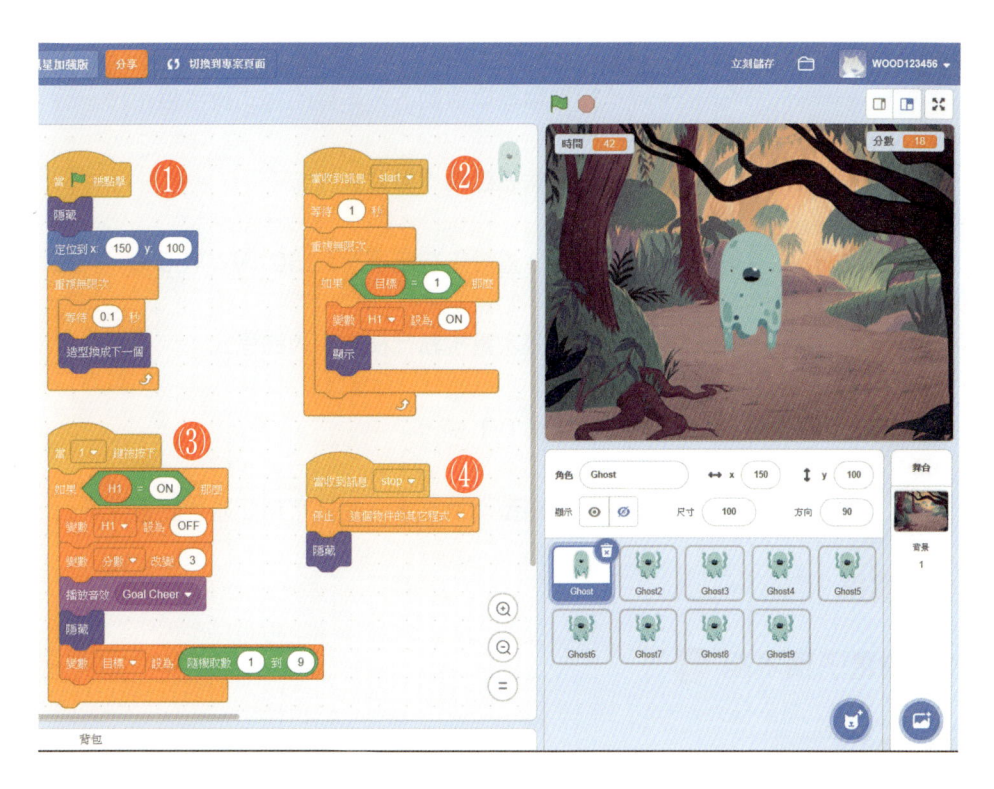

14 刪除「角色 1（Ghost）」的多餘造型

① 點擊【電子積木區】→【造型】頁籤。
② 選擇造型【ghost-b】。
③ 點擊造型【ghost-b】垃圾桶【×】，刪除造型。
④ 選擇造型【ghost-d】。
⑤ 點擊造型【ghost-d】垃圾桶【×】，刪除造型。

15 「角色 1」的電子積木組 ①

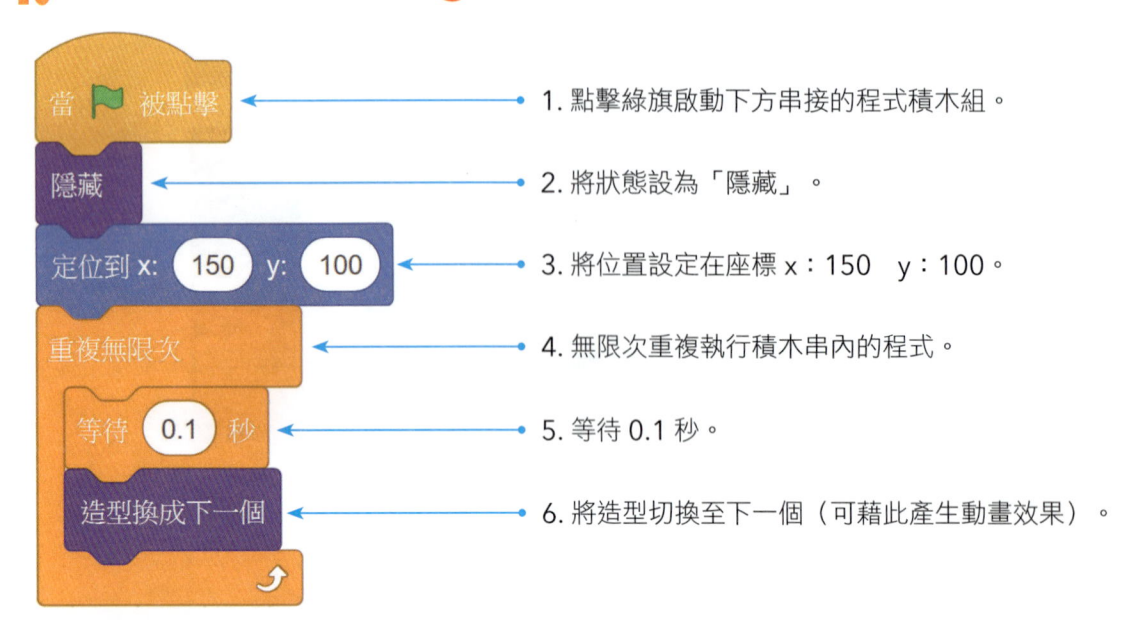

1. 點擊綠旗啟動下方串接的程式積木組。
2. 將狀態設為「隱藏」。
3. 將位置設定在座標 x：150　y：100。
4. 無限次重複執行積木串內的程式。
5. 等待 0.1 秒。
6. 將造型切換至下一個（可藉此產生動畫效果）。

16 「角色 1」的電子積木組 ②

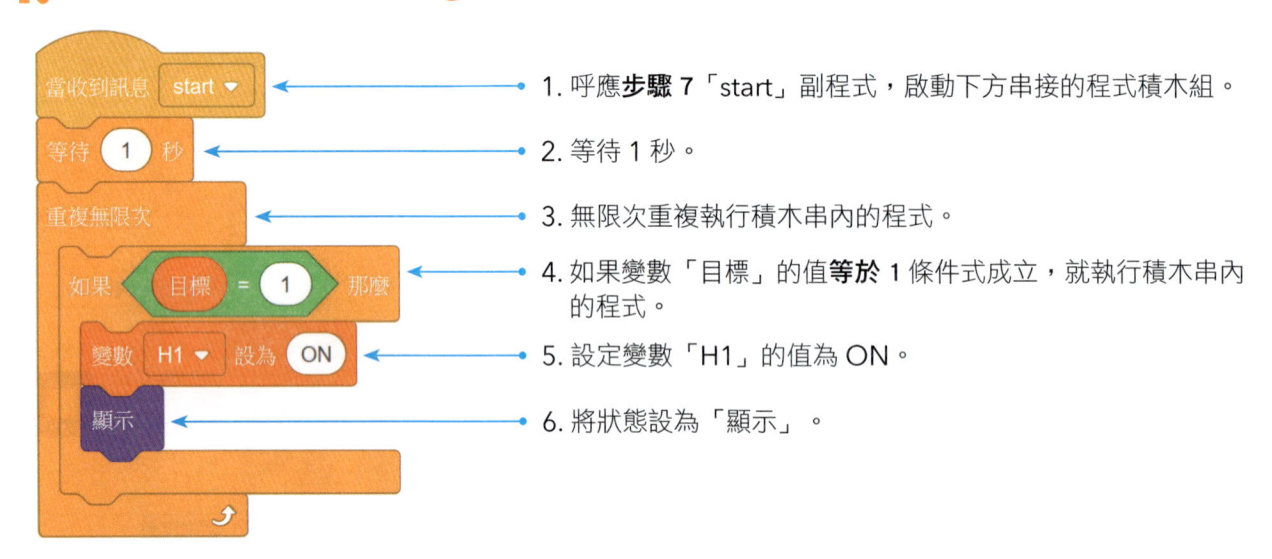

1. 呼應**步驟** 7「start」副程式，啟動下方串接的程式積木組。
2. 等待 1 秒。
3. 無限次重複執行積木串內的程式。
4. 如果變數「目標」的值**等於** 1 條件式成立，就執行積木串內的程式。
5. 設定變數「H1」的值為 ON。
6. 將狀態設為「顯示」。

17 「舞台」新增 1 個音效

① 點擊【電子積木區】→【音效】頁籤。
② 點擊【選個音效】清單中的【選個音效】。
③ 點擊【人聲】群組→選擇音效【Goal Cheer】。

18 「角色 1」的電子積木組 ③

1. 當字元「1」被點擊觸發，啟動下方串接的程式積木組。
2. 如果變數「H1」的值等於 ON 條件式成立，就執行積木串內的程式。
3. 設定變數「H1」的值為 OFF。
4. 將變數「分數」的值改變 3（增加 3）。
5. 播放音效檔「Goal Cheer」。
6. 將狀態設為「隱藏」。
7. 隨機設定變數「目標」為 1 至 9 之中的任意一個數值。

19 「角色 1」的電子積木組 ④

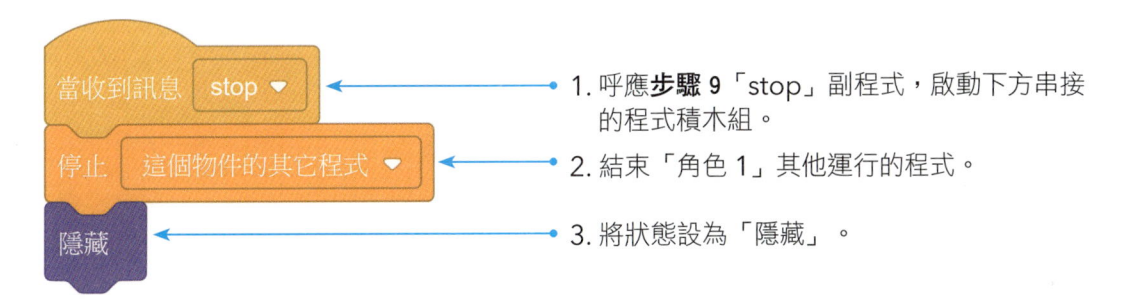

1. 呼應**步驟** 9「stop」副程式，啟動下方串接的程式積木組。
2. 結束「角色 1」其他運行的程式。
3. 將狀態設為「隱藏」。

20 複製產生「角色 2」～「角色 9」

① 滑鼠游標移至「角色 1（Ghost）」上方按下滑鼠右鍵，出現清單後選擇【複製】功能。此步驟共重複執行 8 次。
② 8 次複製產生的「角色 2（Ghost2）」～「角色 9（Ghost9）」程式內容（含音效）都會和「角色 1（Ghost）」相同。
③ 執行**步驟** 21 調整各角色參數。

21 由「角色 1（猜猜看 1）」複製產生的「角色 2（猜猜看 2）」～「角色 9（猜猜看 9）」，程式積木需針對下列標註之控制、位置、變數作變更，變更內容見下列「變更項目一覽表」：

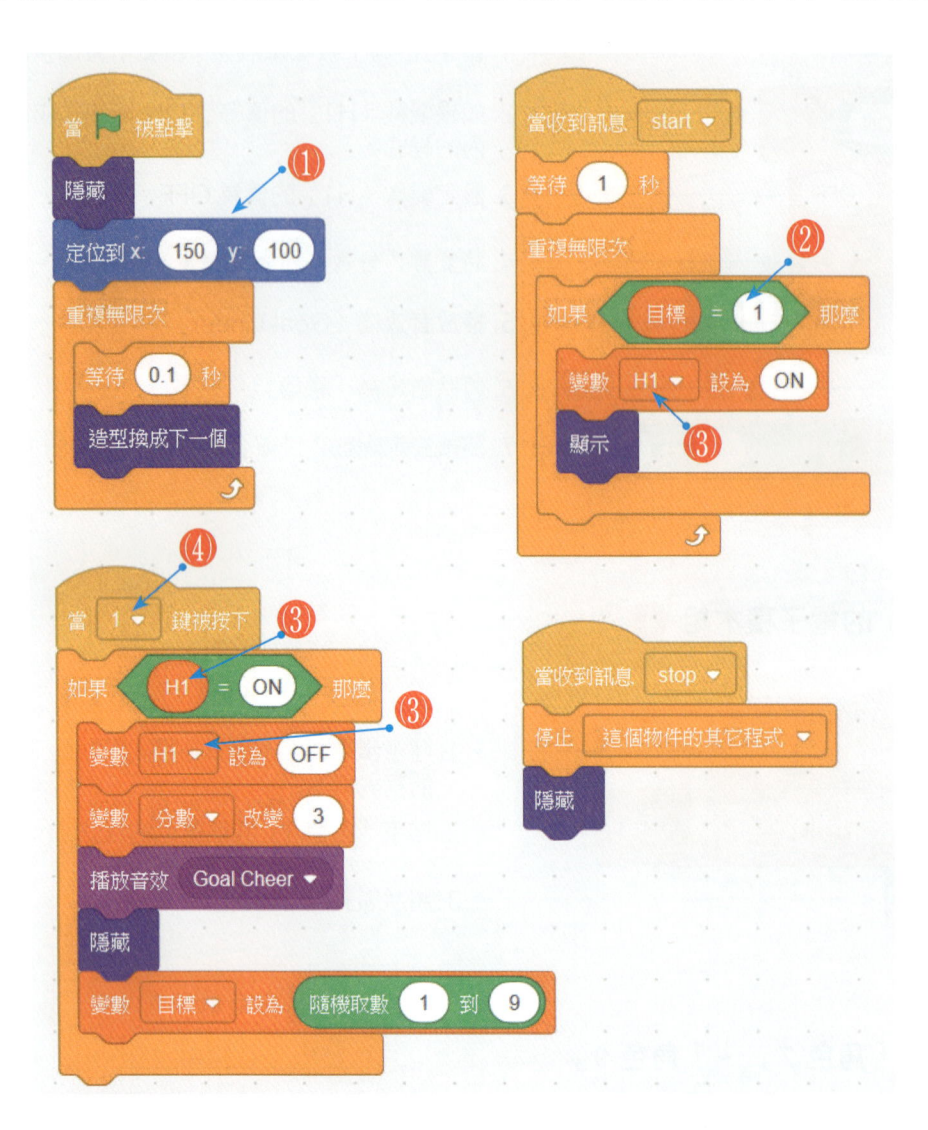

「變更項目一覽表」如下：

角色	[1] 起始位置座標		[2] 目標變數數值	[3] 變數	[4] 控制鍵字元
Ghost	x：150	y：100	1	H1	1
Ghost 2	x：0	y：100	2	H2	2
Ghost 3	x：-150	y：100	3	H3	3
Ghost 4	x：150	y：-10	4	H4	4
Ghost 5	x：0	y：-10	5	H5	5
Ghost 6	x：-150	y：-10	6	H6	6
Ghost 7	x：150	y：-120	7	H7	7
Ghost 8	x：0	y：-120	8	H8	8
Ghost 9	x：-150	y：-120	9	H9	9

主題 4　實作題 2

「魔鬼剋星加強版」遊戲程式變化

請修改遊戲程式，試著做出由夜晚到清晨的效果，營造期待天明的遊戲氣氛。

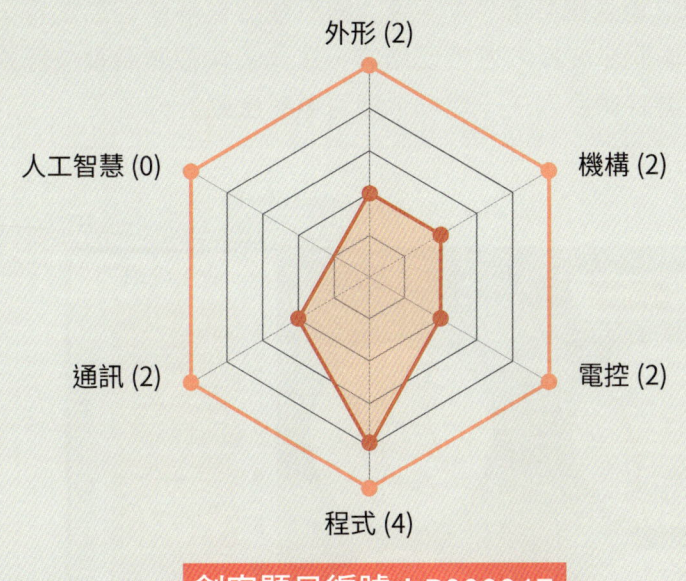

外形 (2)
機構 (2)
電控 (2)
程式 (4)
通訊 (2)
人工智慧 (0)

創客題目編號：B003017

實作時間：20min	
創客指標	指數
外形（專業）	2
機構	2
電控	2
程式	4
通訊	2
人工智慧	0
創客總數	12

>> 想當林書豪還是王建民呢？球在手上由你自己決定！

棒球九宮格

創作時間：120分鐘以上

　　仔細看一下，你投出的是籃球？還是棒球呢？都是、也都不是，你投出的是創意與想像力。將投籃機轉個方向並且跟好朋友的投籃機拼接起來，它就變成棒球投準九宮格了。接下來就跟好朋友們比比看，看誰投得又快又準，時間花最久的人請吃宵夜。

範例程式說明　（參考「棒球九宮格.sb3」）

本範例的硬體採 3x3，9 組連結架構，當球分別投入 9 組籃框時會觸發各自籃框內側的偵測器，偵測器連接的「Scratch Board」會送出字元「1～9」的訊號給電腦或行動裝置，就能偵測到哪一個球框有球投入，9 個球框都被投入遊戲便結束，單局最快秒數將會被記入畫面右側的風雲榜中，如果重新遊戲只需將球投入任一球框，即可重新啟動計分。

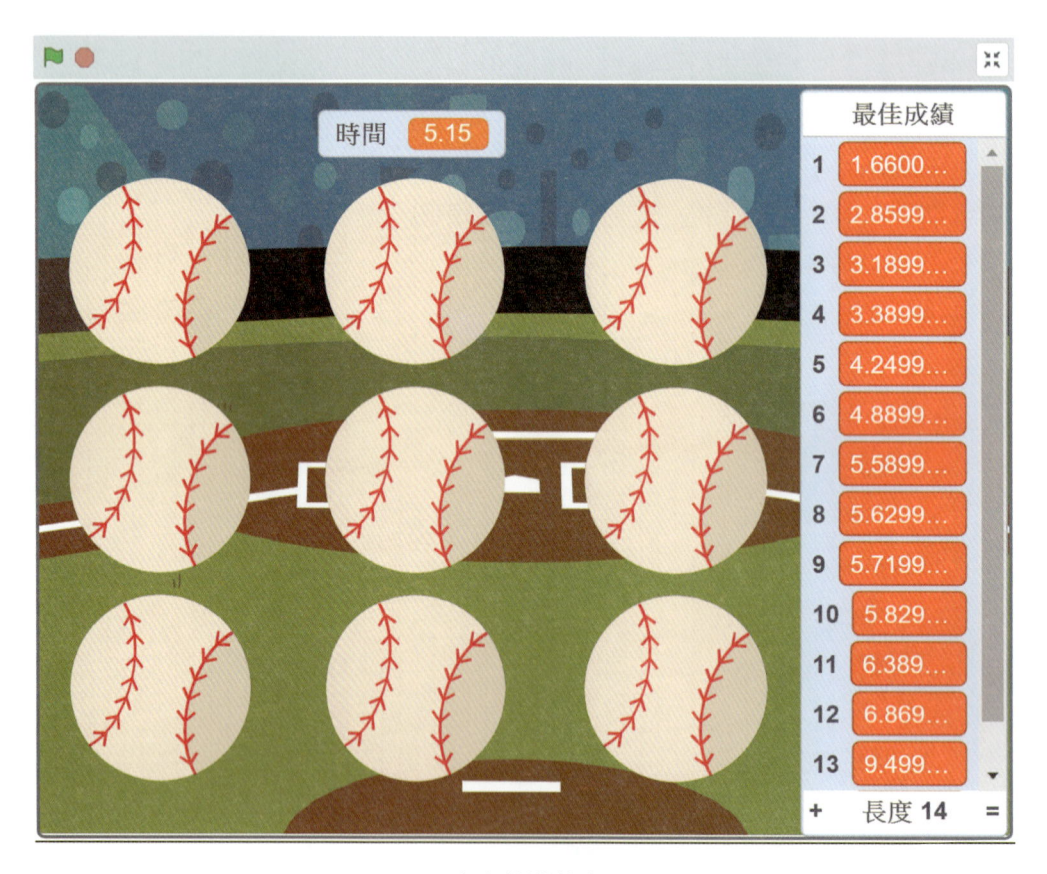

□ 九宮格遊戲畫面

棒球九宮格互動遊戲程式的撰寫步驟

1 啟動 Scratch 3.0（參考「主題 2：Scratch 程式開發平台說明」）開始設計互動遊戲。

2 刪除預設小貓角色（點選角色右上方垃圾桶圖示刪除）。

3 「舞台」新增背景
　① 點擊【選個背景】清單中的【選個背景】。
　② 選擇背景【Baseball 1】。

4 新增「角色 1」
　① 點擊【選個角色】清單中的【選個角色】。
　② 點擊【運動】群組。
　③ 選擇角色【Baseball】。

5 「舞台」的電子積木組完整編輯狀態。

6 新增 15 個變數

① 點擊【舞台】。

② 點擊【電子積木區】→【程式】頁籤→【變數】群組。

③ 重複點擊【建立一個變數】。

④ 依序建立「重玩」、「時間」、「暫存區」、「擊中數」、「H1」～「H9」、「N1」、「N2」等 15 個變數。

⑤ 將變數「時間」改為大型顯示,「變數顯示框」擺放位置見前頁「九宮格」遊戲畫面。

⑥ 除了變數「時間」,其他變數前方的點選框都點選取消,讓變數「變數顯示框」隱藏。

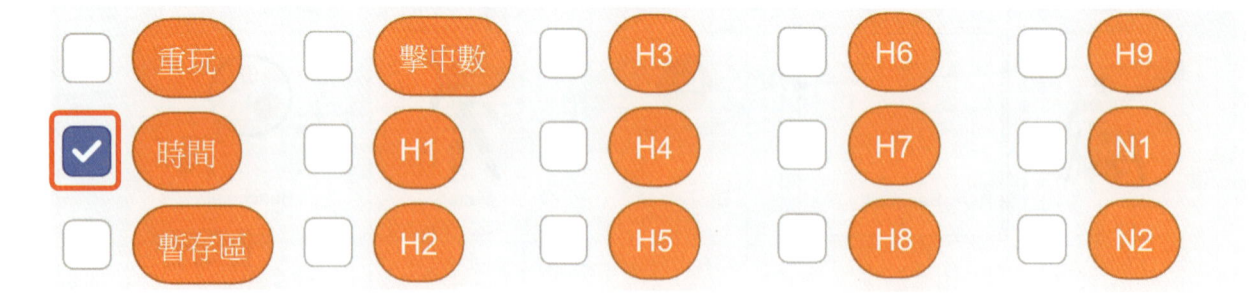

7 新增表單

① 點擊【舞台】。
② 點擊【電子積木區】→【程式】頁籤→【變數】群組。
③ 重複點擊【建立一個清單】。
④ 建立「最佳成績」清單，清單建立後會立即產生 11 個應用電子積木。
⑤ 「最佳成績」清單的「清單顯示框」擺放位置見前頁「九宮格」遊戲畫面。

建立一個清單

☑ 最佳成績

添加 thing 到 最佳成績

刪除 最佳成績 的第 1 項

刪除 最佳成績 的所有項目

插入 thing 到 最佳成績 的第 1 項

替換 最佳成績 的第 1 項為 thing

最佳成績 的第 1 項

thing 在 最佳成績 裡的項目編號

清單 最佳成績 的長度

清單 最佳成績 包含 thing ?

清單 最佳成績 顯示

清單 最佳成績 隱藏

8 「舞台」新增 4 個音效

① 點擊【電子積木區】→【音效】頁籤。
② 點擊【選個音效】清單中的【選個音效】。
③ 點擊【效果】群組→選擇音效【Coin】。

④ 點擊【節奏】群組→選擇音效【Cymbal Crash】。

⑤ 點擊【循環】群組→選擇音效【Xylo2】。

⑥ 點擊【效果】群組→選擇音效【Win】。

9 「舞台」的電子積木組 ①

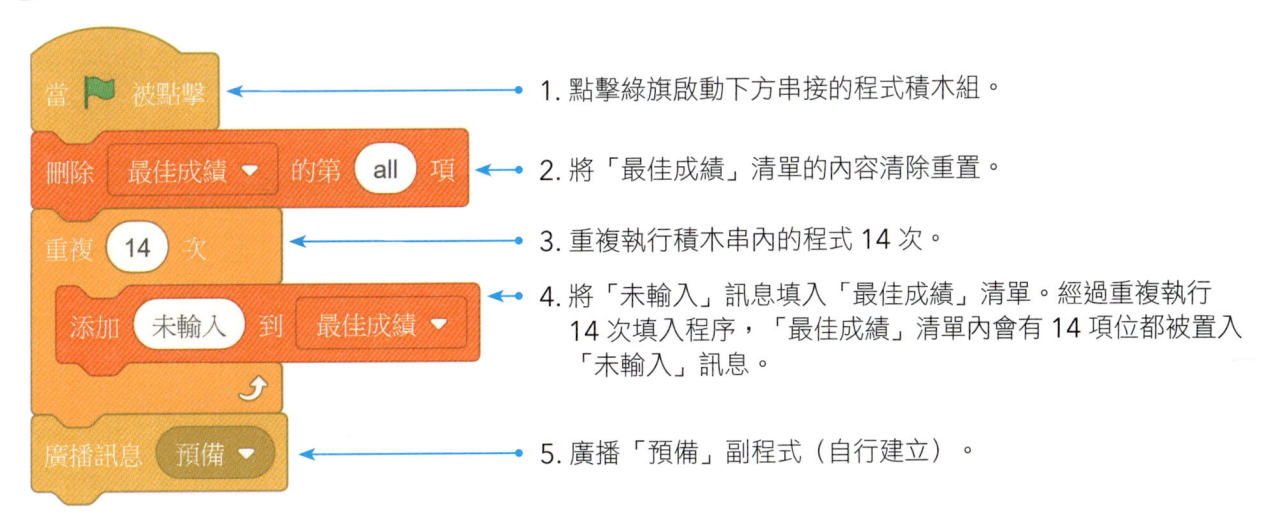

1. 點擊綠旗啟動下方串接的程式積木組。

2. 將「最佳成績」清單的內容清除重置。

3. 重複執行積木串內的程式 14 次。

4. 將「未輸入」訊息填入「最佳成績」清單。經過重複執行 14 次填入程序，「最佳成績」清單內會有 14 項位都被置入「未輸入」訊息。

5. 廣播「預備」副程式（自行建立）。

10 「舞台」的電子積木組 ②

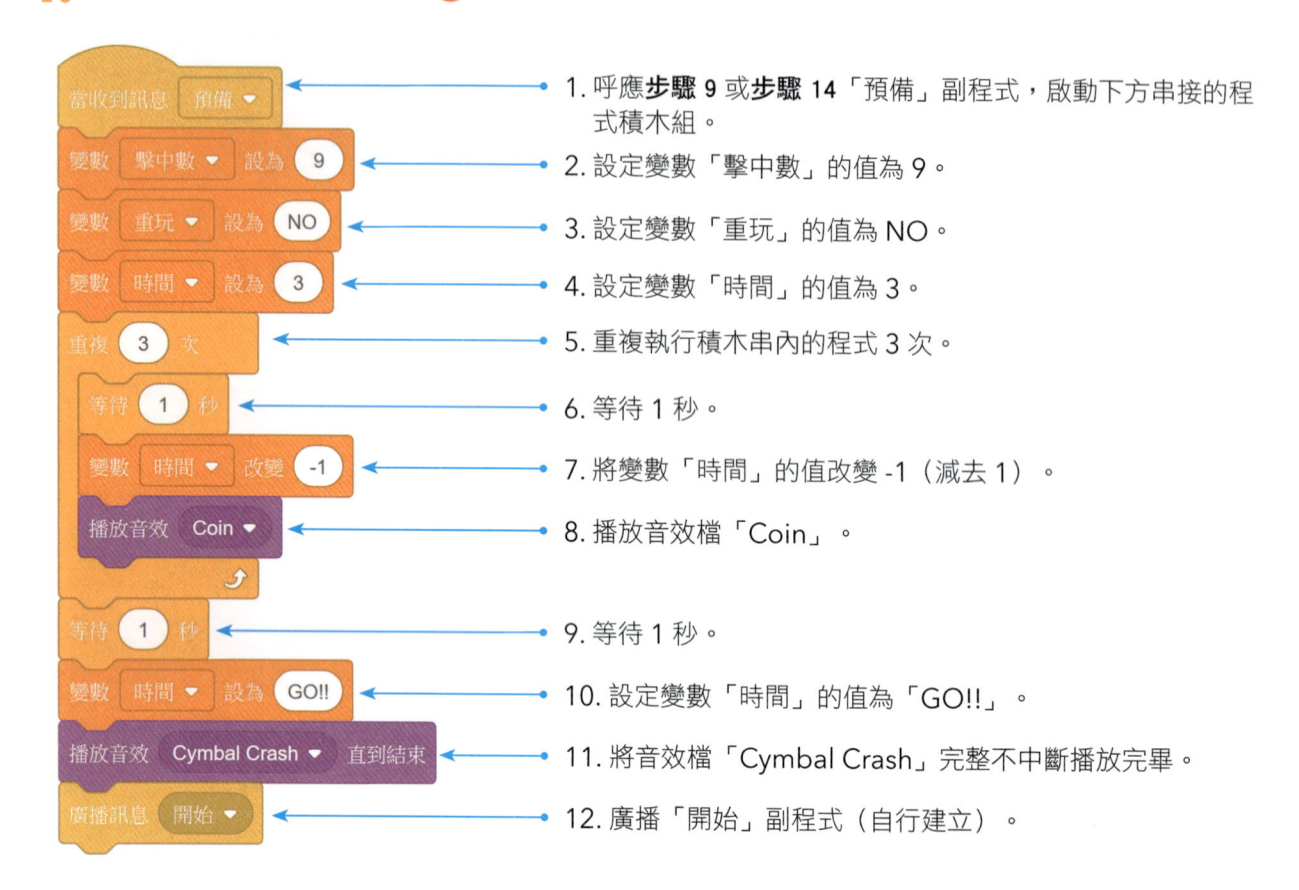

1. 呼應**步驟 9** 或**步驟 14**「預備」副程式，啟動下方串接的程式積木組。
2. 設定變數「擊中數」的值為 9。
3. 設定變數「重玩」的值為 NO。
4. 設定變數「時間」的值為 3。
5. 重複執行積木串內的程式 3 次。
6. 等待 1 秒。
7. 將變數「時間」的值改變 -1（減去 1）。
8. 播放音效檔「Coin」。
9. 等待 1 秒。
10. 設定變數「時間」的值為「GO!!」。
11. 將音效檔「Cymbal Crash」完整不中斷播放完畢。
12. 廣播「開始」副程式（自行建立）。

11 「舞台」的電子積木組 ③

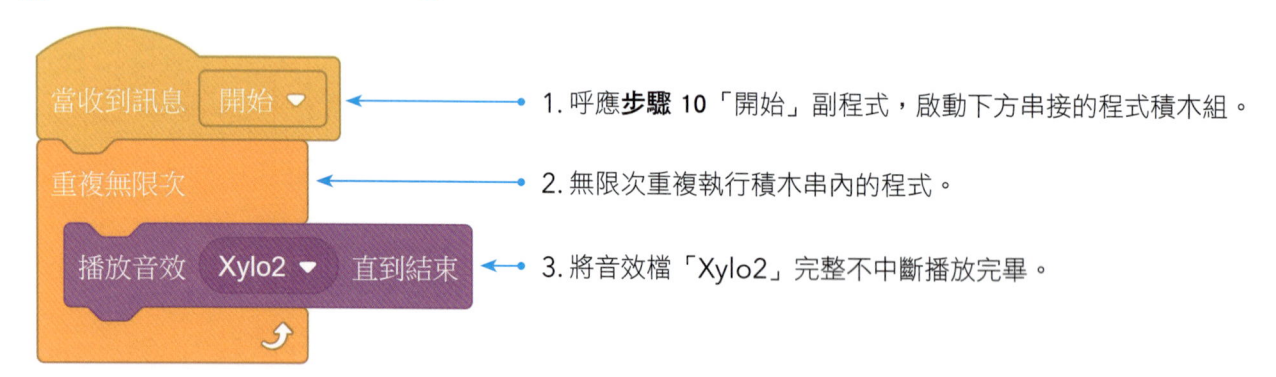

1. 呼應**步驟 10**「開始」副程式，啟動下方串接的程式積木組。
2. 無限次重複執行積木串內的程式。
3. 將音效檔「Xylo2」完整不中斷播放完畢。

12 「舞台」的電子積木組 ④

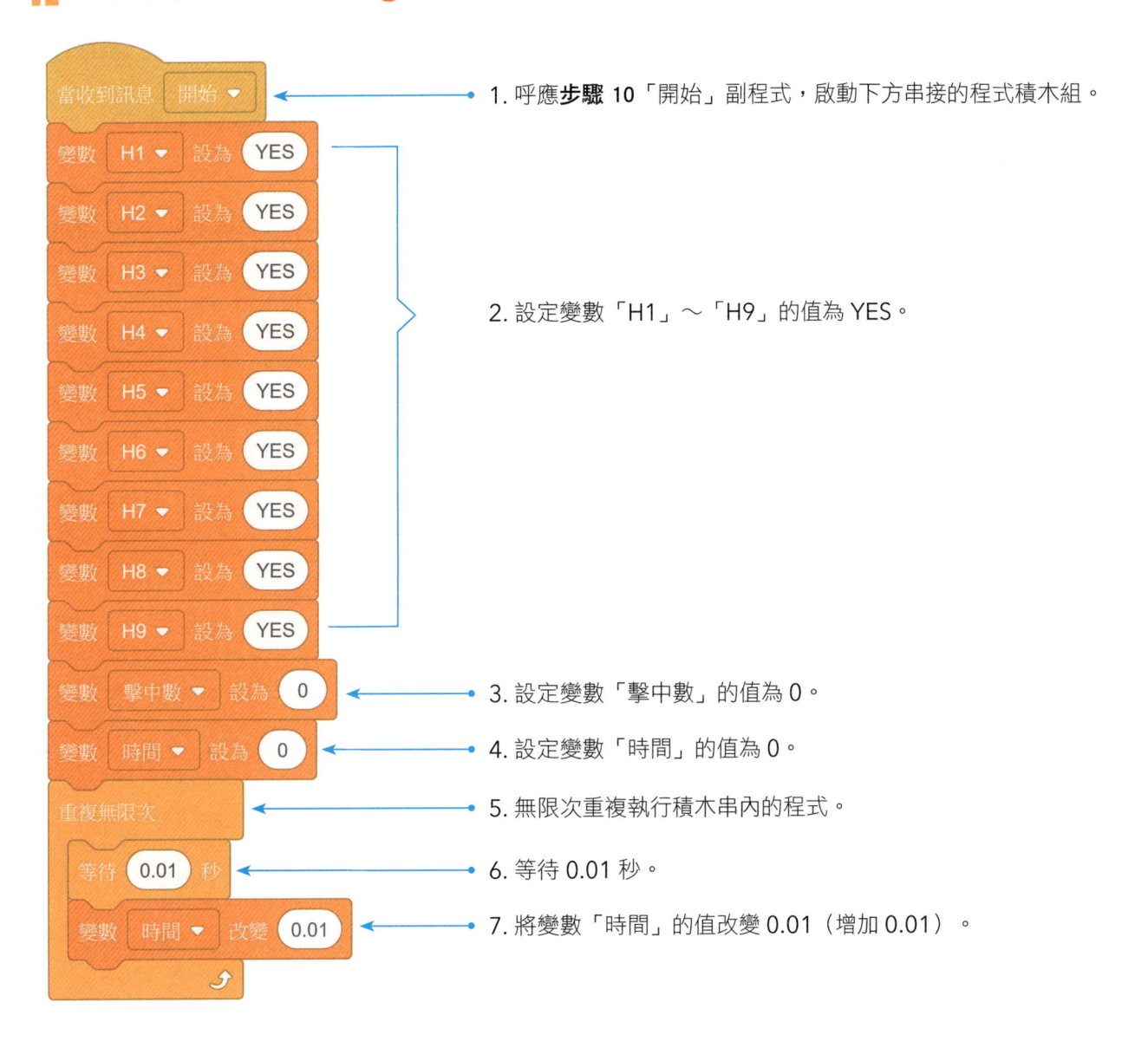

1. 呼應**步驟** 10「開始」副程式，啟動下方串接的程式積木組。

2. 設定變數「H1」～「H9」的值為 YES。

3. 設定變數「擊中數」的值為 0。

4. 設定變數「時間」的值為 0。

5. 無限次重複執行積木串內的程式。

6. 等待 0.01 秒。

7. 將變數「時間」的值改變 0.01（增加 0.01）。

13 「舞台」的電子積木組 ⑤

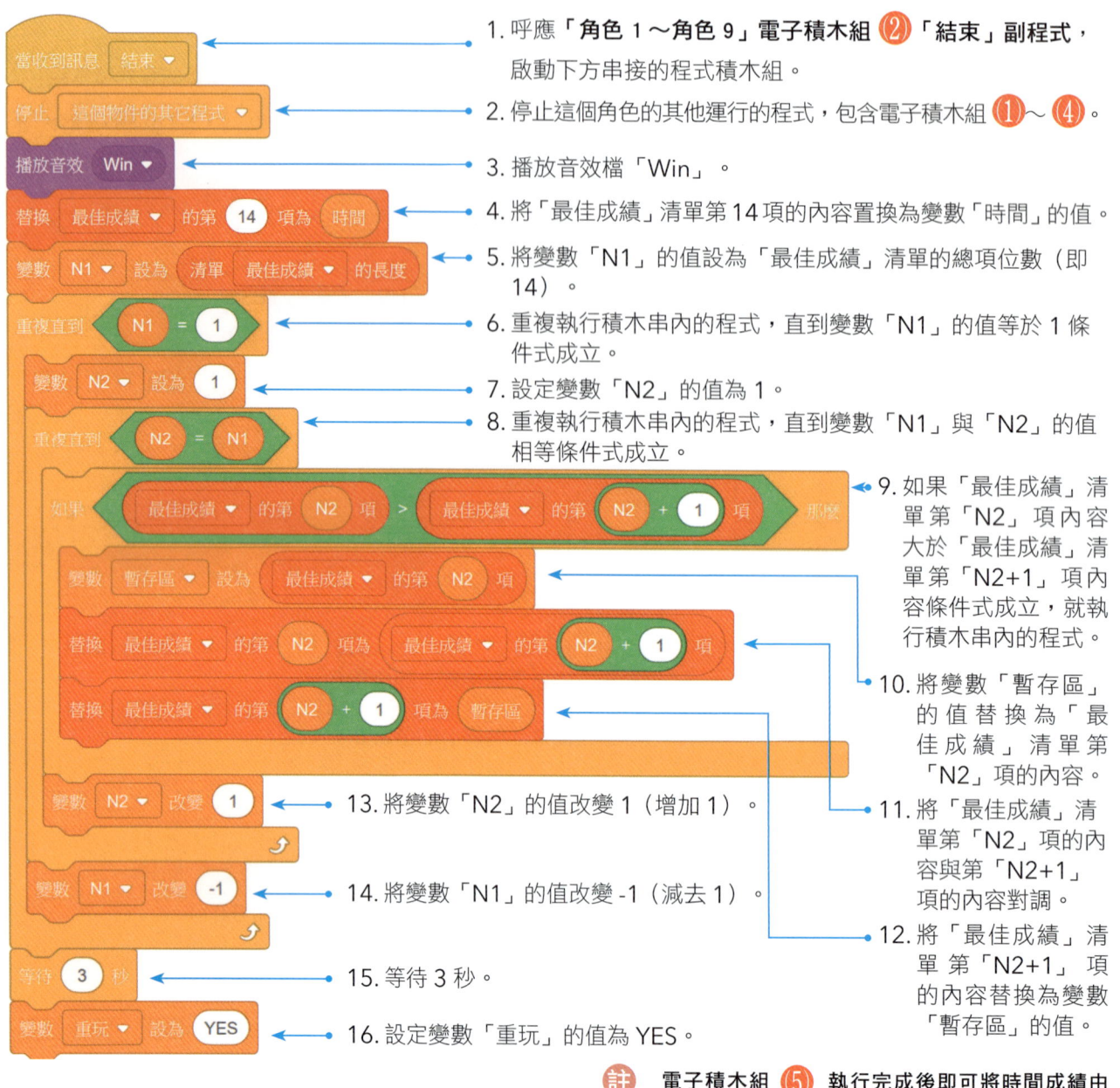

1. 呼應「角色 1～角色 9」電子積木組 ② 「結束」副程式，啟動下方串接的程式積木組。
2. 停止這個角色的其他運行的程式，包含電子積木組 ①～④。
3. 播放音效檔「Win」。
4. 將「最佳成績」清單第 14 項的內容置換為變數「時間」的值。
5. 將變數「N1」的值設為「最佳成績」清單的總項位數（即 14）。
6. 重複執行積木串內的程式，直到變數「N1」的值等於 1 條件式成立。
7. 設定變數「N2」的值為 1。
8. 重複執行積木串內的程式，直到變數「N1」與「N2」的值相等條件式成立。
9. 如果「最佳成績」清單第「N2」項內容大於「最佳成績」清單第「N2+1」項內容條件式成立，就執行積木串內的程式。
10. 將變數「暫存區」的值替換為「最佳成績」清單第「N2」項的內容。
11. 將「最佳成績」清單第「N2」項的內容與第「N2+1」項的內容對調。
12. 將「最佳成績」清單第「N2+1」項的內容替換為變數「暫存區」的值。
13. 將變數「N2」的值改變 1（增加 1）。
14. 將變數「N1」的值改變 -1（減去 1）。
15. 等待 3 秒。
16. 設定變數「重玩」的值為 YES。

註 電子積木組 ⑤ 執行完成後即可將時間成績由小到大作排序。

14 「舞台」的電子積木組 ⑥

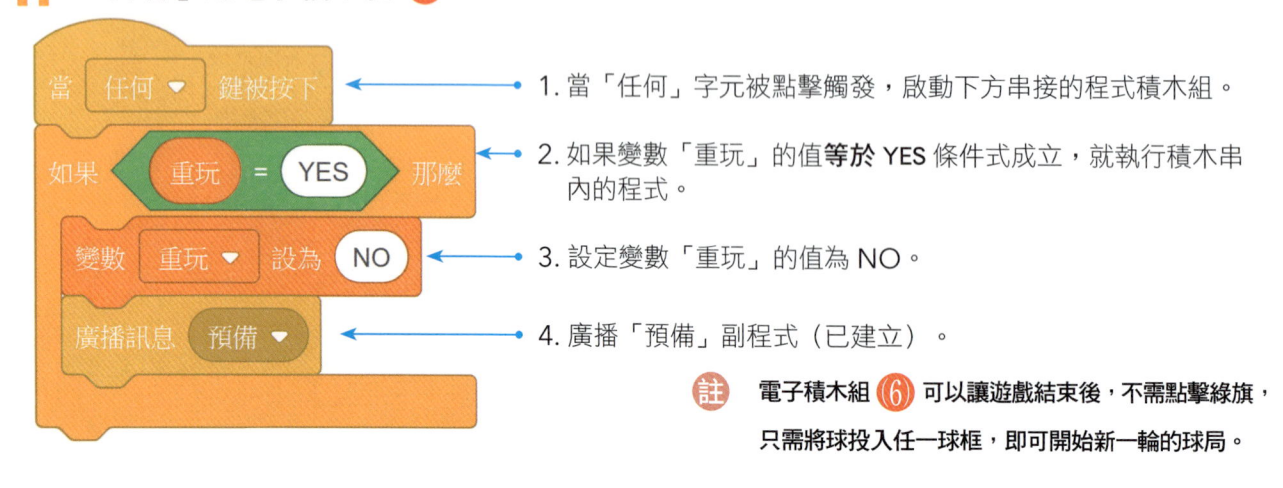

1. 當「任何」字元被點擊觸發，啟動下方串接的程式積木組。
2. 如果變數「重玩」的值**等於** YES 條件式成立，就執行積木串內的程式。
3. 設定變數「重玩」的值為 NO。
4. 廣播「預備」副程式（已建立）。

註 電子積木組 ⑥ 可以讓遊戲結束後，不需點擊綠旗，只需將球投入任一球框，即可開始新一輪的球局。

15 「角色1（Baseball）」的電子積木組完整編輯狀態。

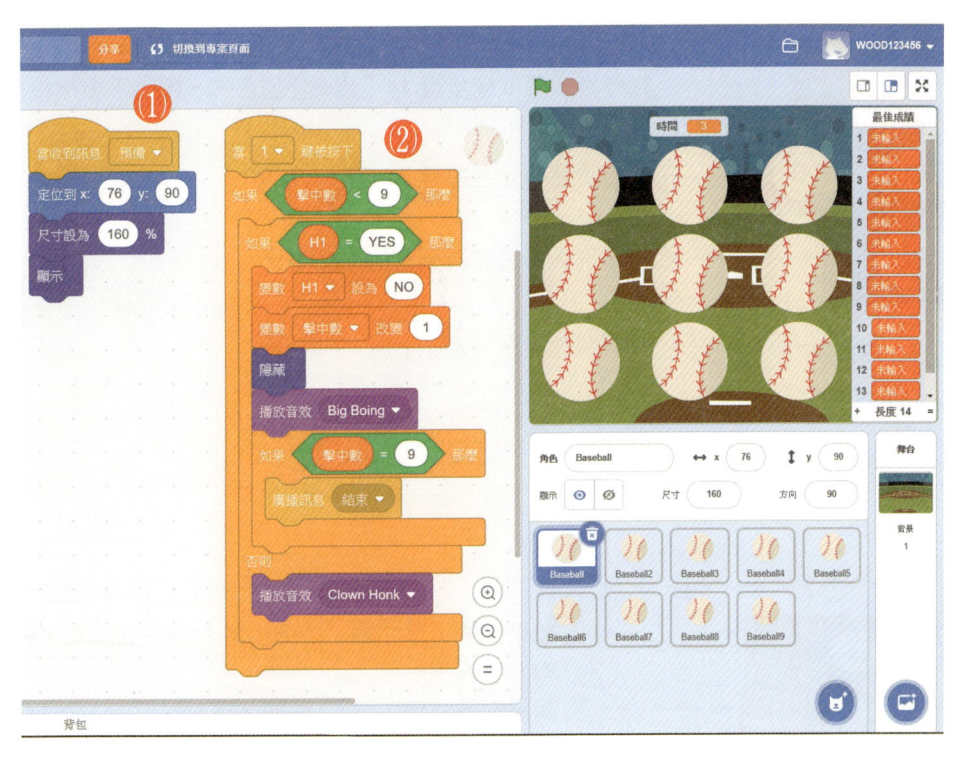

16 「角色1」新增 2 個音效

① 點擊【電子積木區】→【音效】頁籤。
② 點擊【選個音效】清單中的【選個音效】。
③ 點擊【效果】群組→選擇音效【Big Boing】。

④ 點擊【滑稽】群組→選擇音效【Clown Honk】。

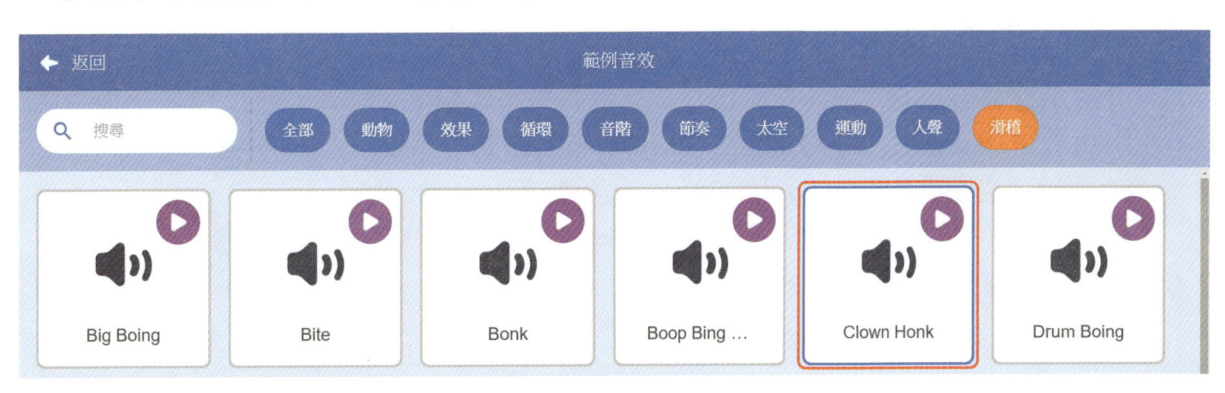

17 「角色 1」的電子積木組 ①

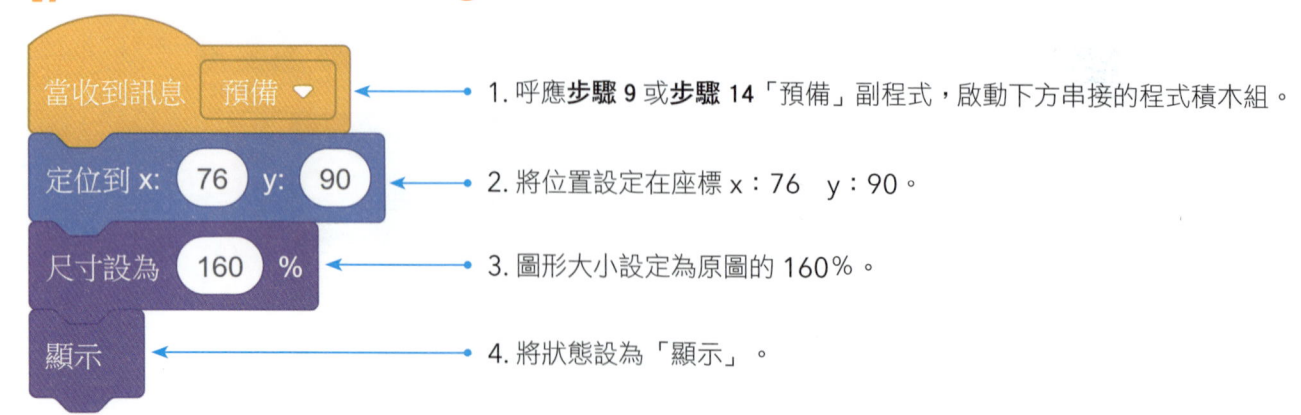

1. 呼應**步驟** 9 或**步驟** 14「預備」副程式，啟動下方串接的程式積木組。
2. 將位置設定在座標 x：76　y：90。
3. 圖形大小設定為原圖的 160%。
4. 將狀態設為「顯示」。

18 「角色 1」的電子積木組 ②

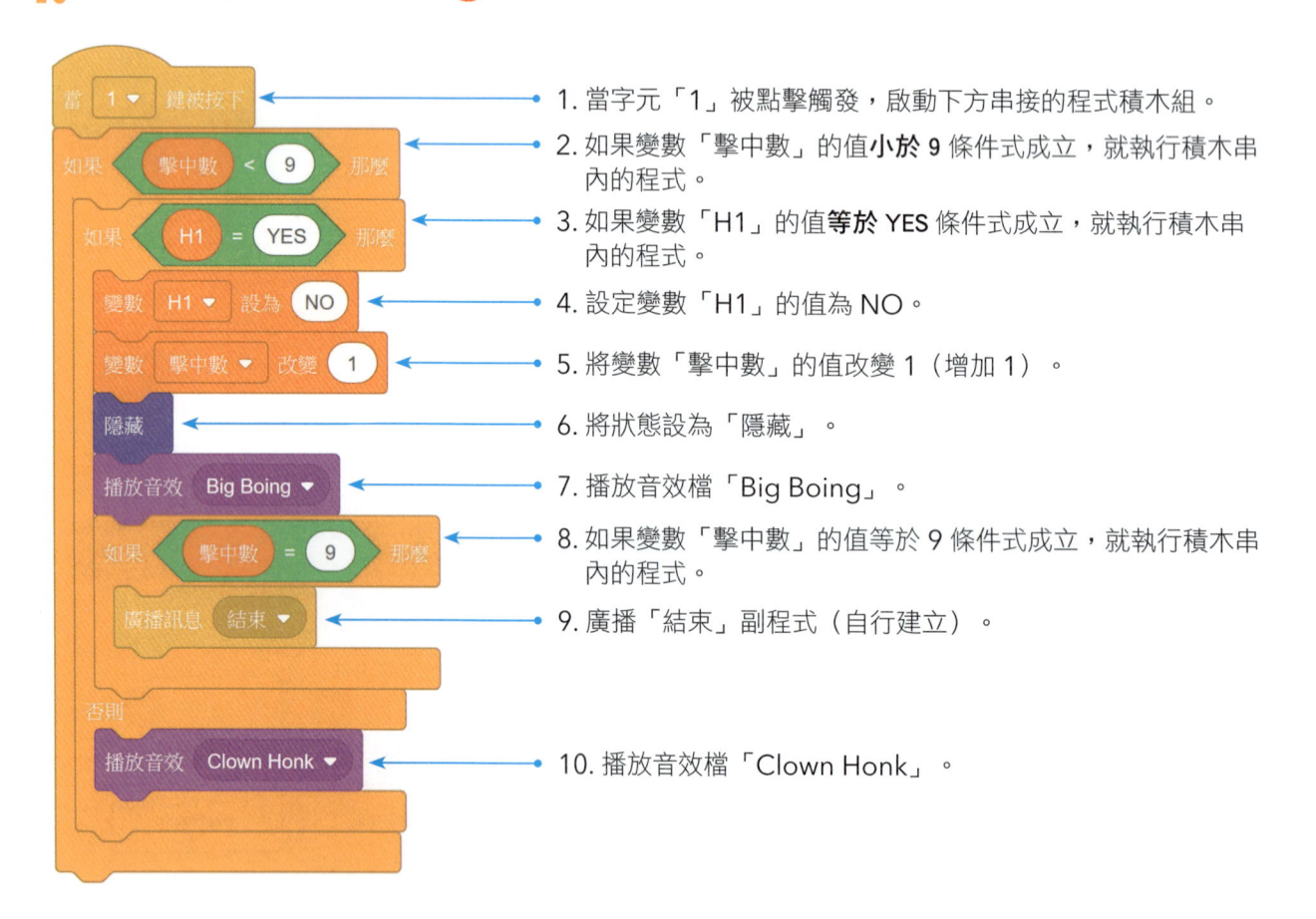

1. 當字元「1」被點擊觸發，啟動下方串接的程式積木組。
2. 如果變數「擊中數」的值**小於** 9 條件式成立，就執行積木串內的程式。
3. 如果變數「H1」的值**等於** YES 條件式成立，就執行積木串內的程式。
4. 設定變數「H1」的值為 NO。
5. 將變數「擊中數」的值改變 1（增加 1）。
6. 將狀態設為「隱藏」。
7. 播放音效檔「Big Boing」。
8. 如果變數「擊中數」的值等於 9 條件式成立，就執行積木串內的程式。
9. 廣播「結束」副程式（自行建立）。
10. 播放音效檔「Clown Honk」。

19 複製產生「角色 2（Baseball2）」～「角色 9（Baseball9）」

① 滑鼠游標移至「角色 1（Baseball）」上方按下滑鼠右鍵，出現清單後選擇【複製】功能。此步驟共重複執行 8 次。
② 8 次複製產生的「角色 2（Baseball2）」～「角色 9（Baseball9）」，程式內容（含音效）都會和「角色 1（Baseball）」相同。
③ 執行**步驟** 20 調整各角色參數。

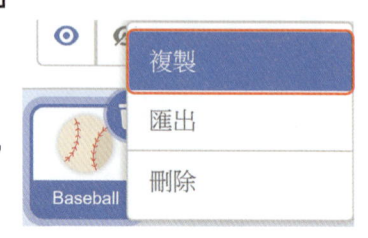

20 由「角色 1（Basketball）」複製產生的「角色 2（Baseball2）」～「角色 9（Baseball9）」，程式積木需針對下列標註之控制、位置、變數作變更，變更內容見下列「變更項目一覽表」：

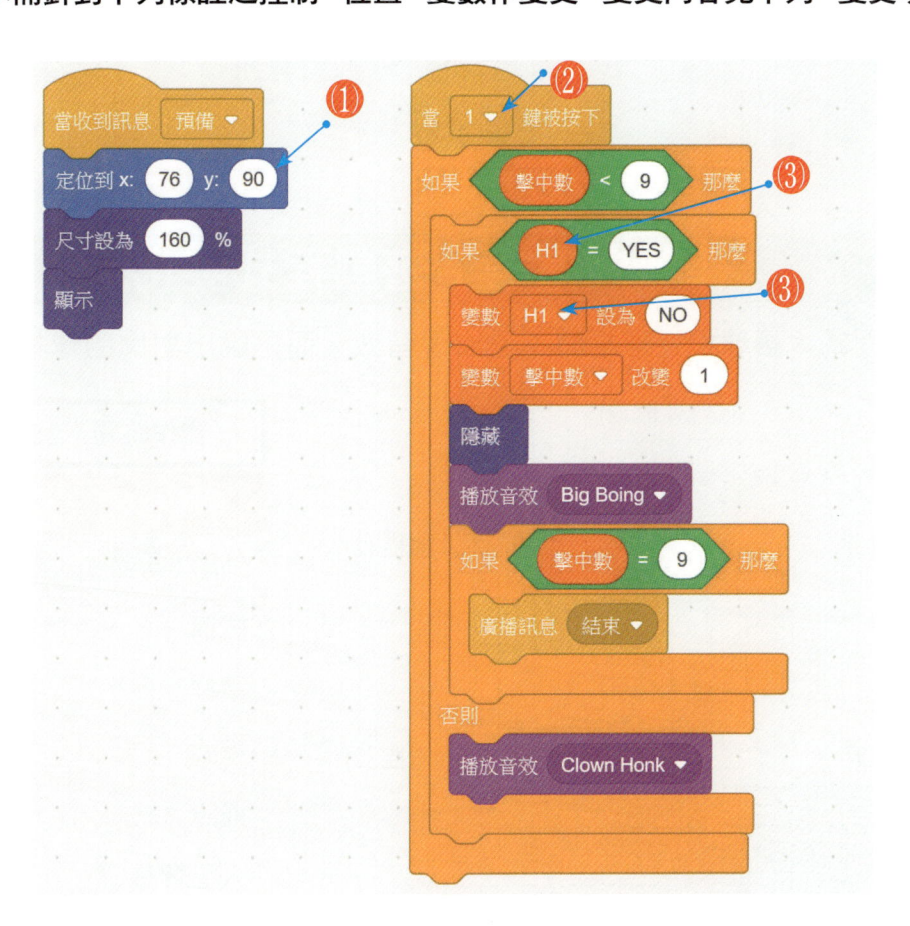

「變更項目一覽表」如下：

角色	[1] 起始位置座標		[2] 控制鍵字元	[3] 變數
角色 1（Baseball1）	x：76	y：90	1	H1
角色 2（Baseball2）	x：-53	y：90	2	H2
角色 3（Baseball3）	x：-180	y：90	3	H3
角色 4（Baseball4）	x：76	y：-10	4	H4
角色 5（Baseball5）	x：-53	y：-10	5	H5
角色 6（Baseball6）	x：-180	y：-10	6	H6
角色 7（Baseball7）	x：76	y：-110	7	H7
角色 8（Baseball8）	x：-53	y：-110	8	H8
角色 9（Baseball9）	x：-180	y：-110	9	H9

主題 4　實作題 3

「棒球九宮格」遊戲程式變化

請修改遊戲程式，讓球投進球框時不是出現音效，而是唸出對應的球框語音。

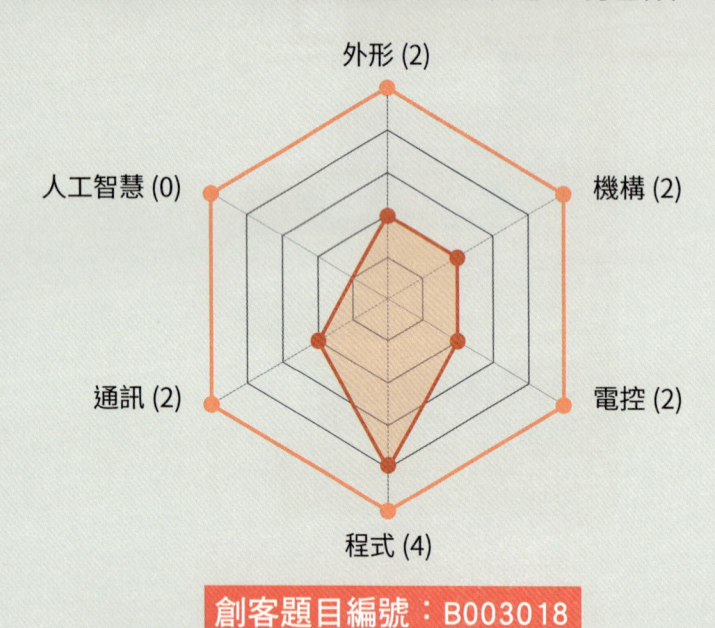

創客指標	指數
外形（專業）	2
機構	2
電控	2
程式	4
通訊	2
人工智慧	0
創客總數	**12**

實作時間：25min

創客題目編號：B003018

主題 5
Onshape 繪圖軟體與激光寶盒介紹

前面幾個章節介紹了遊戲設計及程式的寫法，這一個主題我們可以進一步使用 Onshape 繪圖軟體設計自己的籃球機外型，並且搭配激光寶盒雷射切割機來製作出獨一無二的籃球框。

Onshape 是一套免費的線上工程繪圖軟體，只要完成帳號註冊即可使用，不需要下載安裝，使用瀏覽器即可操作，甚至可以使用手機 App 進行繪圖。透過書本帶領大家認識介面、熟悉工具、練習基本操作，就能一步步完成基本形式的籃球機框架。

而激光寶盒是一款專為教育和創造而設計的桌上型智慧雷射切割機。除了基本的輸出功能，最方便的是，即便沒有學過電腦繪圖也可以輕鬆將手繪作品放入激光寶盒中進行雷切。

接下來，就讓我們一同探索自製遊戲機台的樂趣吧！

如果想要設計自己的籃球機外型，可以使用熟悉的繪圖軟體搭配雷射切割來製作。以下就用 Onshape 為例，說明自製籃球機的步驟。

Onshape 是一套免費的線上工程繪圖軟體，因為建構於雲端，所以硬體效能需求相較一般的 CAD 程式較低。目前除了不支援 Microsoft Internet Explorer 瀏覽器外，其他常用的 Google Chrome、Mozilla Firefox、Safari（僅在 Mac OS 上）、Opera、Microsoft Edge 等瀏

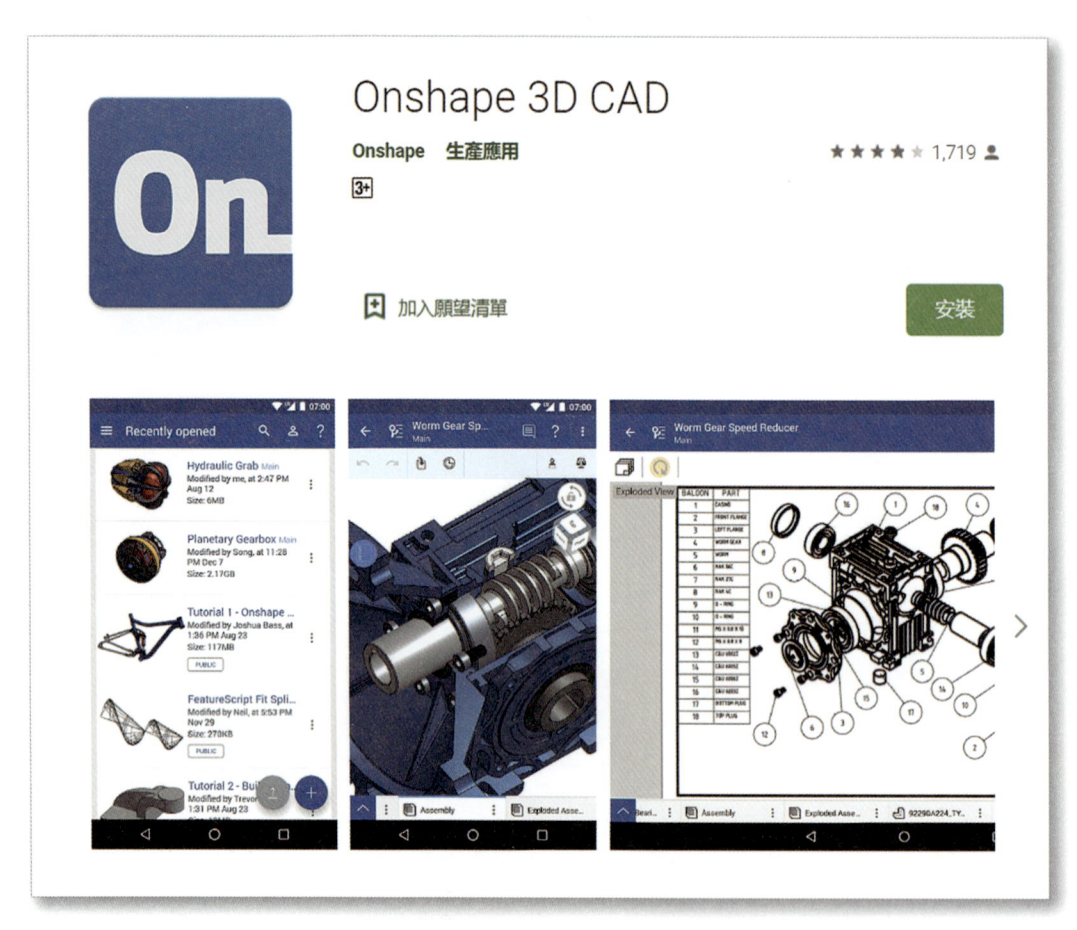

▢ Android 系統的 Onshape 手機應用程式

主題 5　Onshape 繪圖軟體與激光寶盒介紹

覽器皆可操作，只要完成帳號註冊即可使用，不需要下載安裝，甚至可以使用手機 App 繪圖。更棒的是，由於 Onshape 是全雲端式的 CAD，因此會自動儲存每個動作。系統會記錄各個動作，讓使用者可以比較歷程中的各時間點，並可隨時還原。不需要手動儲存，且永遠是在文件最新的版本上操作。

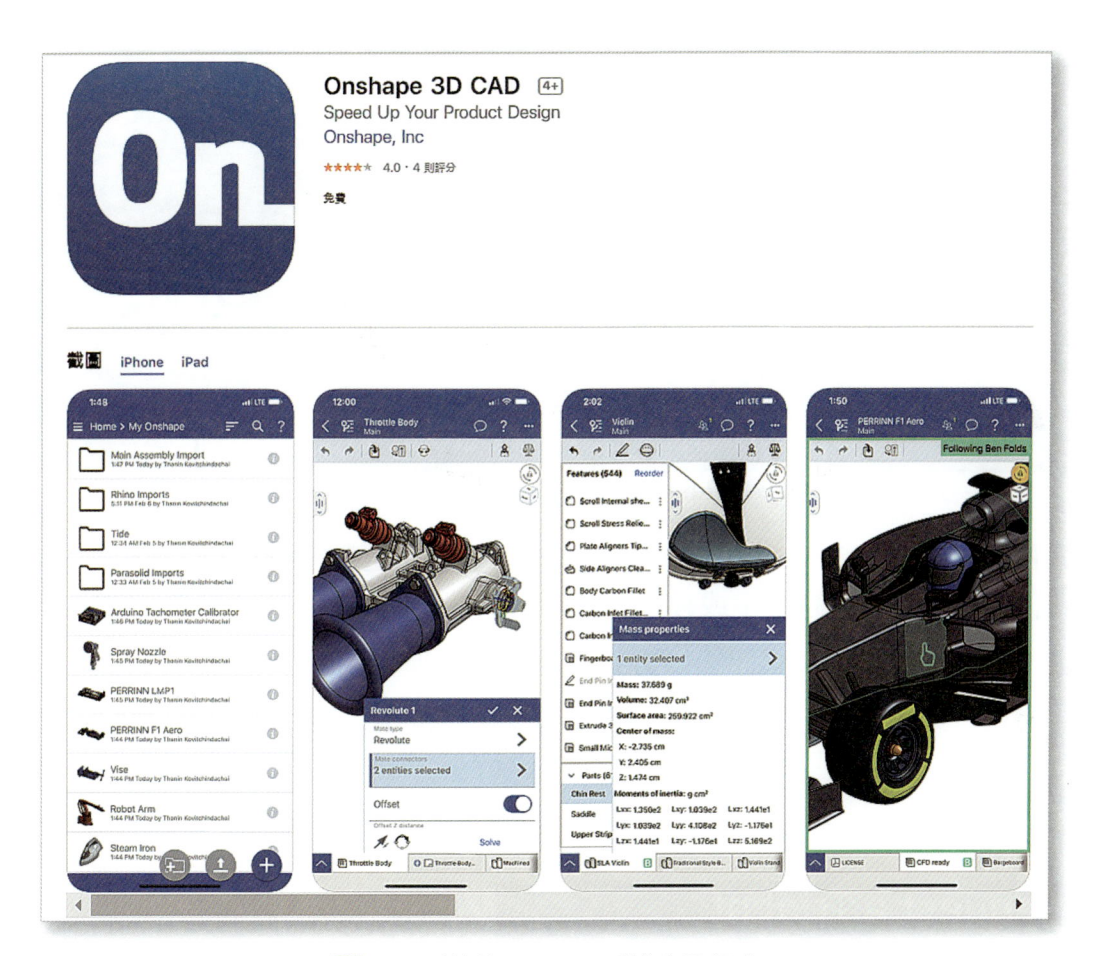

◼ iOS 系統的 Onshape 手機應用程式

>> 最受歡迎的 3D 建模平台，你一定不能錯過！
網路版使用帳號申請

1 在瀏覽器搜尋「Onshape」可以找到 Onshape 官方網頁（https://www.onshape.com/），進入官網後點選右上角【TRY ONSHAPE PROFESSIONAL】。

點選【TRY ONSHAPE PROFESSIONAL】

2 點選右上角【TRY ONSHAPE PROFESSIONAL】後，選擇【Get the Free Public Plan.】進入註冊程序，如果是學生或教育人員則可選擇【Get the Free Student Plan.】註冊教育版，填寫完註冊所需資訊後，再到所填寫的註冊信箱收取驗證信就能取得帳號。之後只要在首頁點選【SIGN IN】輸入帳號密碼後便能使用線上繪圖功能。

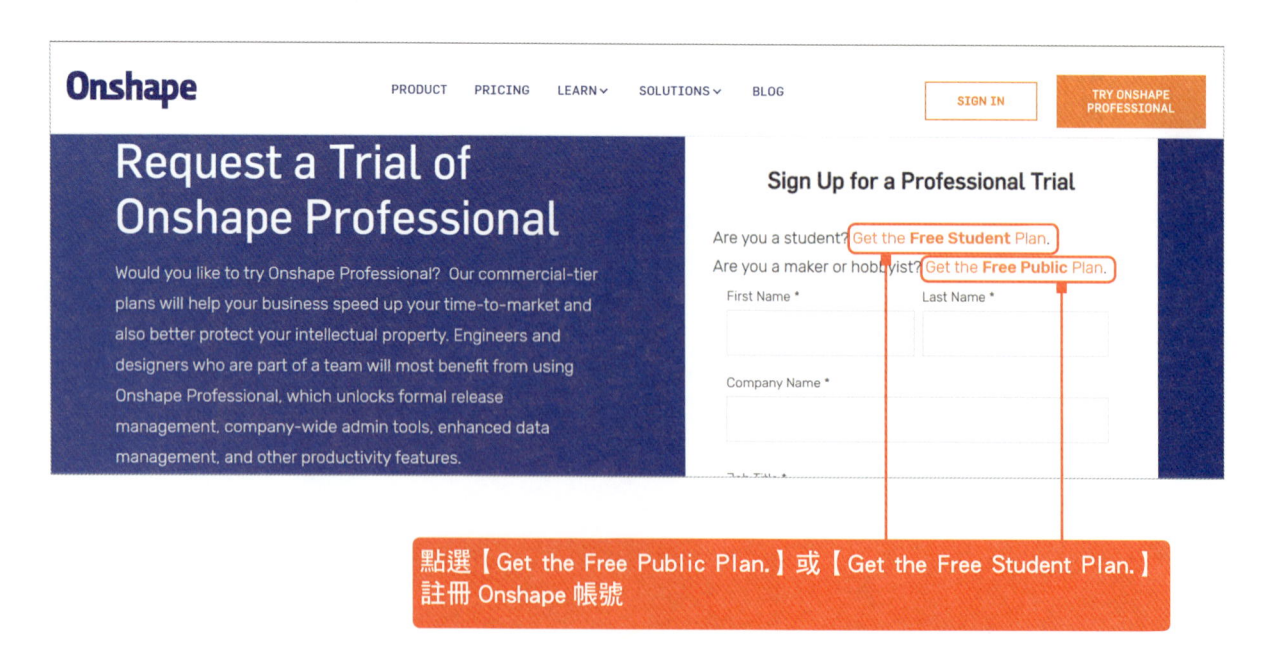

點選【Get the Free Public Plan.】或【Get the Free Student Plan.】註冊 Onshape 帳號

>> 動動手指，跟我一起體驗 Onshape 的創造魅力吧！

繪圖軟體操作示範

1 登入帳號

登入帳號後會直接進入文件區。

2 設定長度單位

開始繪圖前必須先確認尺寸單位，因此要點擊畫面右上角的人頭圖示，選擇【我的帳戶】後點選【喜好設定】，再向下滑動至「單位」區域，「長度單位」選擇「Millimeter」並按下【儲存變更】，之後繪圖時就會以毫米當作預設的單位。

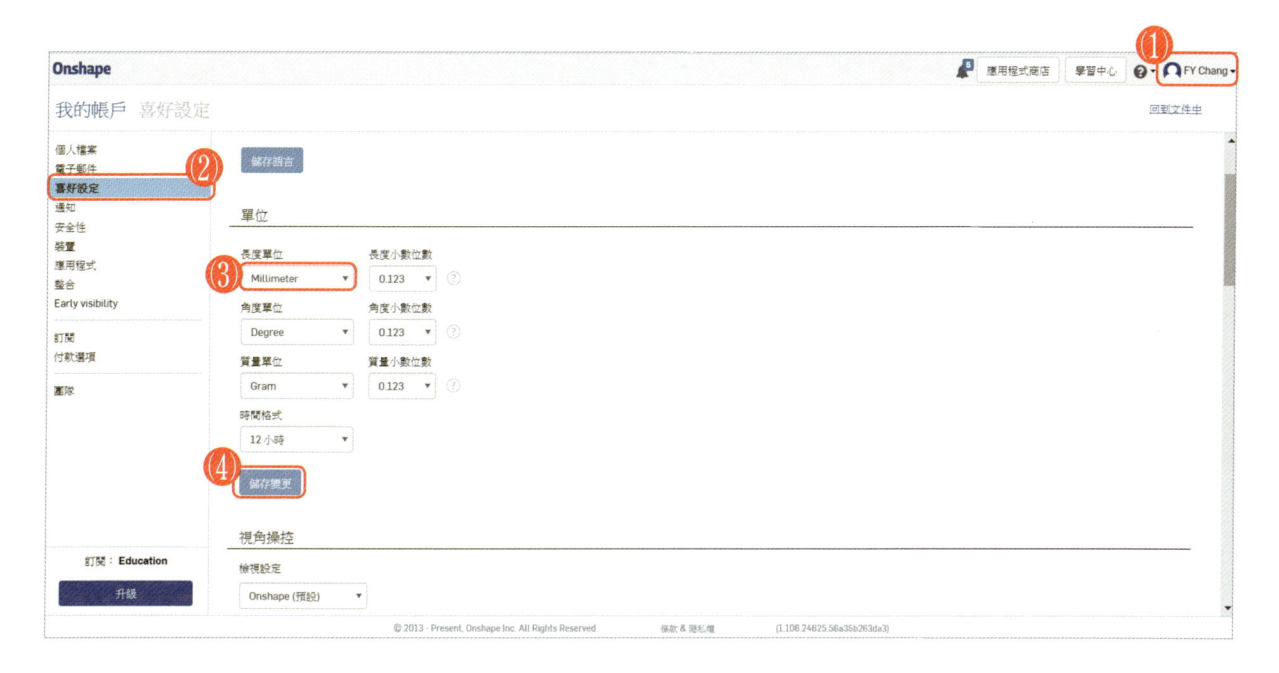

3 建立新文件

修改完單位後，點擊畫面左上角的【Onshape】標誌，可以回到文件區。點選左上角【建立】，選擇【文件】，編輯文件名稱後按下【確定】，就完成建立新文件。

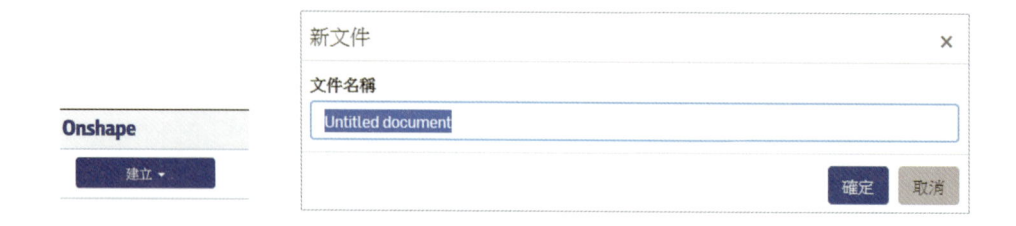

4 Onshape 使用者介面簡介

建立文件後就進入繪圖工作區，以下操作將以大家常用的電腦版介面來作說明，手機應用程式的繪圖功能與流程大致與電腦版介面相同，但在工具收合情況與操作手勢上略有差異。

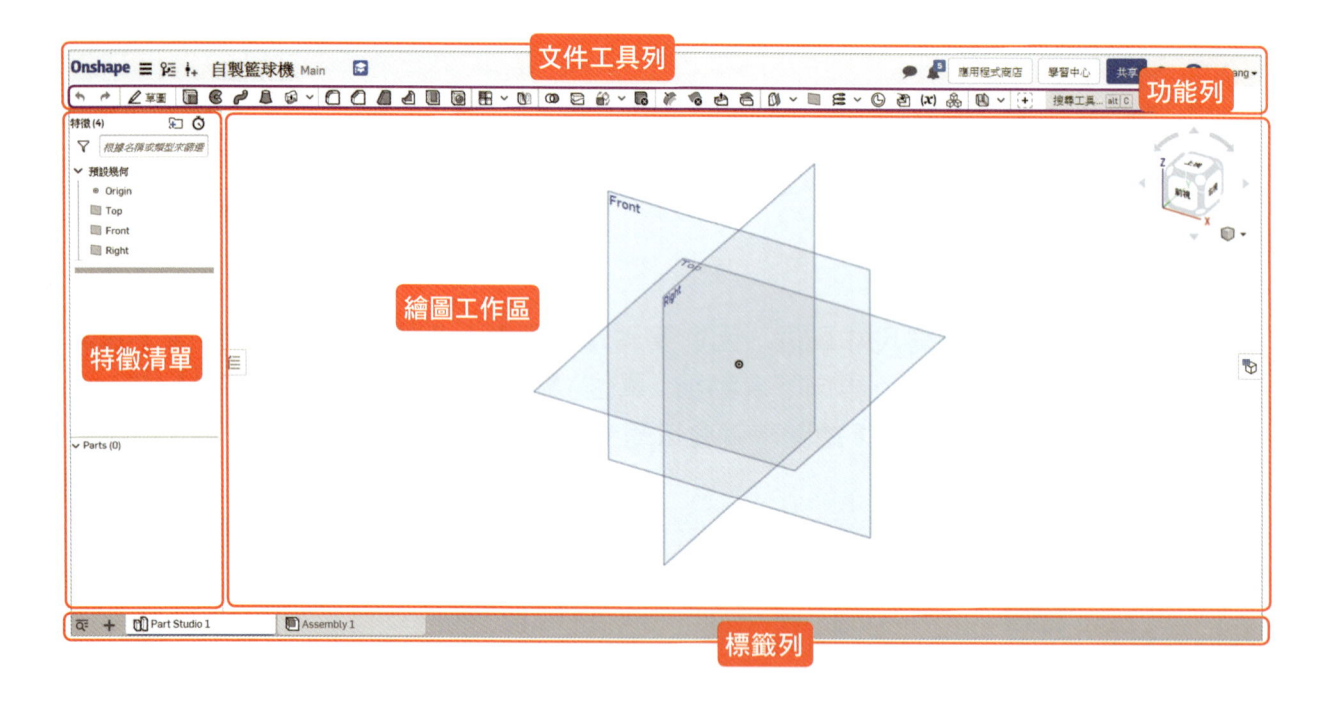

整個介面中，頁面最上方為文件工具列，中間是「繪圖工作區」，左側則為「特徵清單」，下方標籤可切換啟用中的繪圖文件、組合件、或其他分頁等不同頁面。文件工具列左側顯示文件名稱等基本資訊，點擊「Onshape」字樣可返回文件區。右側按鍵包含 Onshape 論壇、通知、應用程式商店、學習中心、共享文件、線上說明、使用者帳戶等功能。而文件工具列下的「功能列」會根據目前的工作流程而變更為：特徵工具列、草圖工具列、組合件工具列、工程圖工具列等，如果找不到想用的工具在哪個位置，也可以直接在右邊「搜尋工具」欄位輸入工具名稱來選擇。

主題 5　Onshape 繪圖軟體與激光寶盒介紹

主要繪圖工作區中有三個藍色框框，分別寫著「Top」、「Front」、「Right」，這是預設的上、前、右三個平面，中央的黑點是整個繪圖區域的原點。一般會參考原點位置，並從預設平面開始繪圖，若這些預設幾何不敷使用，亦可自行新增。

- **文件工具列**

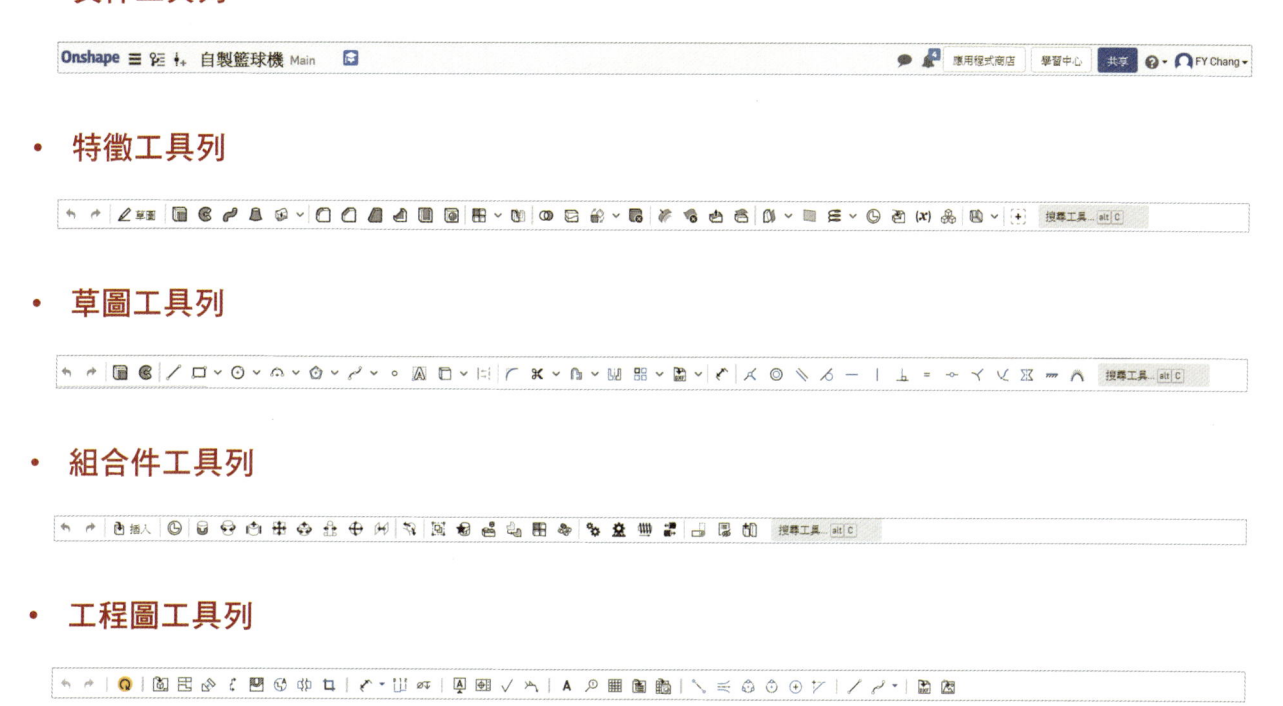

- **特徵工具列**

- **草圖工具列**

- **組合件工具列**

- **工程圖工具列**

5　繪圖工作區的視角操控

正式繪圖前，務必先認識如何控制繪圖區域，尤其是操控視角的方法。若沒有特別設定，在 Onshape 中，使用滑鼠來操控視角的方式如下：

滑鼠	**3D 旋轉**：在任意位置「按住滑鼠右鍵 + 拖曳」可旋轉工作區視角。 **放大或縮小**：「上下捲動中間滾輪」可放大查看細節或縮小畫面查看整體。 **2D 移動（平移）**：「按住滾輪」可以自由拖曳工作區域（或 CTRL+ 滑鼠右鍵）。
觸控板	**3D 旋轉**：在任意位置「按住滑鼠右鍵 + 拖曳」可旋轉工作區視角。 **放大或縮小**：以兩指來拉大及拉近，可放大查看細節或縮小畫面查看整體。 **2D 移動（平移）**：「按住 CTRL+ 滑鼠右鍵」可以自由拖曳工作區域。

如果要將畫面轉動到特定視角，可以點擊工作區域右上角「視角立方體」上相對應的面（上視、下視、前視、後視、右視、左視）或頂點（不等角視），也可以按下視角立方體旁的箭頭，以 45 度增量旋轉視角。

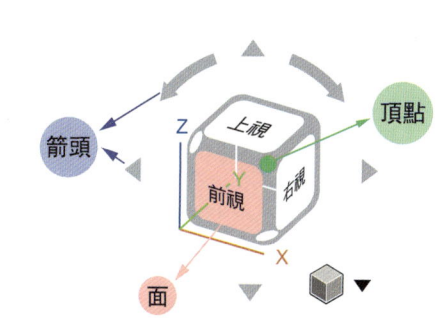

或者直接在想要查看的平面按右鍵，選擇【正視於】。

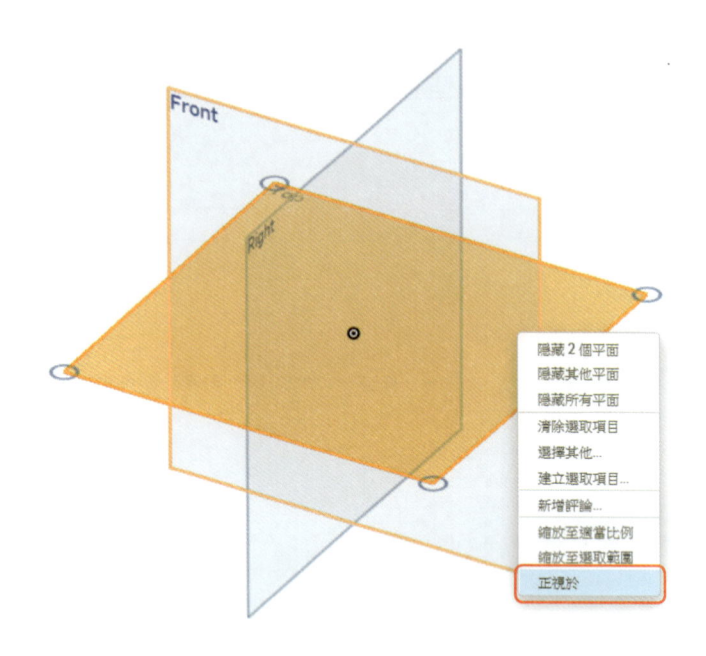

按右鍵選擇【正視於】後，旋轉至特定視角，下圖為點擊視角方塊的【上視】來旋轉至上視角。

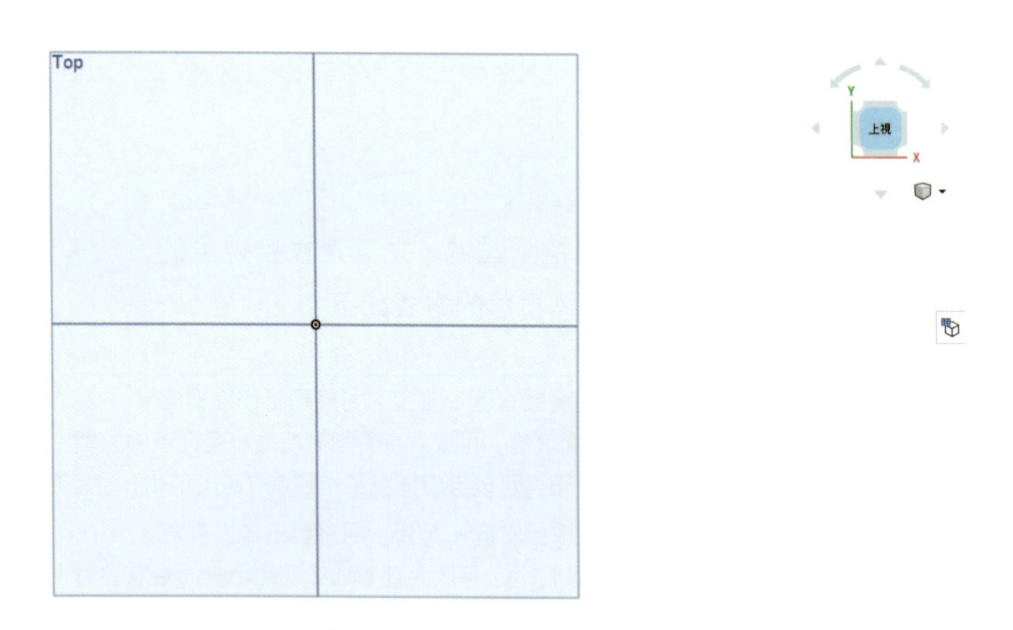

其他常用的功能還有：點擊滑鼠左鍵可以選擇點到的物件（再點一次或是點平面外部可取消選取）；按住左鍵拖曳滑鼠可選取拖拉範圍內的物件選取；在物件或工具上點擊右鍵會出現其他功能列表。

主題 5　Onshape 繪圖軟體與激光寶盒介紹

6 建立草圖著手繪製

熟悉介面之後就可以著手設計籃球機的零件了，我們可以從籃框的部分開始繪製。而在 Onshape 中的繪圖程序是：先選擇繪圖平面，再建立草圖。

點選「Top 平面」後，找到功能列表左邊的「草圖」。

點擊一下就可以看到左邊的特徵清單和旁邊的特徵方塊都出現「草圖 1」，同時會發現功能列表出現草圖工具，特徵清單欄位出現草圖。

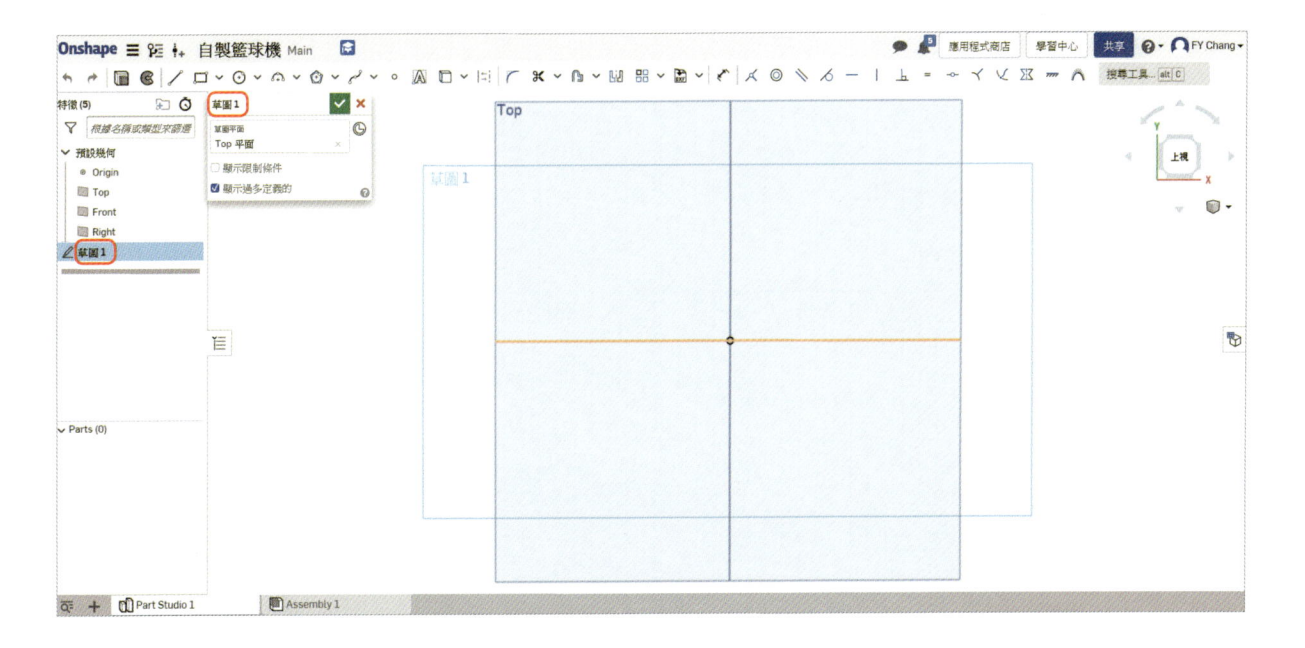

有了草圖才能使用草圖工具來繪製圖形，在 Onshape 中，若不確定工具圖示的名稱或用法，可以讓滑鼠游標在工具圖示上停留一下，會跳出簡單的工具說明內容。

首先，我們要找到「中心點畫圓」工具，透過點擊圓心位置和圓周上任一點來建立一個圓。這個圓用來當作籃球機中間籃框的洞，可以設定自己想要的尺寸，或是參考範例，設定直徑為 16 公分。

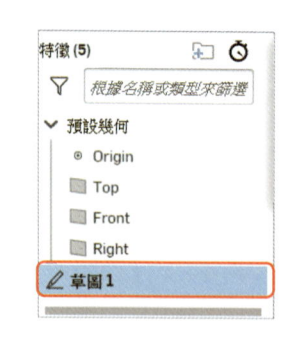

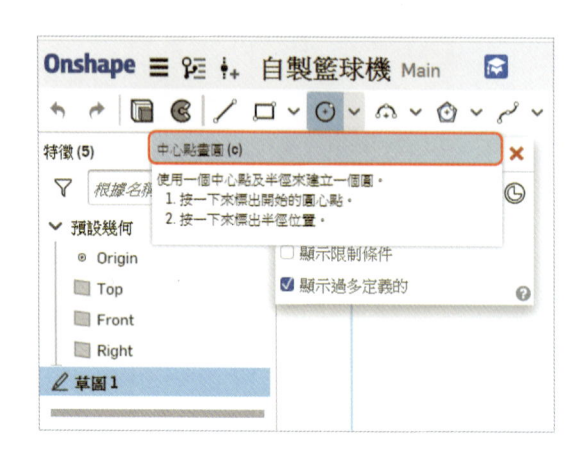

將滑鼠游標移動至「原點」點擊一下，設定為圓心位置。

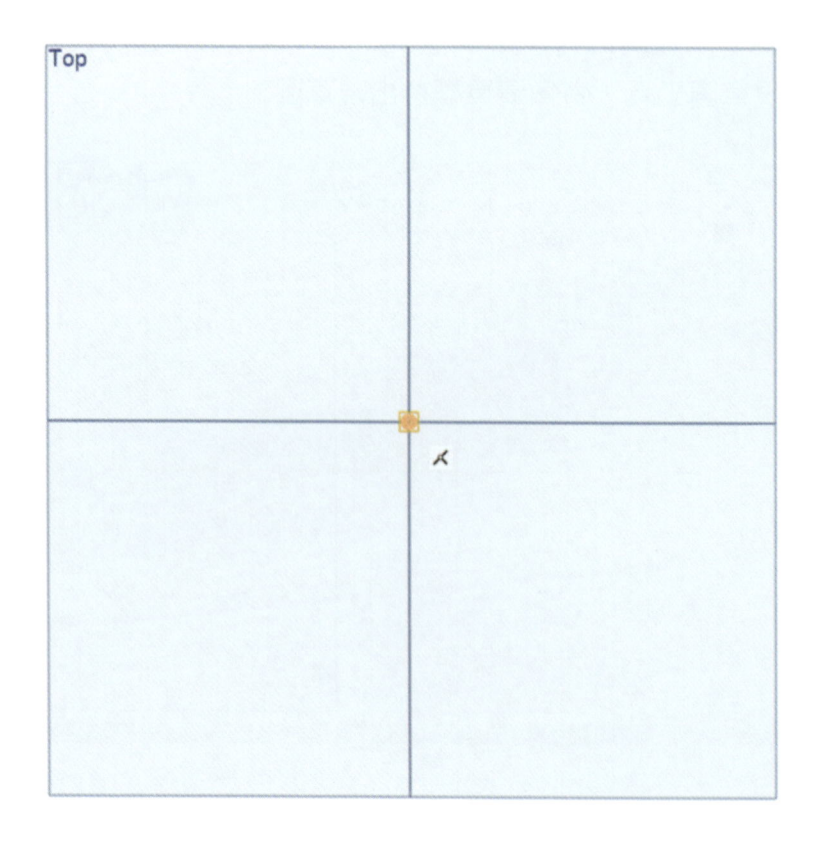

向外移動滑鼠，會看見淺藍色的圓形出現。

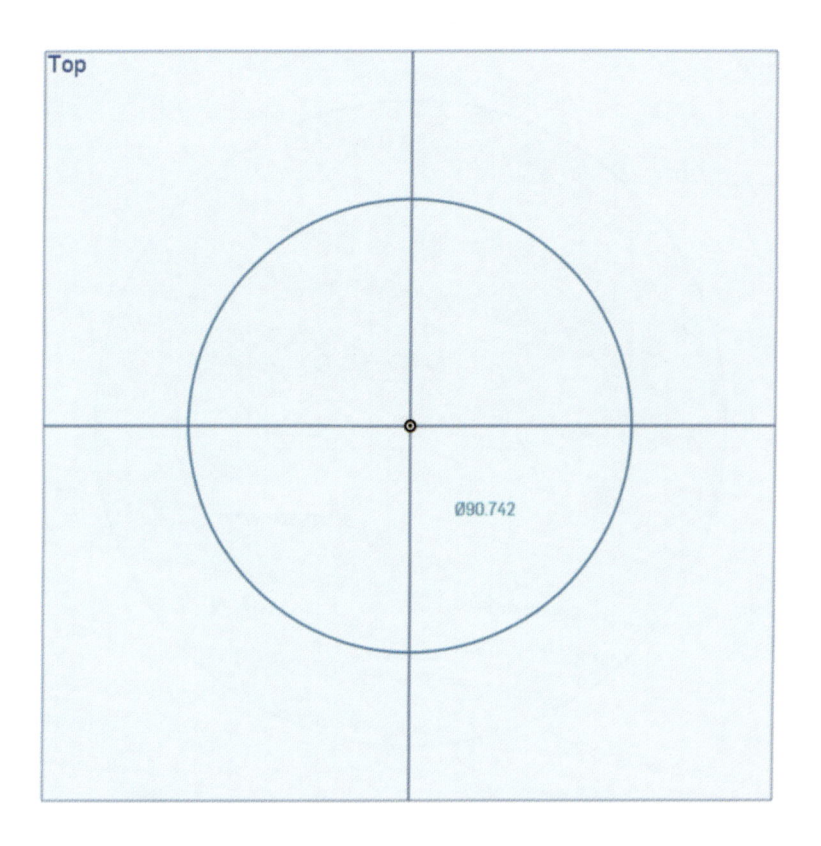

再點擊一下滑鼠，確定繪製出一個圓形，此時線條轉變為深藍色。

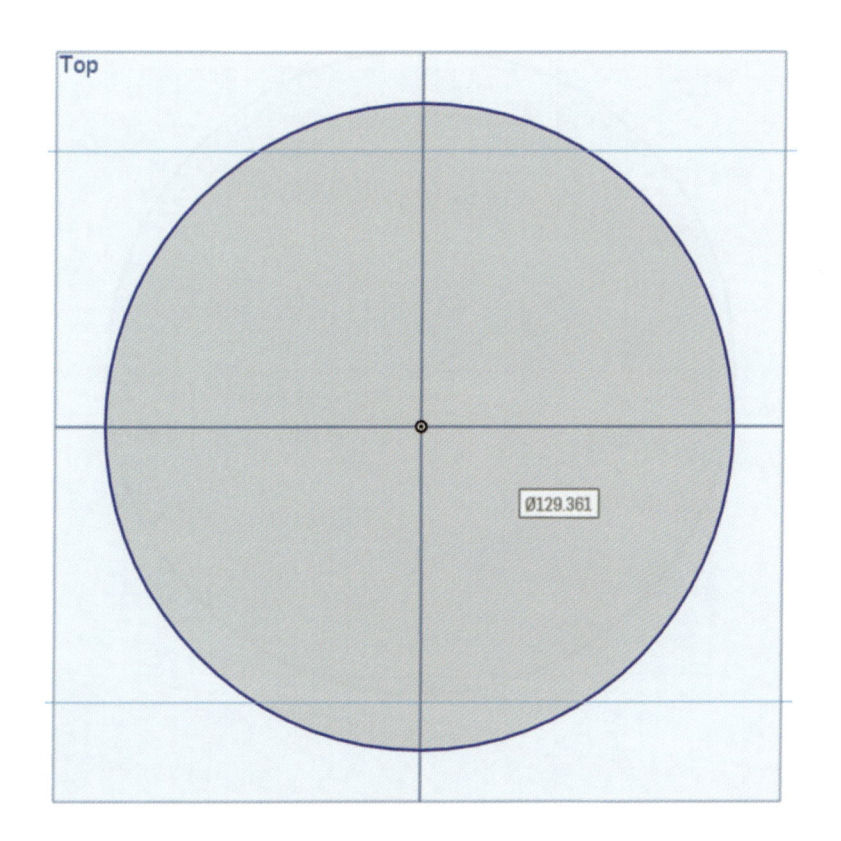

滑鼠不做任何動作，直接用鍵盤輸入「160」後，按下【Enter】鍵。

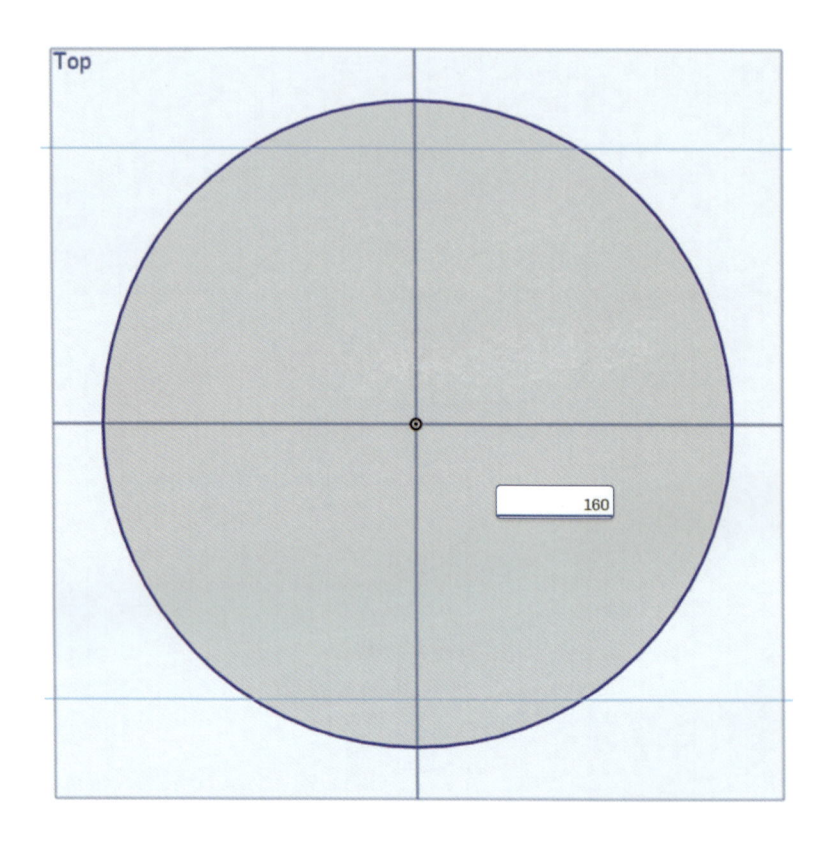

完成圓形後，會發現圖上標示了直徑 160，且線條變為黑色。

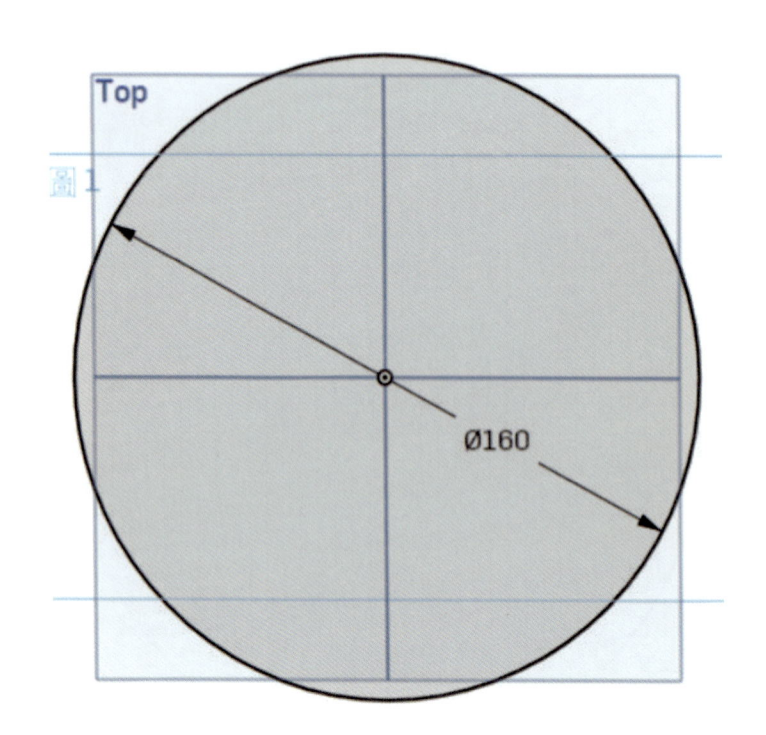

7 繪製籃框

接下來我們要用「中心點矩形」工具繪製一個籃框，這個工具是藉由設定「矩形的中心點」和「矩形邊角任一點」兩個位置來建立形狀，要點開「矩形」工具旁邊的小箭號才能找到。點選工具後，先點選原點，再往外選擇矩形端點，然後鍵入「210」，按下【Enter】鍵，再鍵入「210」，按下【Enter】鍵，完成矩形籃框的繪製。

選擇中心點矩形工具。

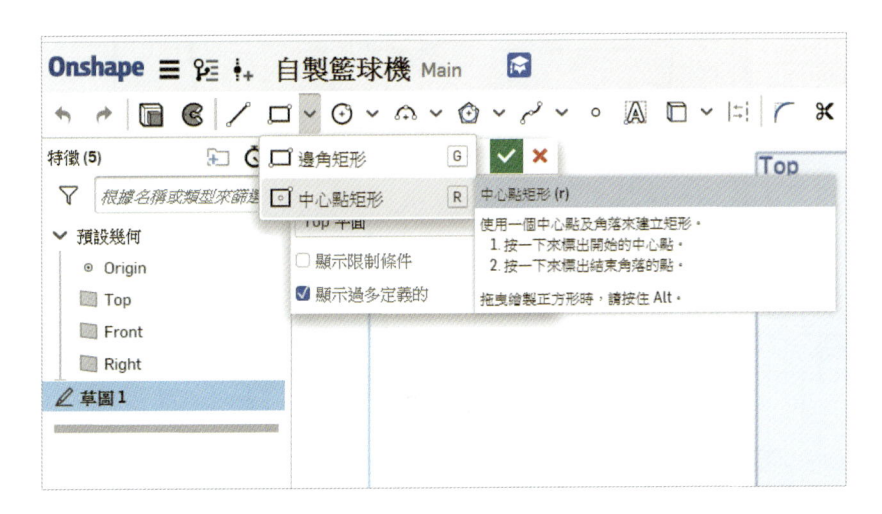

繪製出矩形。

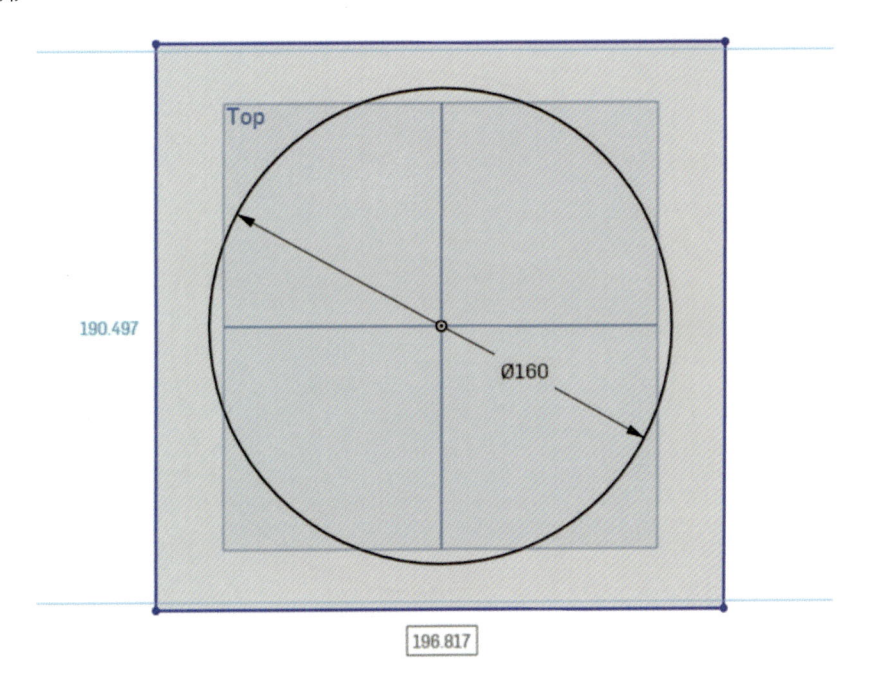

滑鼠不做任何動作,直接用鍵盤輸入「210」後,按下【Enter】鍵。

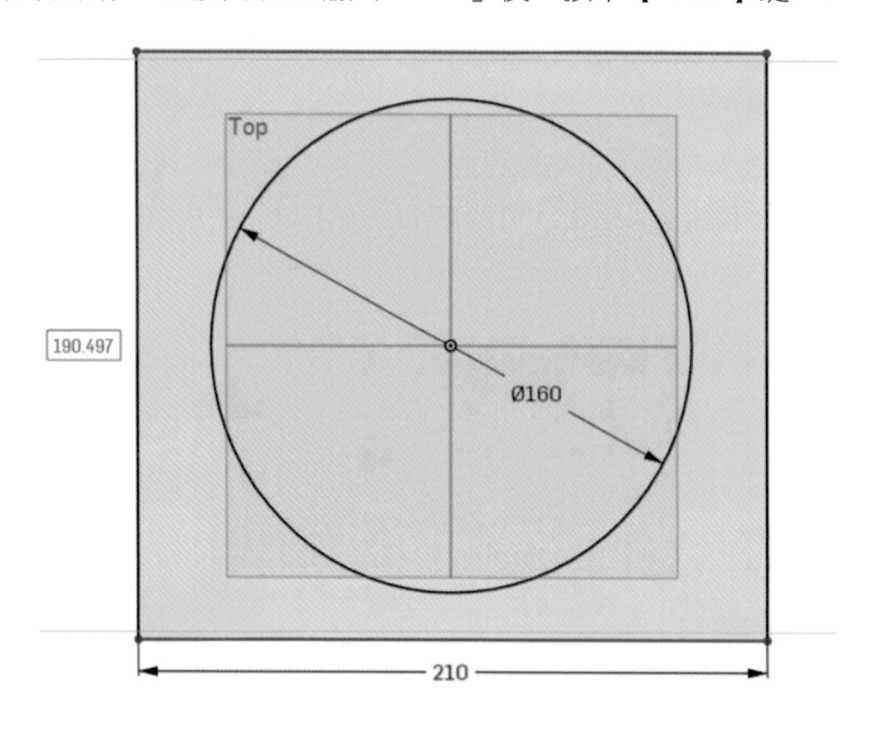

再鍵入「210」,設定另一側邊長,完成籃框的矩形。

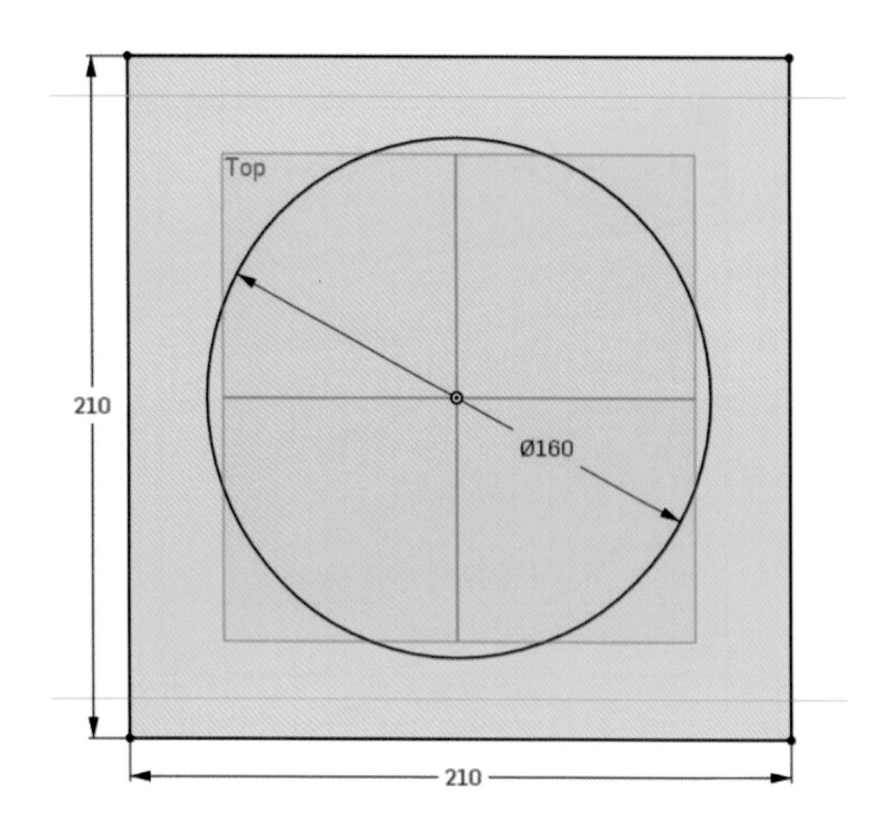

完成草圖後，接著要用「擠出」工具來把平面的草圖圖案變成有厚度的實體籃框，擠出是最常見也最直覺的實體特徵產生方式，只要畫一個草圖形狀並設定深度就可以產出零件。此處我們把深度設定成預計使用的材料厚度，方便後續製作時掌握精確的尺寸及形狀設計。

點選左上角「擠出」工具。

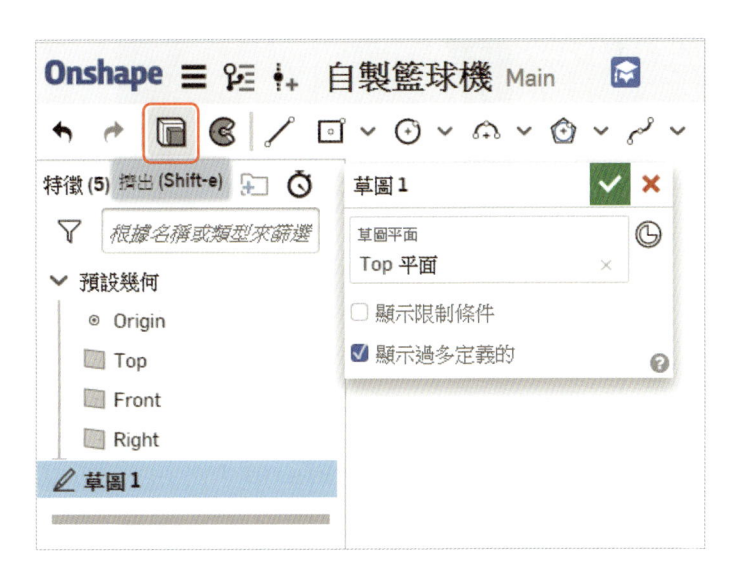

在深度的欄位輸入「5」，將擠出深度設定為 5 毫米後，按下【綠色勾勾】確認擠出。

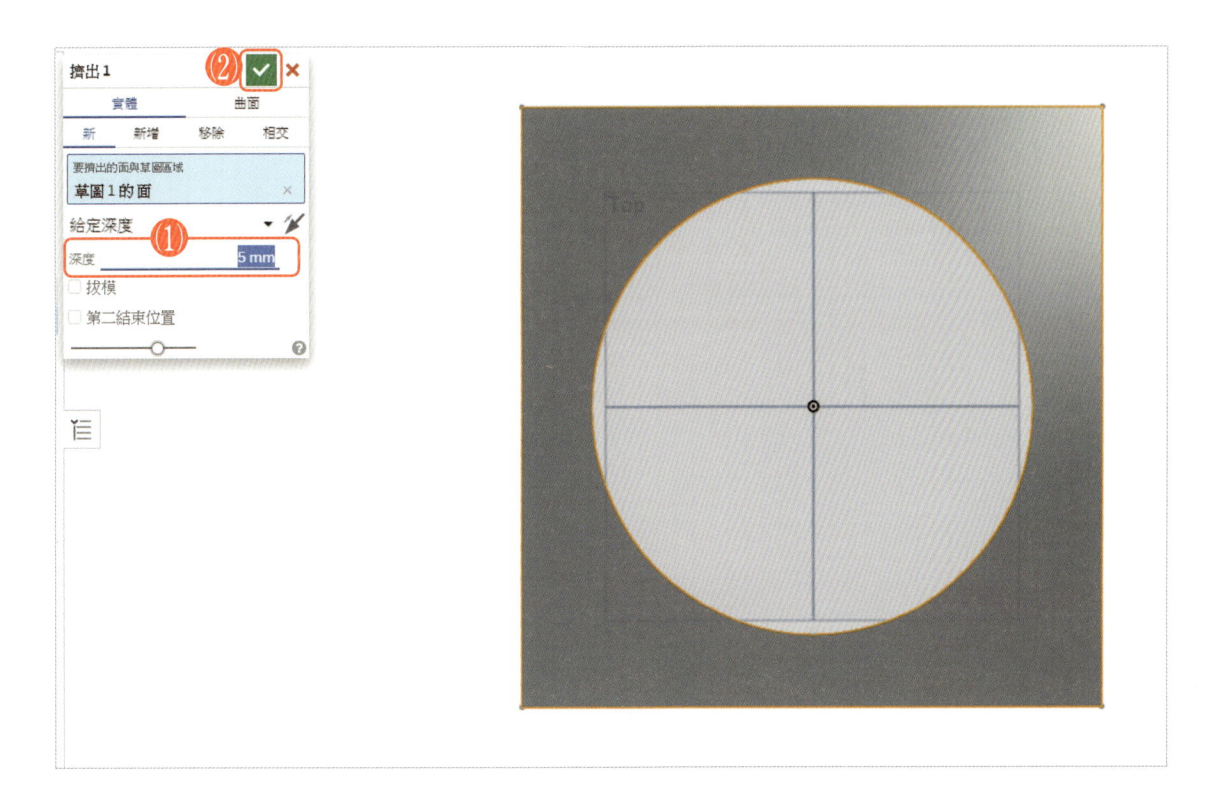

確認擠出後籃框就完成了。

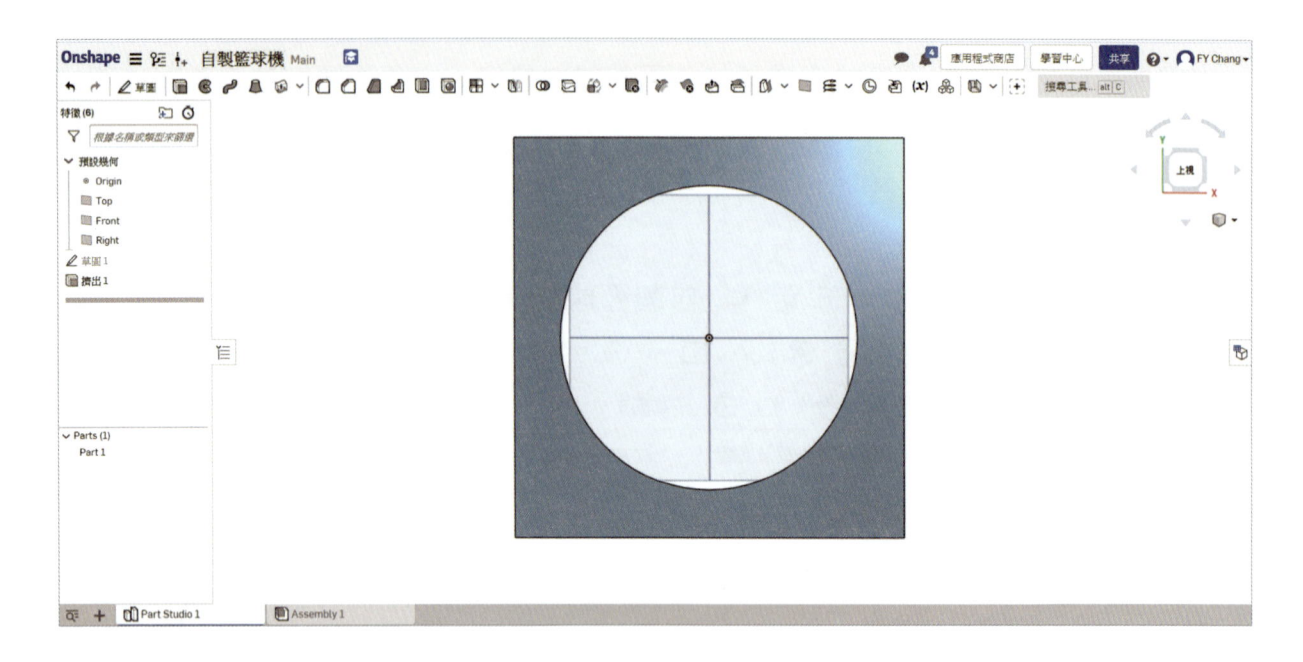

特徵清單上出現「擠出 1」，下方零件清單也出現「Part 1」，表示產出第一個零件。

主題 5　Onshape 繪圖軟體與激光寶盒介紹

此時可以旋轉視角查看擠出情況。

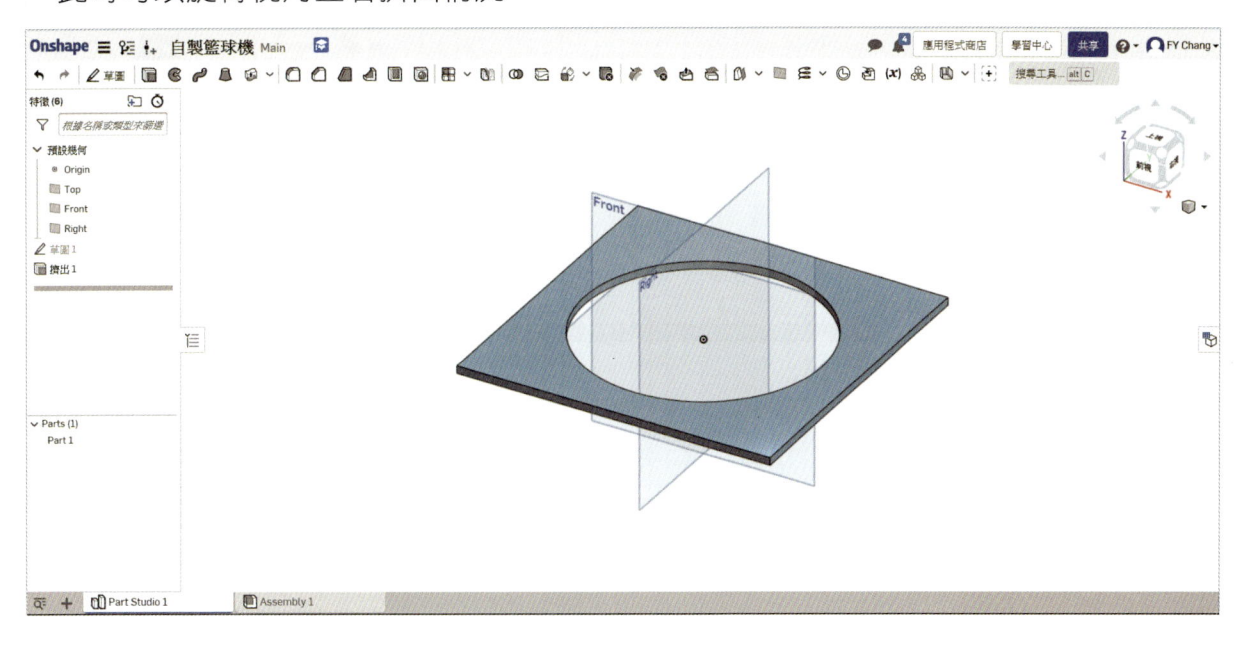

8　繪製籃板

完成籃框之後，接著要來繪製籃球機的籃板。如同前面提到的，需要先建立一個草圖才能開始畫圖，而這個草圖可以建立在已經完成的籃框上，因此我們可以選擇「籃框的後側平面」，建立「草圖 2」。然後在草圖 2 使用「邊角矩形」工具上畫出一個高度「290」、寬度「210」的方框，再「擠出」成為背板。

此處需要特別注意的是，擠出背板時要將擠出類型選為「新」，才能讓籃框與籃板成為各自獨立的零件，而不會融合為一個零件。假如設定正確的話，會在確認擠出後發現新生成的籃板顏色和籃框不同，且零件清單中多了「Part 2」。

點選籃框後面的平面。

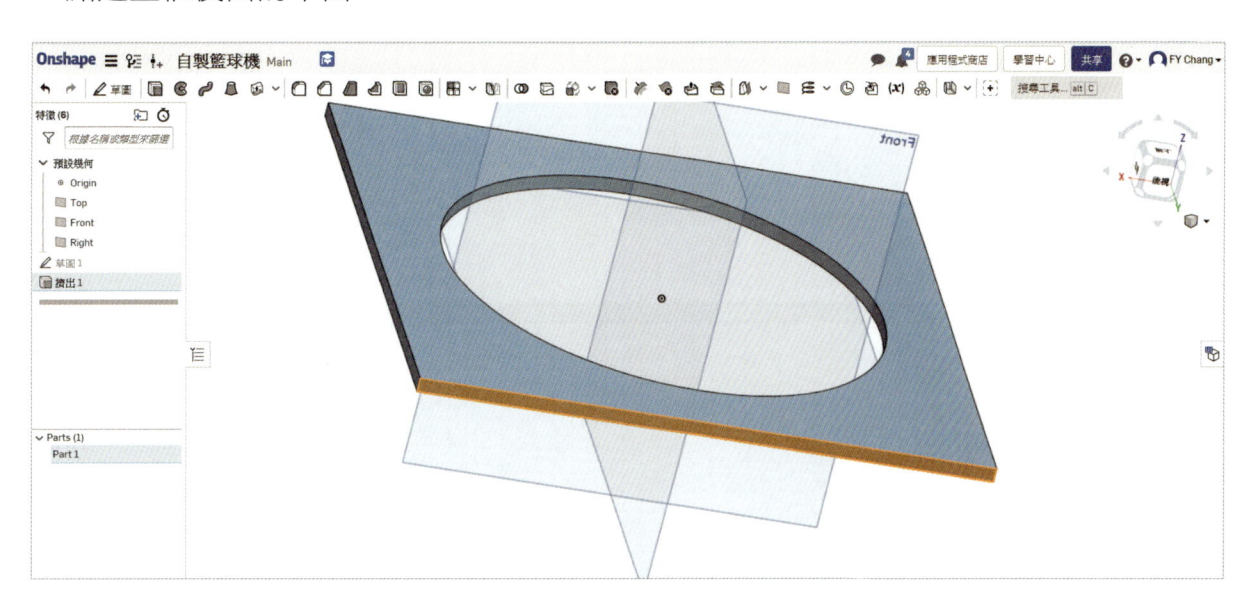

建立「草圖 2」。

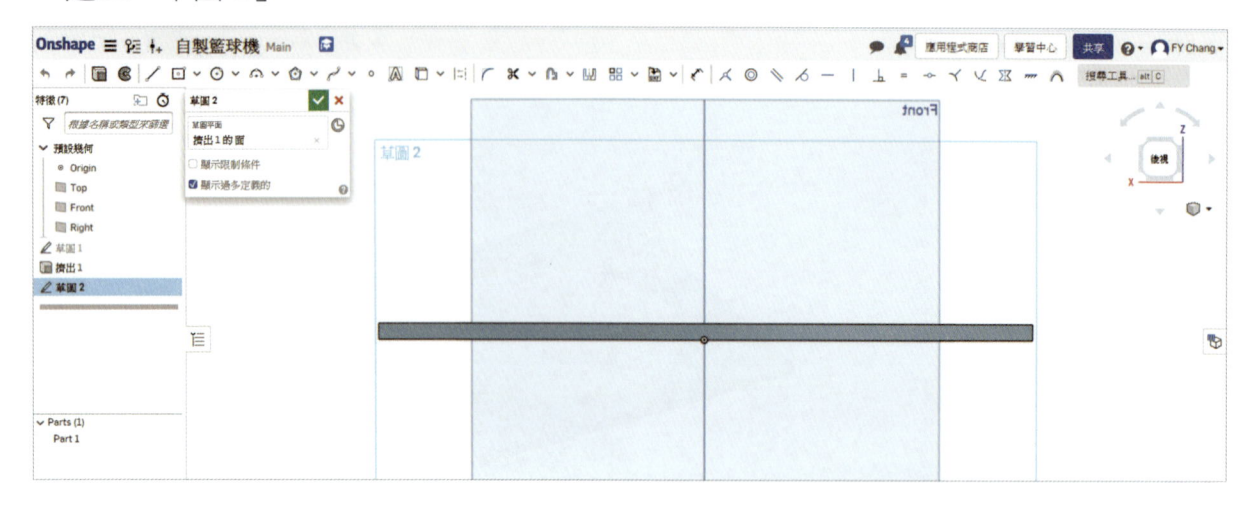

選擇「邊角矩形」工具。

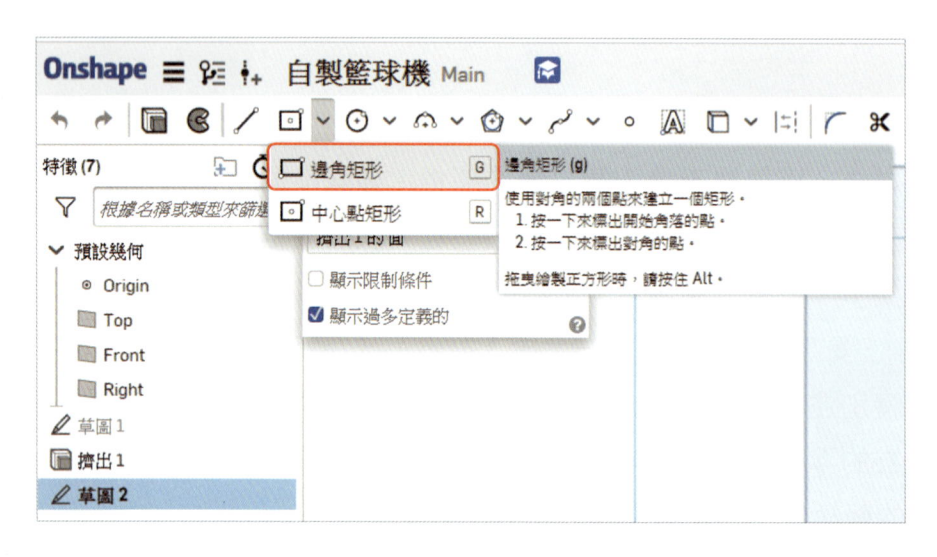

點選的第一個端點要對齊籃框的邊線。

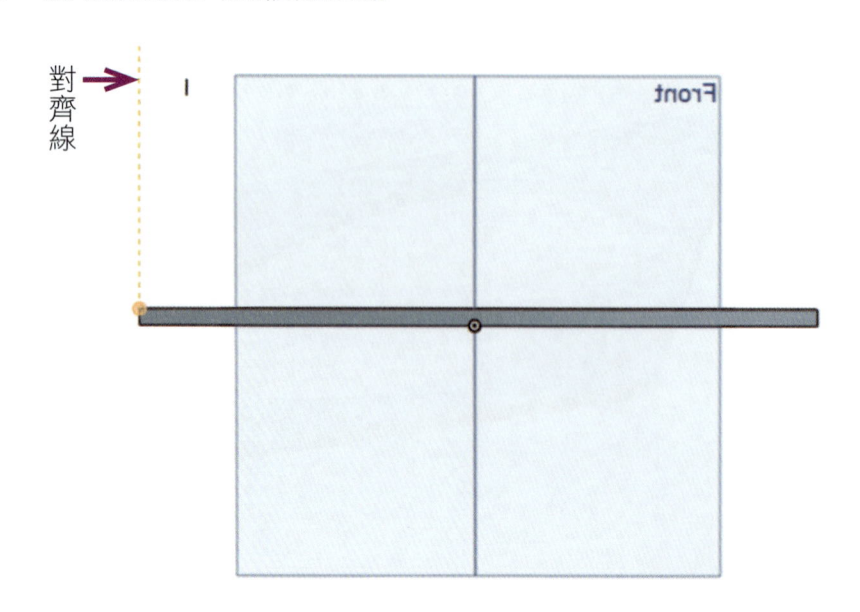

設定籃板高度為「290」，寬度為「210」。

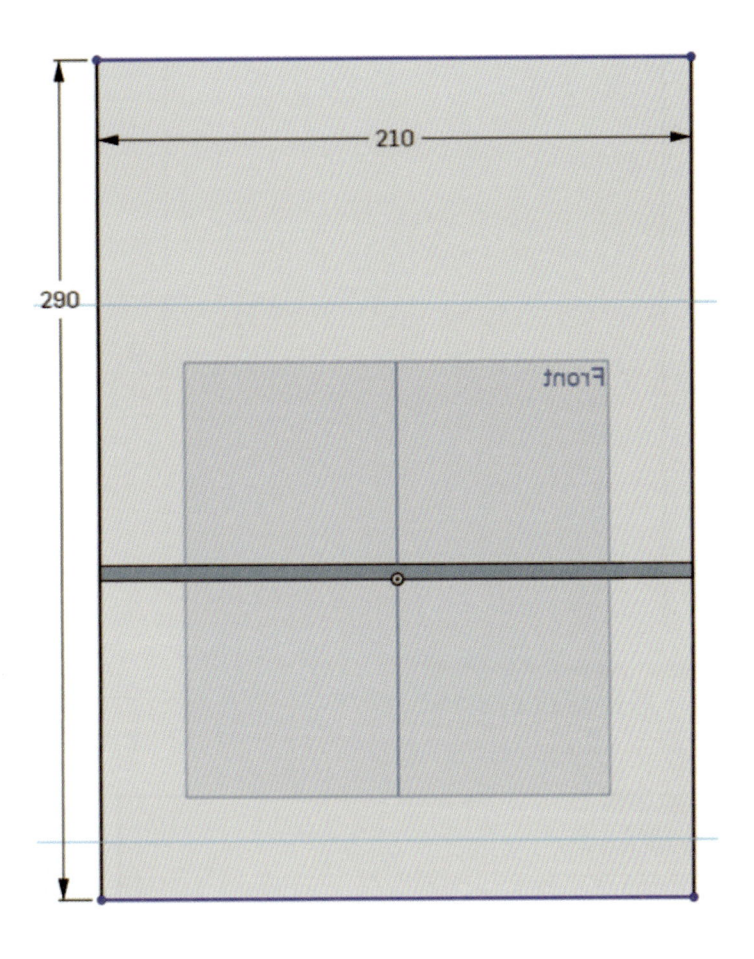

使用「尺寸工具」設定籃板邊線與籃框的距離。

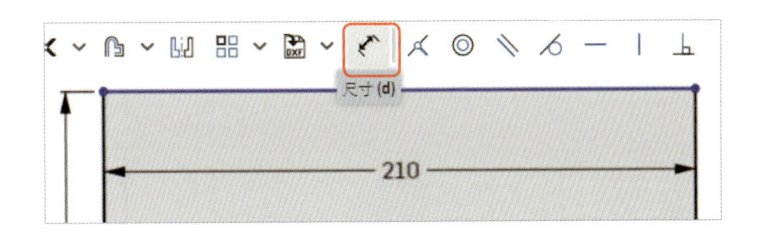

先點選籃板上緣。

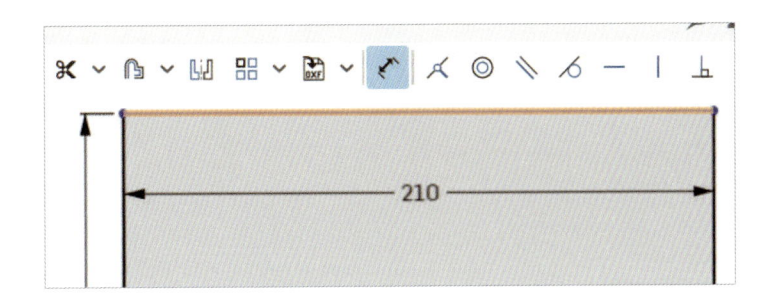

再點選籃板邊線。

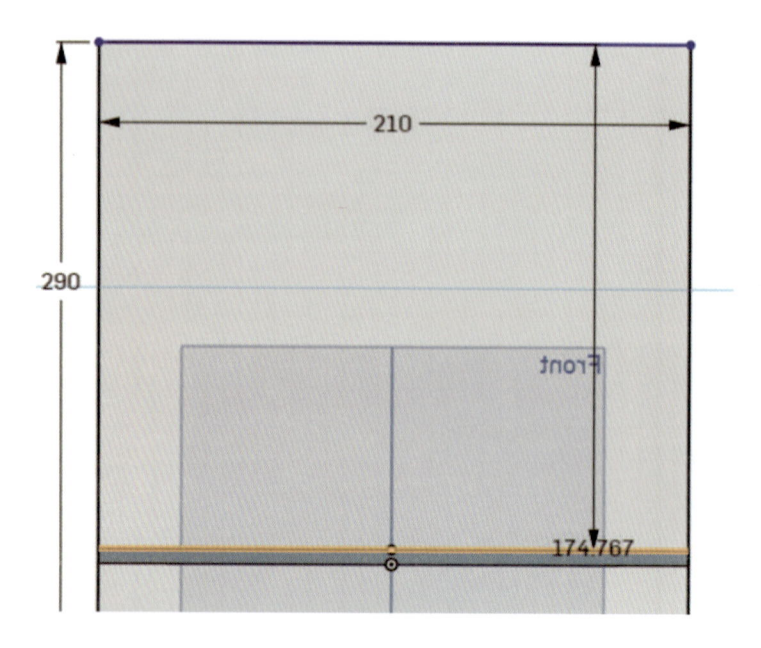

點擊一下滑鼠左鍵,將距離設為「195」。

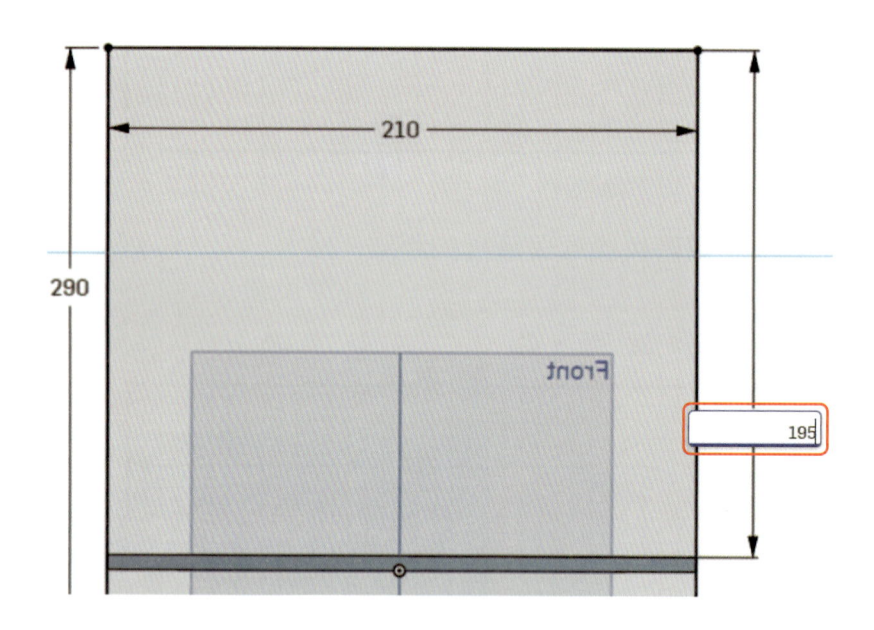

主題 5　Onshape 繪圖軟體與激光寶盒介紹

擠出籃板。

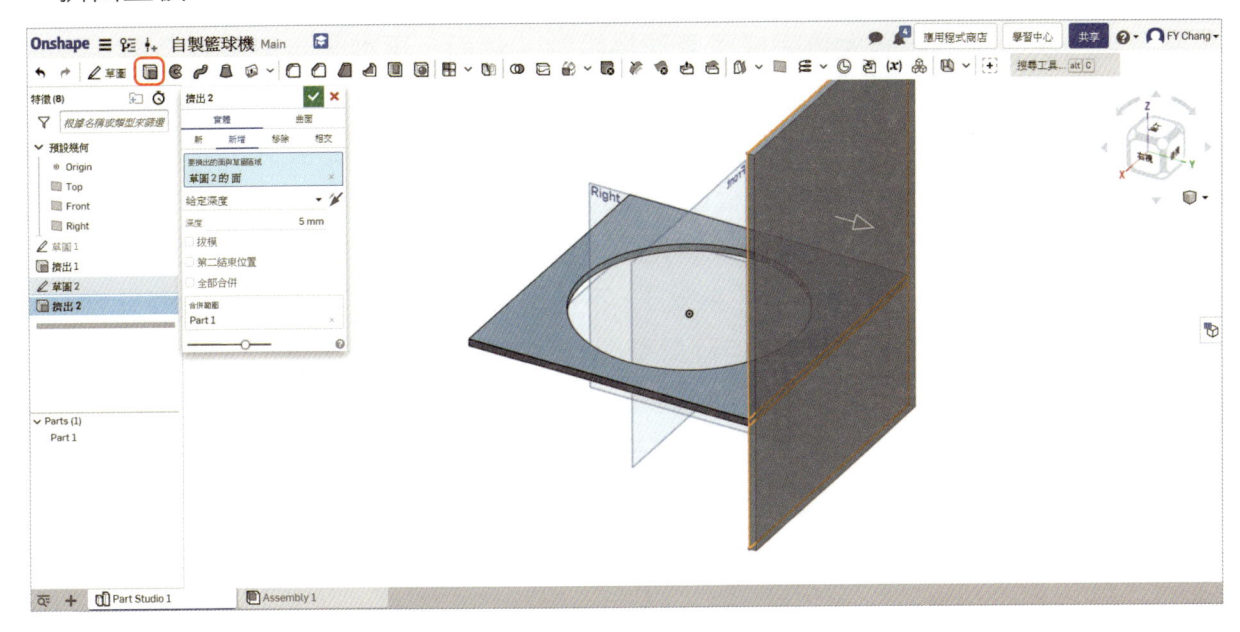

將擠出類型選為「新」。

確認擠出完成零件 2。

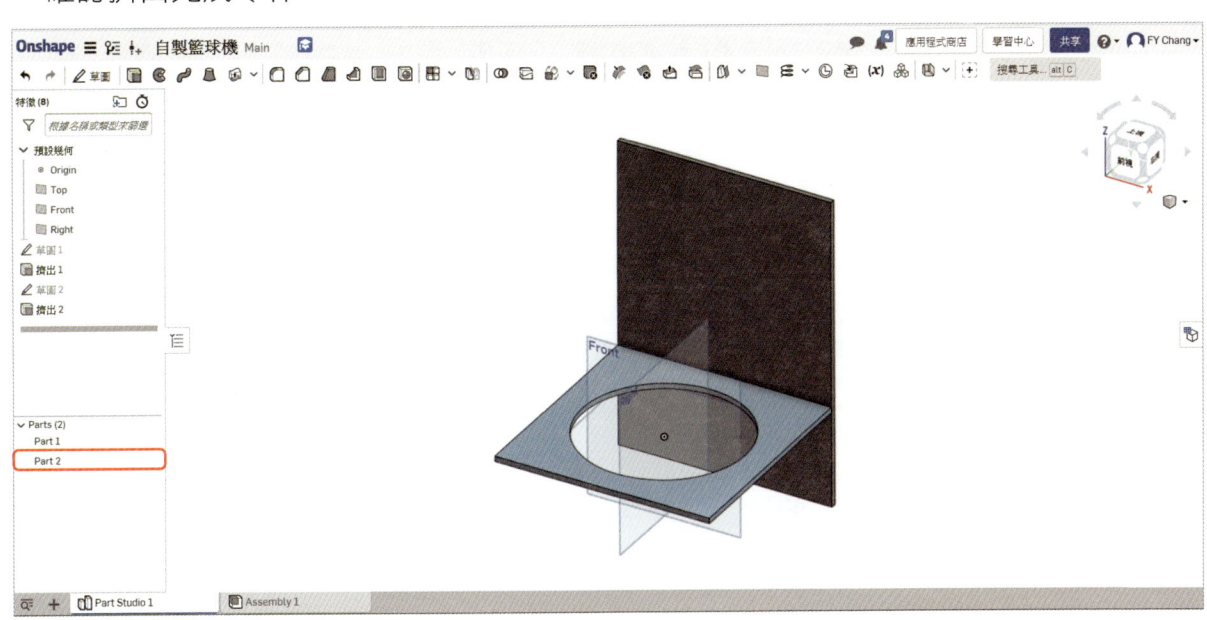

9 優化設計

到了這一步，我們已經大致完成了籃球機設計。然而，再進一步思考會發現：依照目前的設計，籃框跟背板只有一個薄面可以黏合，這樣的結構非常脆弱，若投球稍微用力，籃球機便可能會解體。這時候唯一的方法就是修改原先的設計，想辦法增加作品的結構強度，例如：讓籃框與背板以卡榫的方式組合。

在 Onshape 中，當我們想透過修改原先的設計來優化作品時，可以在特徵清單中「連點兩下左鍵」或是按右鍵後選擇【編輯】，不需要全部重新繪製。所以，我們只要在「草圖 1」上點兩下，畫出卡榫後打勾確認草圖，然後到「草圖 2」畫出卡榫對應的孔位，就能增加兩個零件的接合強度。當然，也能依據使用需求在背板上繪製螺絲孔位、加上懸掛用的凹槽，或將邊角修改為圓角等。

連點兩下左鍵修改草圖 1，畫出卡榫後再打勾確認草圖。

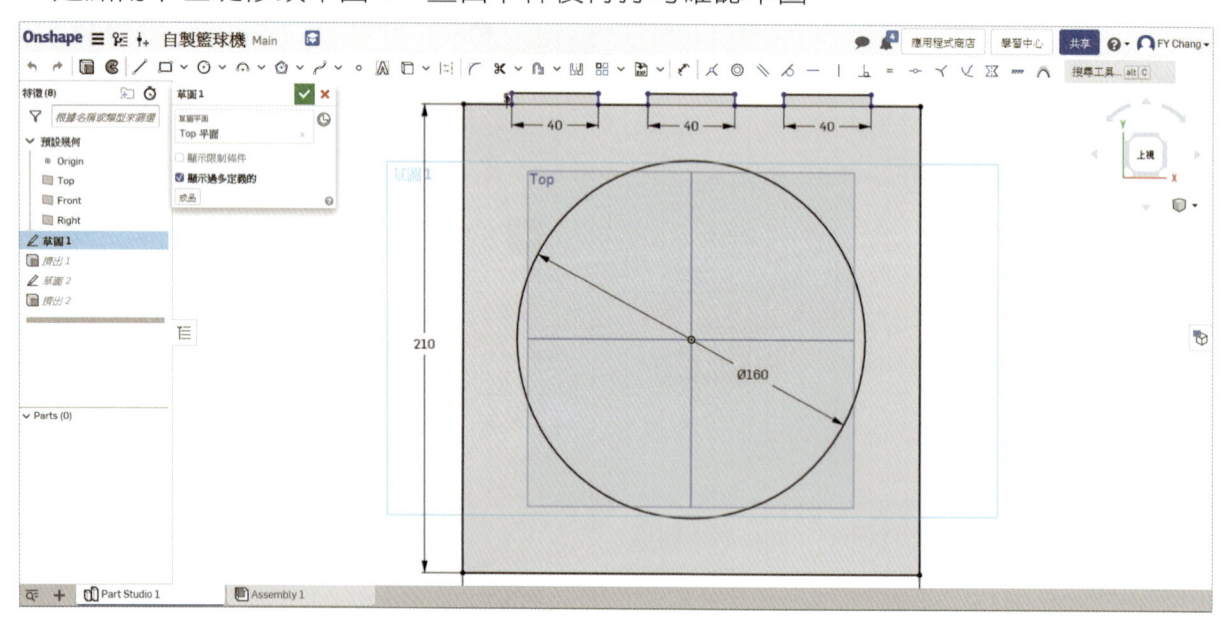

修改草圖 2，在背板上畫出籃框卡榫對應的孔位。

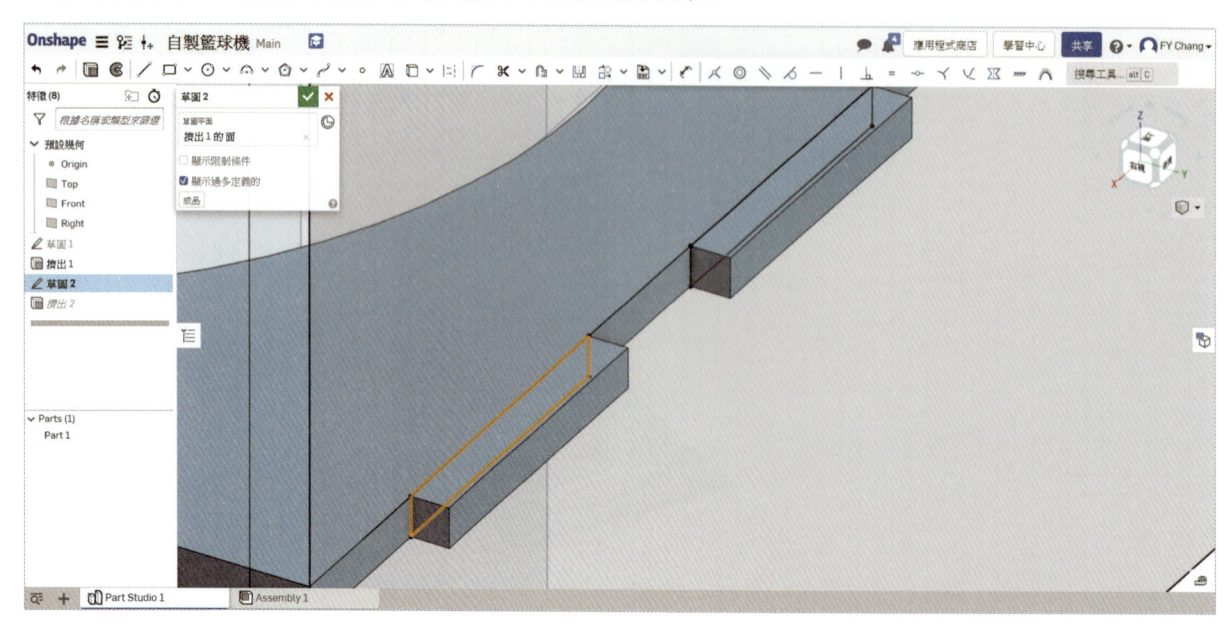

繪製安裝控制板所需的螺絲孔。

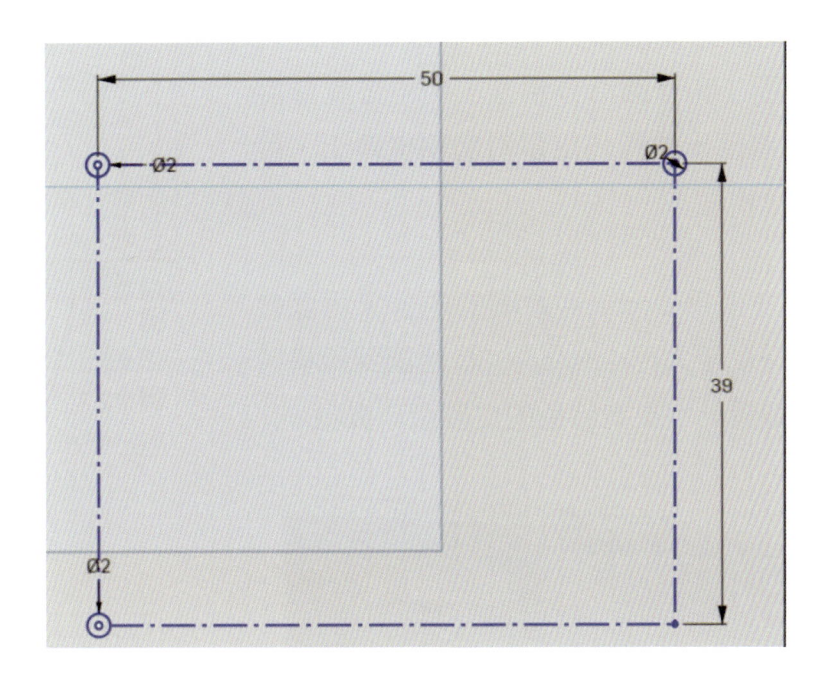

完成籃球機設計。

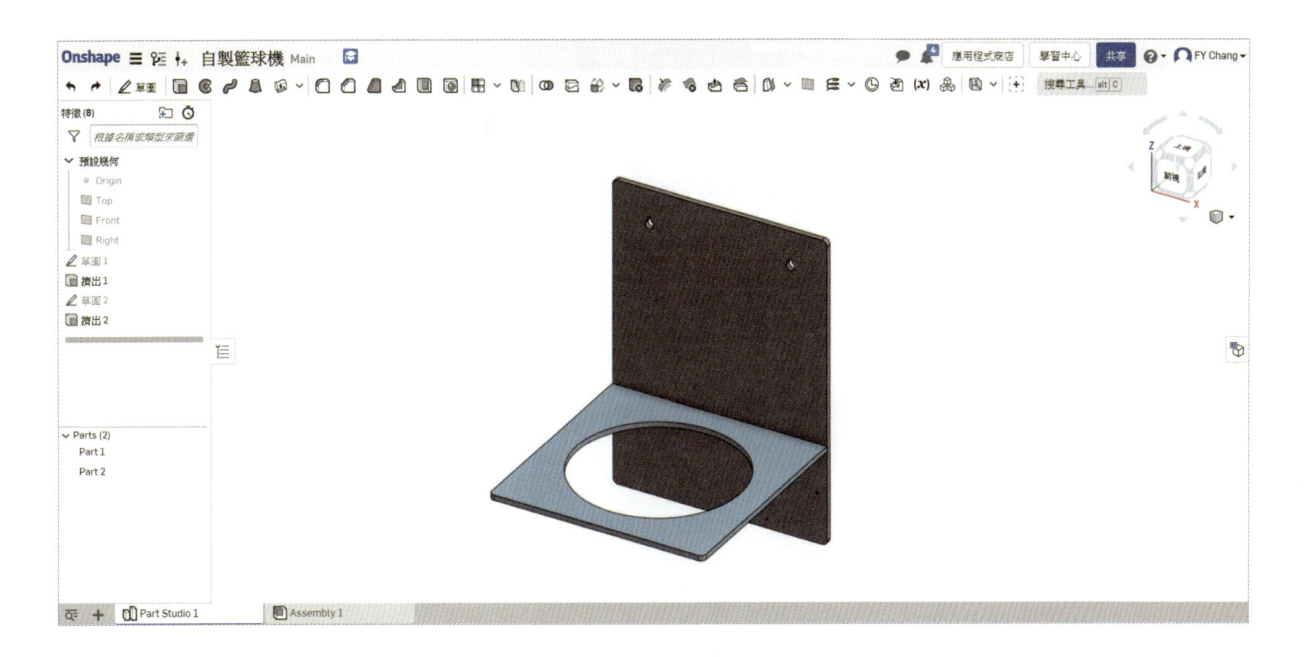

10 匯出作品

完成後，在草圖上按右鍵，選擇【匯出為 DXF/DWG】，將草圖 1 和草圖 2 分別匯出，再搭配厚度 5mm 的材料，將匯出的圖稿用雷射切割機輸出，就完成自製的籃球機啦！

如果想認識更多使用 Onshape 繪圖的內容，可以參考台科大圖書《動手入門 Onshape 3D 繪圖到機構製作》一書，就能設計出更有特色的自製籃球機呦！

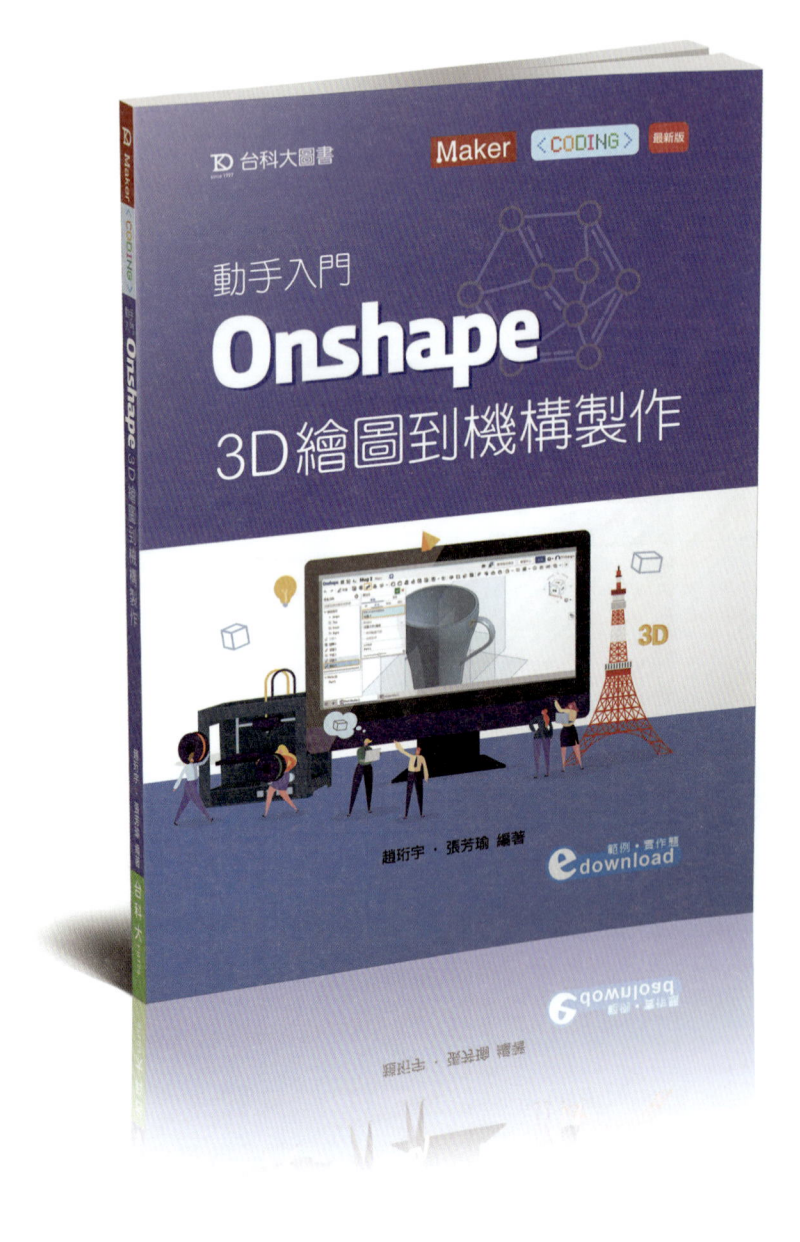

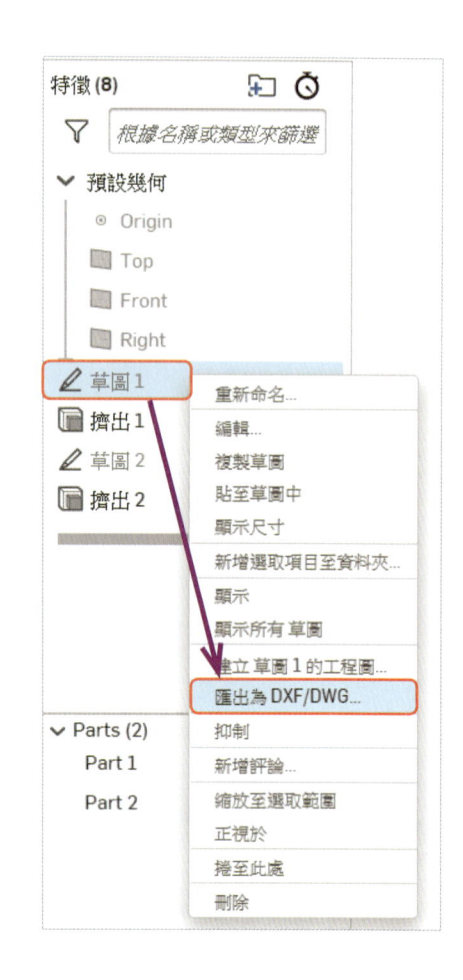

>> 智能易用的專業雷射切割機，帶你實現 Maker 的無限可能！

激光寶盒（Laserbox）介紹

激光寶盒是一款專為教育和創造而設計的桌上型智慧雷射切割機。高清超廣角鏡頭結合 AI 電腦視覺演算法，使激光寶盒具備了「看」的能力，從而實現智慧材料識別、視覺化操作、自動設置參數、自動對焦等功能。

激光寶盒除了本體外還有智慧煙霧淨化器，可依粉塵大小而調整排風量，且內部有四層濾芯可以降低粉塵，減少空氣汙染，體貼使用者的健康。

激光寶盒整體操作簡易且安全，擁有八重安全機制，可讓使用者安全操作。且其不但擁有開蓋即停功能，避免使用者在激光寶盒工作時因誤開啟而引發危險，更擁有 CE、FCC、FDA 等認證，讓使用者用的開心也用得安心。

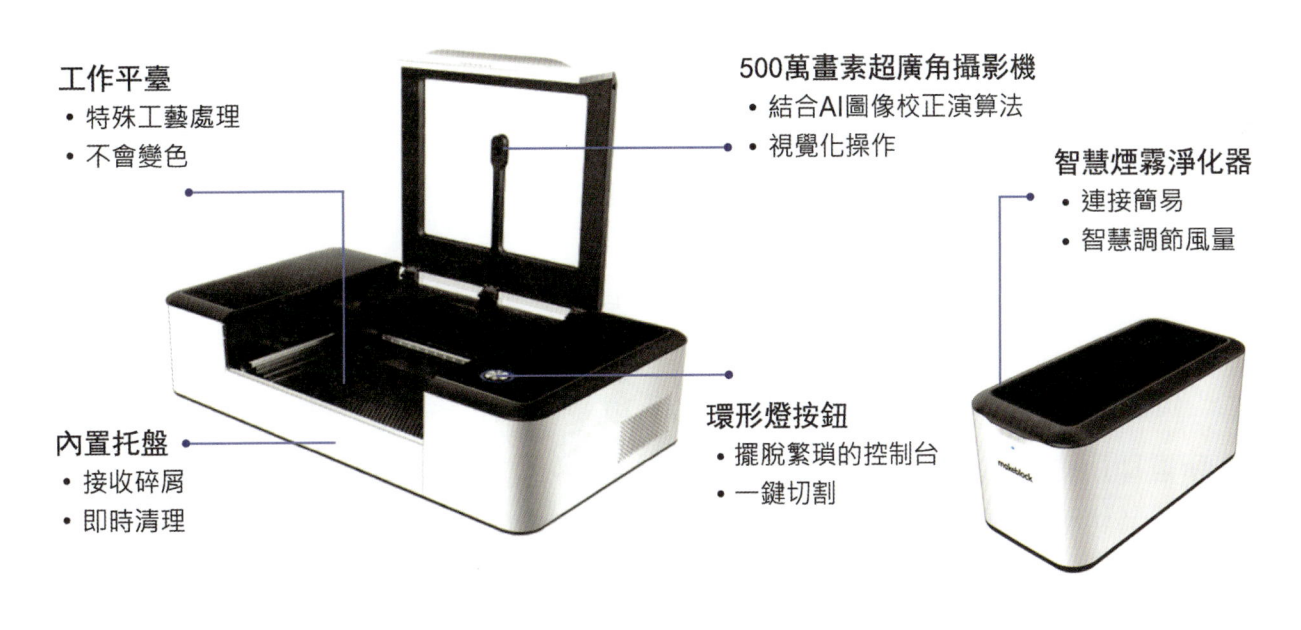

工作平臺
- 特殊工藝處理
- 不會變色

500萬畫素超廣角攝影機
- 結合AI圖像校正演算法
- 視覺化操作

智慧煙霧淨化器
- 連接簡易
- 智慧調節風量

內置托盤
- 接收碎屑
- 即時清理

環形燈按鈕
- 擺脫繁瑣的控制台
- 一鍵切割

□ 激光寶盒結構說明

一、操作說明

激光寶盒擁有兩種操作方式，一個是透過與電腦連接後進行雷切和雷雕的設定，製作精密的作品，另一個操作為不需要電腦連接，只需按壓激光寶盒上方的環形鈕就可以製作作品，更多說明如下：

1 電腦連接

　　使用者可以使用激光寶盒的軟體 laserbox 讓電腦與激光寶盒的連接，進一步控制激光寶盒，以達到觀看工作平台畫面、繪製設計圖檔、調整加工參數設計等功能；電腦連接激光寶盒的方法有三種，USB 數據線連接、乙太網（網路）線連接和 Wi-Fi 連接，使用者可以依據狀況選擇不同方式的連線，如下圖所示。

□ 激光寶盒網路連接方式

2 離線操作

　　離線操作，指的是激光寶盒不需要連接電腦即可進行切割與雕刻，此操作適合尚未學習過 2D 繪圖的操作者，或是須結合美術教學進行創作時，離線操作共有三個模式：「所畫即所得」、「所畫即所得 PRO」和「所選即所得」，詳細說明如下：

(1) **所畫即所得**：使用紅筆與黑筆繪圖於官方材料上方，所繪製黑筆部分為雕刻，紅筆部分為切割，將繪製好的作品放入激光寶盒中，按壓環形鈕激光寶盒進行雷切動作，如下圖。

□ 「所畫即所得」操作

(2) **所畫即所得 PRO**：使用紅筆與黑筆繪圖於白紙上方，所繪製黑筆部分為雕刻，紅筆部分為切割，將繪製好的作品放入激光寶盒左側，官方材料放置右側，按壓環形鈕激光寶盒即進行雷切動作，會將白紙上方的作品製作在官方材料上方，如下圖所示。

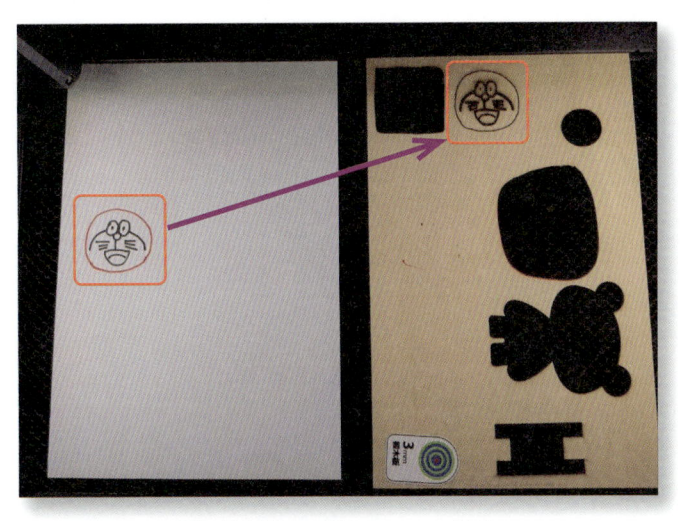

◩ 「所畫即所得 PRO」操作

(3) **所選即所得**：此功能可以快速製作成品，可以讓使用者從六個作品選一個進行製作，且都可以自行操作，適用於活動展示，如下圖所示。

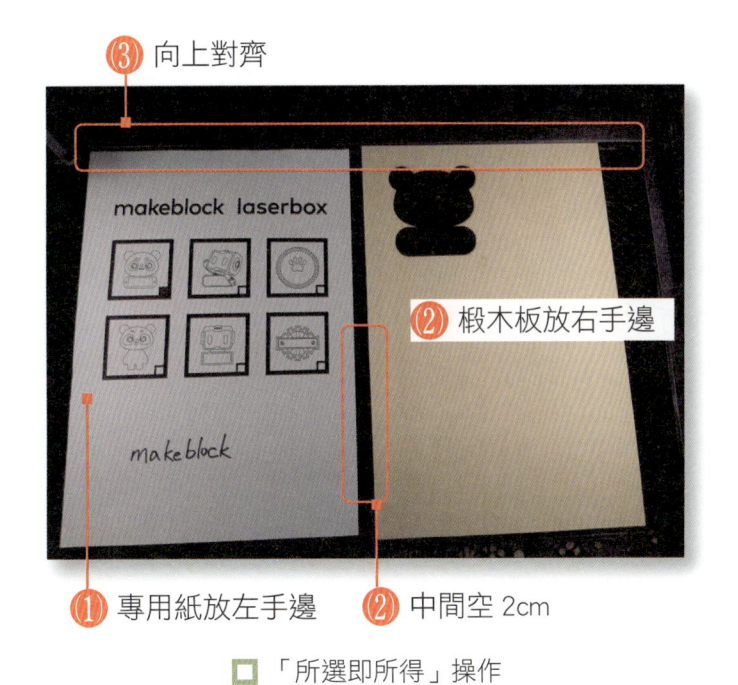

③ 向上對齊
② 椴木板放右手邊
① 專用紙放左手邊
② 中間空 2cm

◩ 「所選即所得」操作

註 離線操作可以作紅黑筆的設定，「所畫即所得」和「所畫即所得 PRO」功能無法並存，需要透過軟體端進行切換。

二、軟體說明（v1.0.6）

1 軟體下載

激光寶盒軟體為 laserbox，軟體可從 Makeblock 激光寶盒官網進行下載，其軟體為免費並提供繁體中文介面，軟體將持續更新，新增功能和優化軟體，讓使用者有更好的體驗。其支援 Windows 和 Mac OS 系統。軟體安裝後，即可以體驗激光寶盒的操作。

laserbox 軟體下載：https://www.makeblock.com/laserbox-2#Software

▢ Laserbox 軟體介面與圖示

2 加工介面

在加工介面中，提供使用者進行加工設定，關於電腦與激光寶盒的連線、查看工作平台的物件（可視化操作）、物件的放置、物件的切雕刻皆在此進行設定，特色功能為圖像提取和輪廓提取功能，如下圖所示。

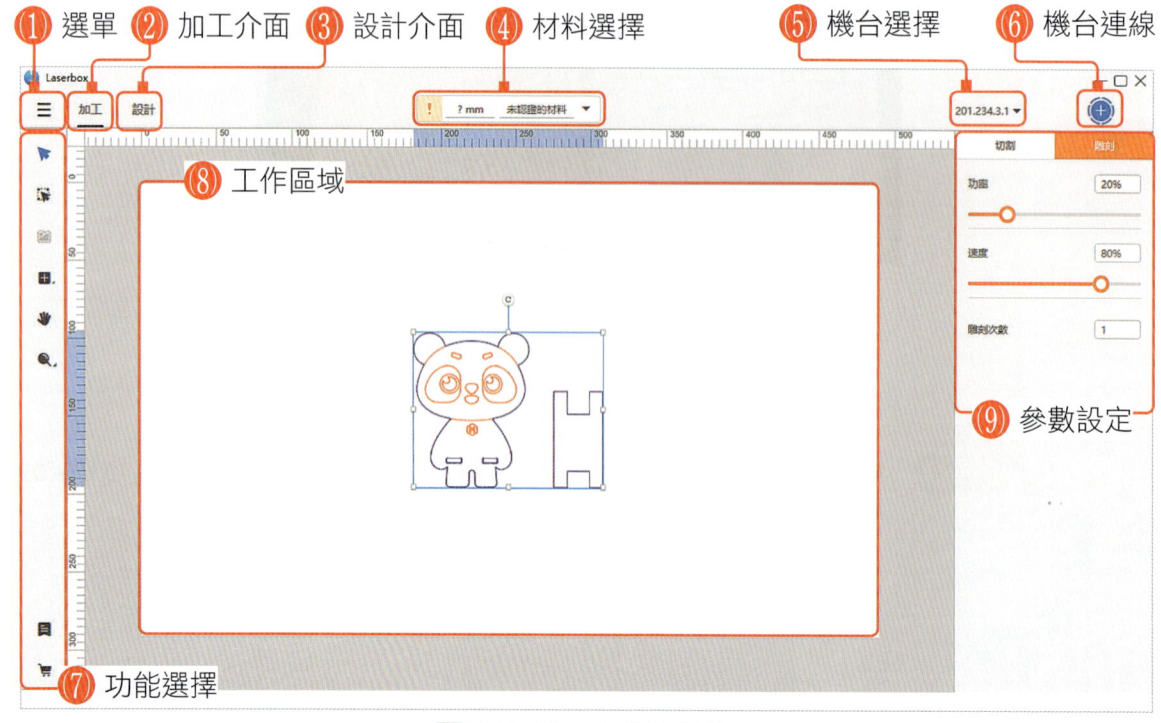

① 選單 ② 加工介面 ③ 設計介面 ④ 材料選擇 ⑤ 機台選擇 ⑥ 機台連線
⑦ 功能選擇 ⑧ 工作區域 ⑨ 參數設定

▢ 加工介面：無機台連線

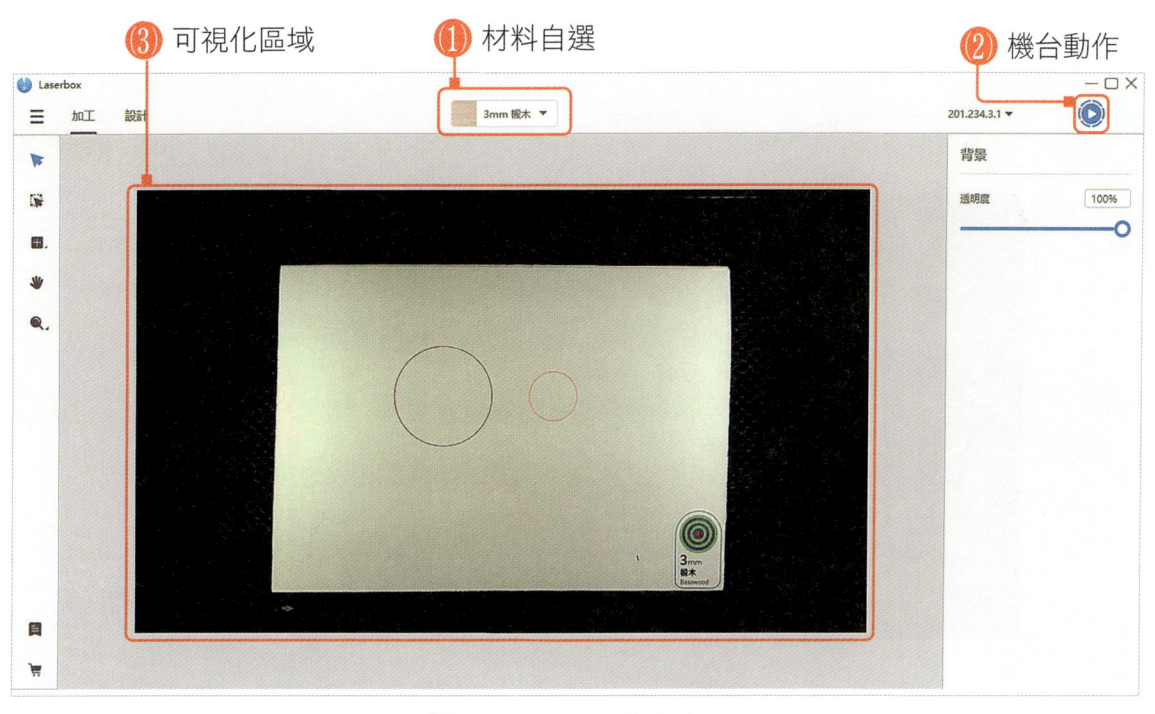

主題 5　Onshape 繪圖軟體與激光寶盒介紹

③ 可視化區域　　　① 材料自選　　　② 機台動作

□ 加工介面：與機台連線

在加工介面中，主要設定物件為切割與雕刻，在點選物件後，參數設定處（視窗右方），會顯示雕刻與切割選項，當物件被設定為切割，其物件將顯示紫色線條；當物件被設定為雕刻，其物件將顯示橘色線條，選擇方式為點選【切割】和【雕刻】圖示即可，如下圖所示。

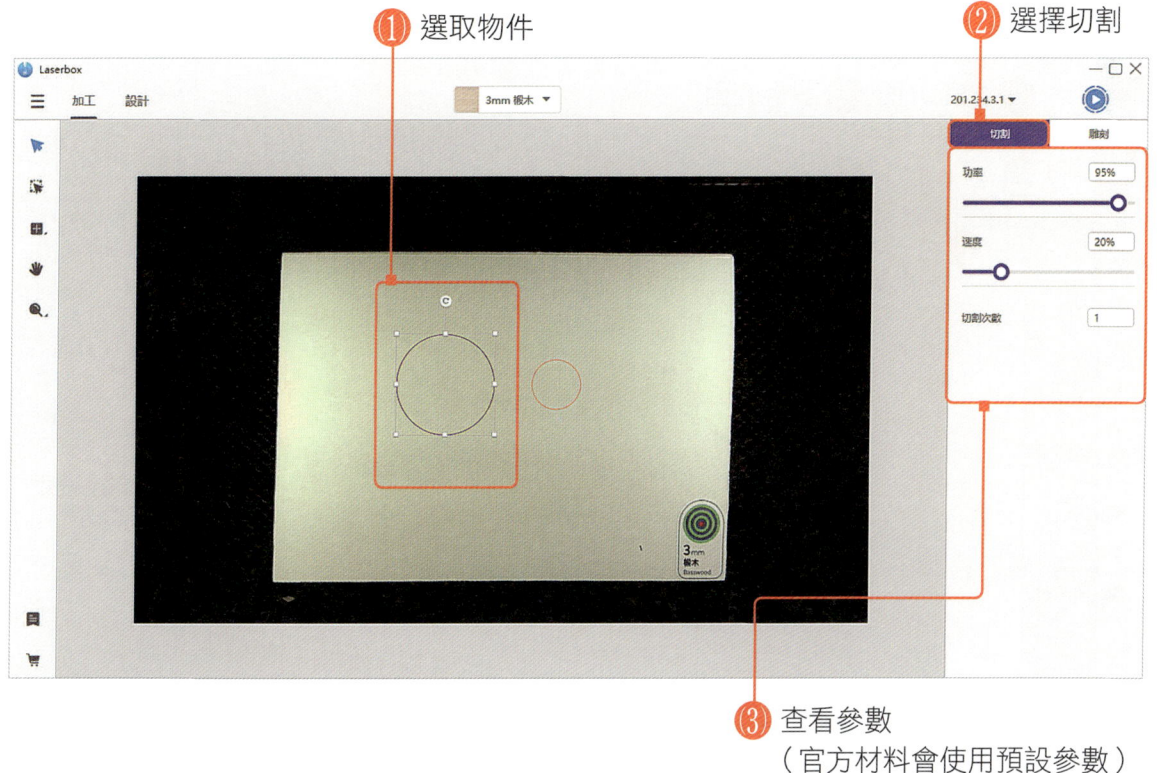

① 選取物件　　　② 選擇切割

③ 查看參數
（官方材料會使用預設參數）

□ 加工設定：切割

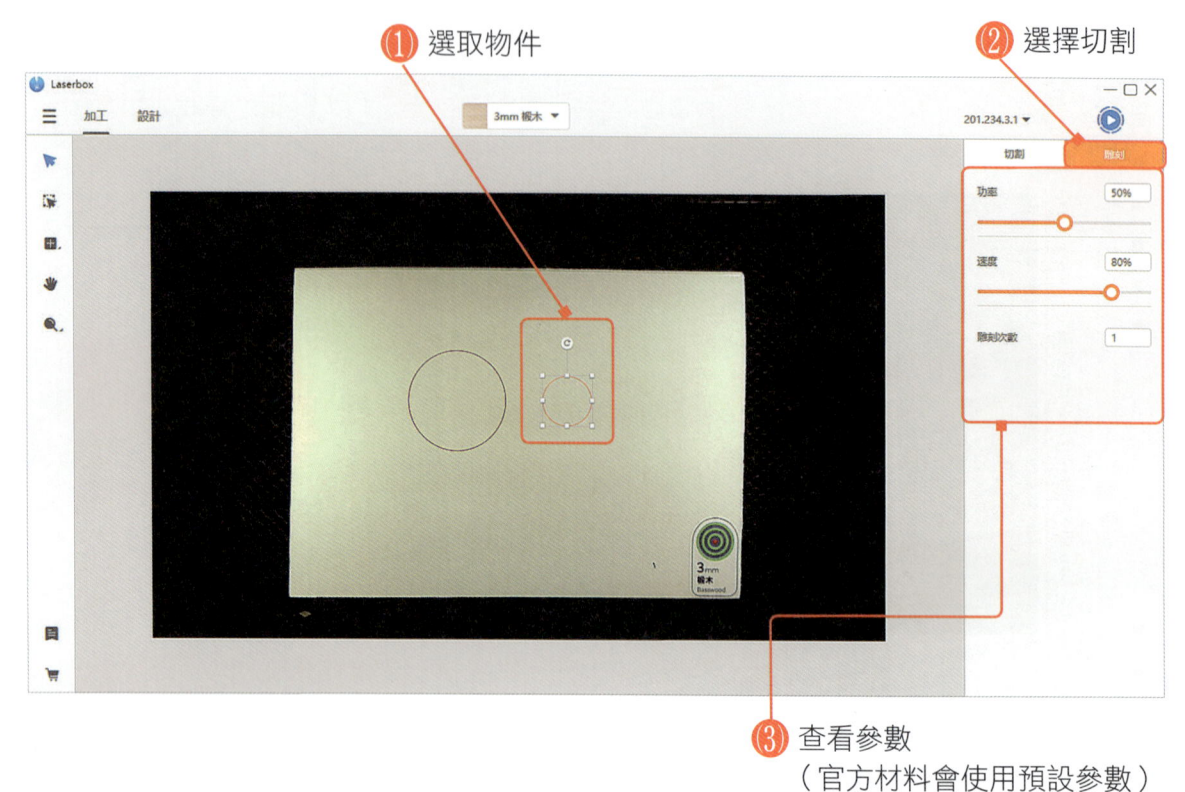

創客木工結合 3D Onshape 建模含雷雕製作與 Scratch 3.0 程式設計

① 選取物件
② 選擇切割
③ 查看參數
（官方材料會使用預設參數）

□ 加工設定：雕刻

3 設計介面

在設計介面中，提供使用者於 laserbox 軟體端進行圖型設計，讓設計跟加工同一軟體，操作更加輕易，laserbox 軟體設計簡單，讓使用者快速製作想要的物件，如下圖所示。

① 選單　② 加工介面　③ 設計介面
⑤ 工作區域
⑥ 參數設定
④ 功能選擇

□ 設計介面

三、耗材說明

激光寶盒為 40 W 雷切機，可雷切和雷雕的物品有紙板、瓦楞紙板、木板、壓克力板、布料、皮革、墊板、雙色板、PET、橡膠、木皮、玻璃纖維、塑膠等材料，但每個材料能切割的厚度不同，下表依據使用者常用的椴木板、壓克力和陽極金屬的切割材質說明。

材料	最大切割厚度（一次切割）	雕刻	切割
椴木板	8 mm	O	O
壓克力	8 mm	O	O
陽極金屬（手機或電腦背蓋）	X	O	X

針對每種材料，雷雕機都會有各自適合的參數，所以在切割和雕刻材料時，使用者需要設定相關參數，才能正確的切割和雕刻，激光寶盒的參數設定包含功率、速度、切割次數、材料厚度等，當遇到較硬且厚的材料時，使用者想把物品切斷，就可以選擇將功率調大、速度調慢或增加切割次數，對於材料厚度是為了讓機台在雷雕時有最好的焦距設定。

為了降低使用者對於上述的參數設定，建議使用官方材料，材料上方有環形碼，機台透過攝影機拍攝工具平台，自行辨識材料，並自行設定預設參數，讓使用者可以直接進行設計，如下圖所示。

☐ 官方耗材 　　　　　　　　　　　☐ 環形碼

四、檔案支援

　　激光寶盒的軟體 laserbox 檔案不僅支援本身的 .lq 檔案，也支援主流的 2D 圖檔，點陣圖檔案支援 png 和 jpg 等檔案，當匯入點陣圖僅提供雕刻功能；向量檔案支援 dxf 和 svg 等檔案，當匯入向量圖提供雕刻和切割功能，以上所敘述的檔案格式都是 2D 繪圖常見的檔案格式，所以使用者除了使用 laserbox 軟體設計圖檔外，也可以使用其他 2D 繪圖軟體，例如 AutoCAD、Inkscape、Adobe illustrator 等軟體，或前面介紹的 Onshape，設計完成後再匯出相關的檔案格式即可。

五、籃球框範例製作

　　接下來，我們將利用激光寶盒製作獨一無二的籃球框，可以自行繪製想要的圖形，製作成漂亮外觀組裝在籃球框上。

1 材料說明

　　激光寶盒 1 台、3 mm 椴木板 1 塊、白紙 1 張、奇異筆 1 支。

2 設計外觀

　　外觀的設計有許多種方式，可以自行選擇，本次是使用手繪方式進行設計。

3 操作步驟

1 開啟激光寶盒與 laserbox 軟體。

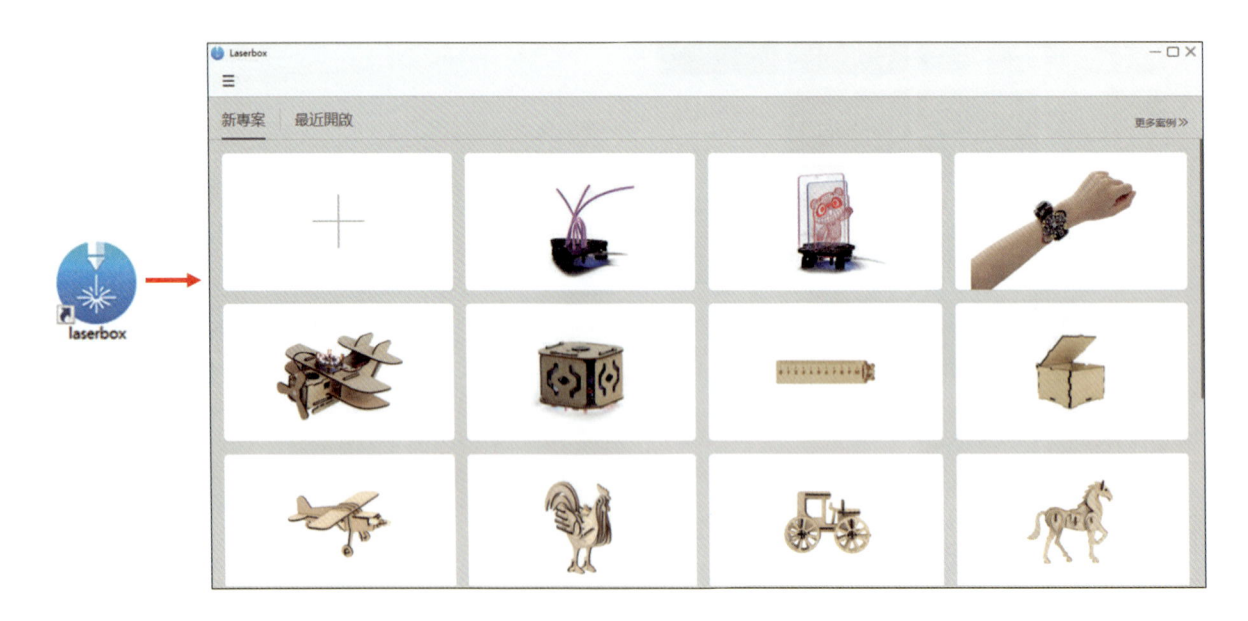

主題 5　Onshape 繪圖軟體與激光寶盒介紹

2 點擊新專案中的【+】符號，新增專案。

3 選擇適合的方式連接電腦與激光寶盒。

創客木工結合 3D Onshape 建模含雷雕製作與 Scratch 3.0 程式設計

4 將手繪的圖形放置於激光寶盒中。

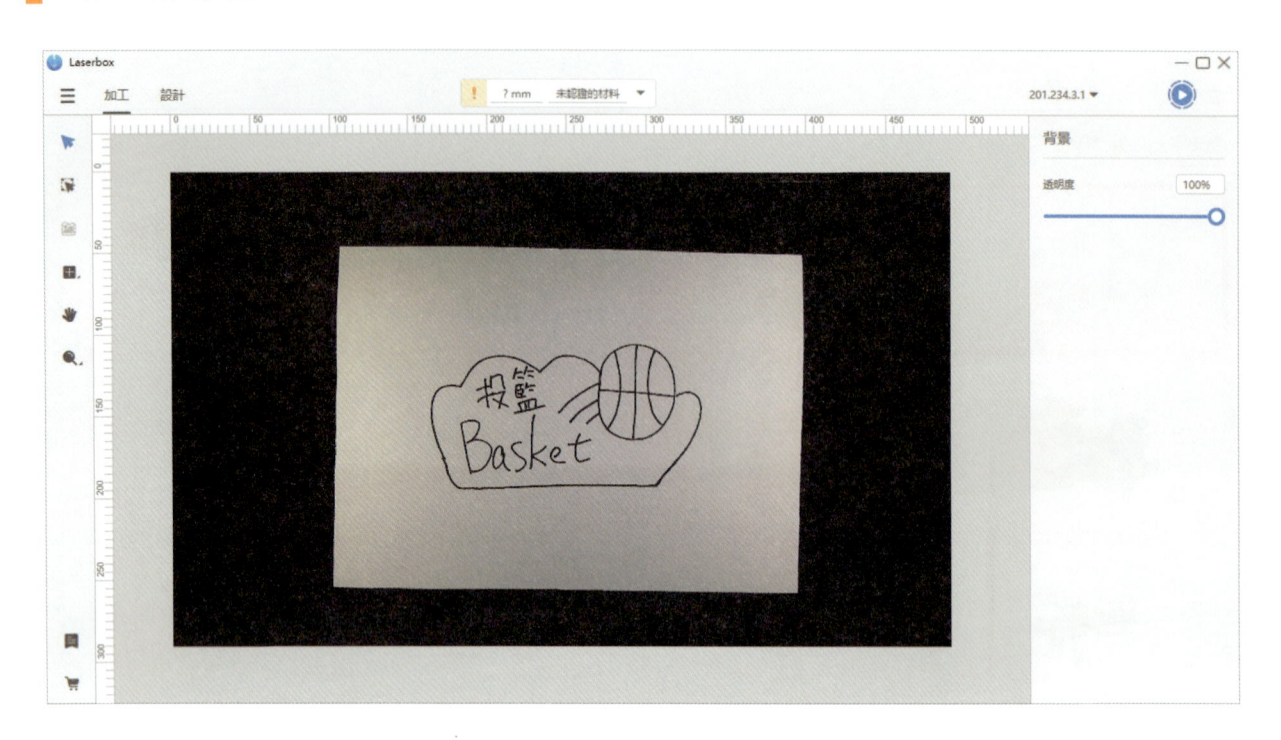

5 於加工介面下,點選【圖形提取】,框選出繪製的內容,變為雕刻圖檔。

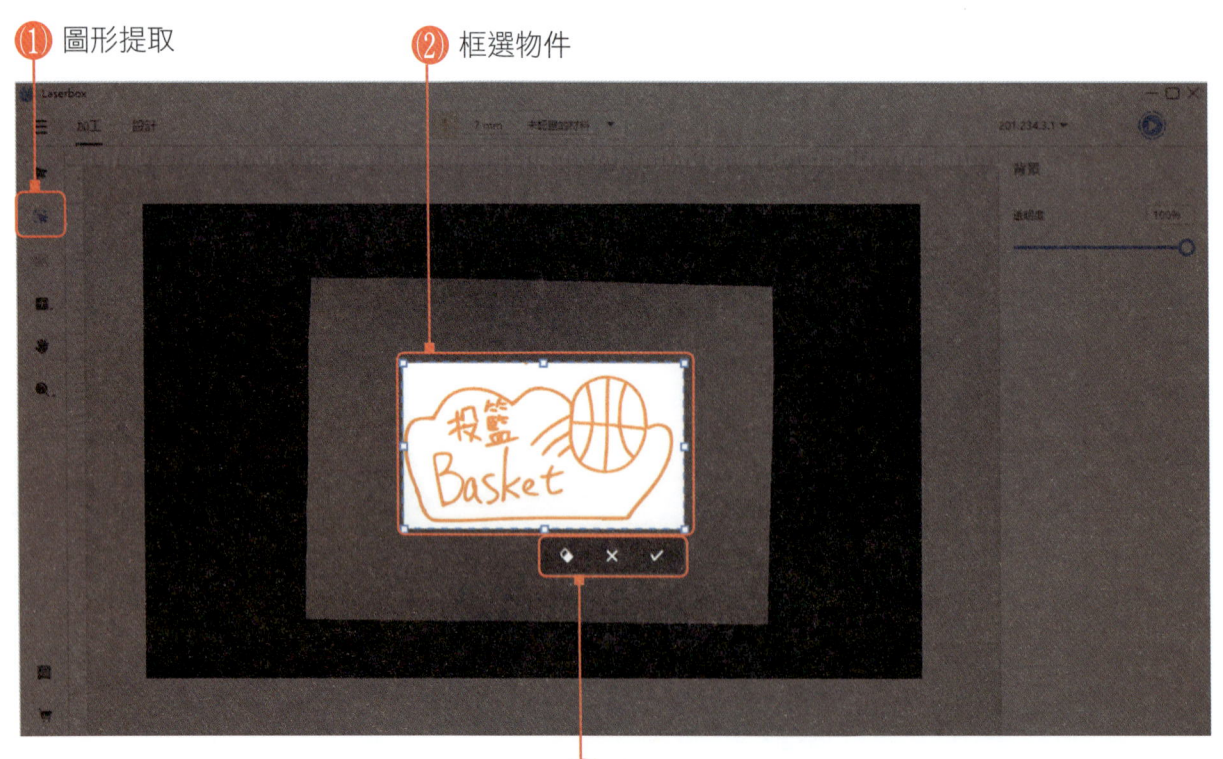

① 圖形提取
② 框選物件
③ 清除 / 取消 / 確認

主題 5　Onshape 繪圖軟體與激光寶盒介紹

6 於加工介面下，點選【繪製的圖形】，再點選【輪廓提取】，取得繪製圖檔的外框，注意輪廓提取功能的圖形需為封閉且為明顯封閉外觀曲線。

② 輪廓提取
① 點選物件
③ 自動生成外框

7 於設計介面下，點選【插入元素】，拖曳【圓角矩形】，並設定矩形尺寸為 140 x 30 mm。

② 插入元素
⑤ 尺寸設定
①
④ 點選物件
③ 拖曳圓角矩形

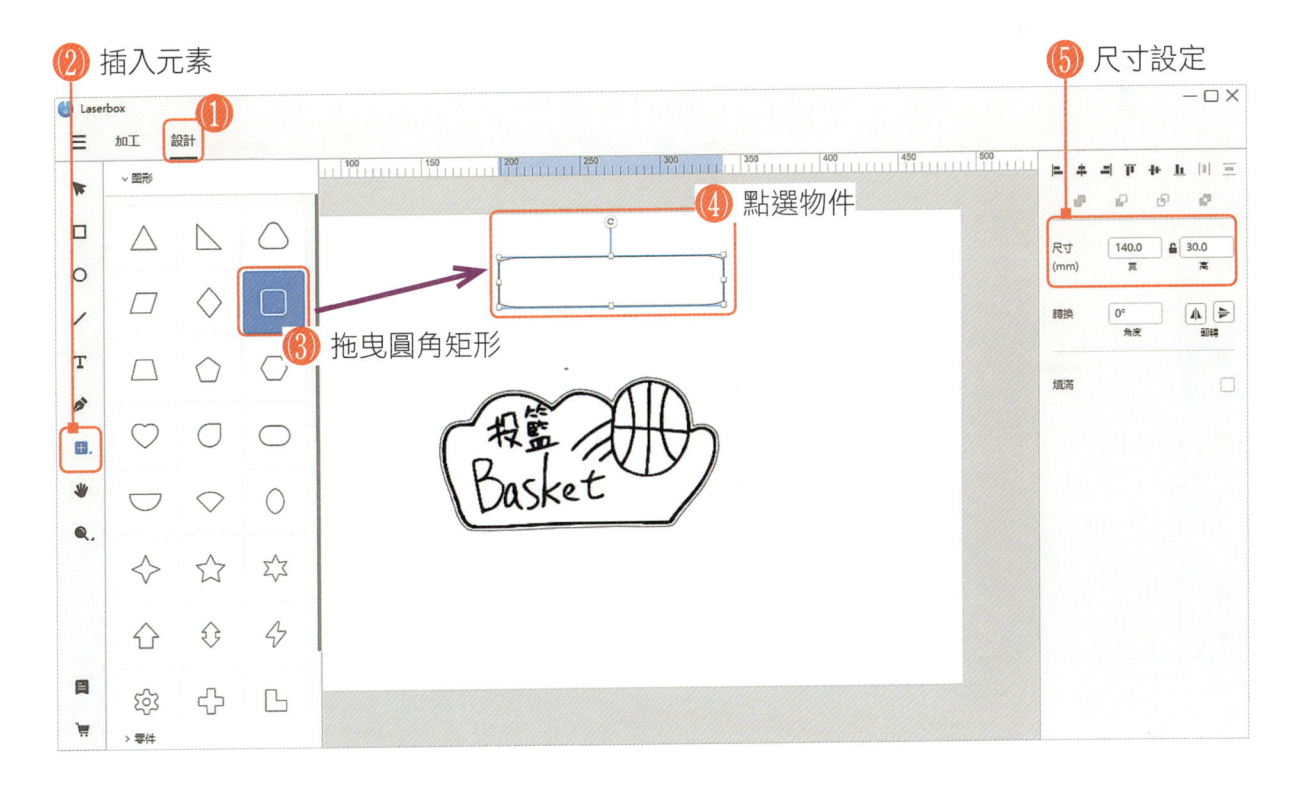

創客木工結合 3D Onshape 建模含雷雕製作與 Scratch 3.0 程式設計

8 於設計介面下，將各式圖形排版。

9 於設計介面下，同時選取【繪製圖形外框】和【圓角矩形】（按壓【shift】並點選圖形，可多物件選擇），並點選【合併圖形】（聯集）。

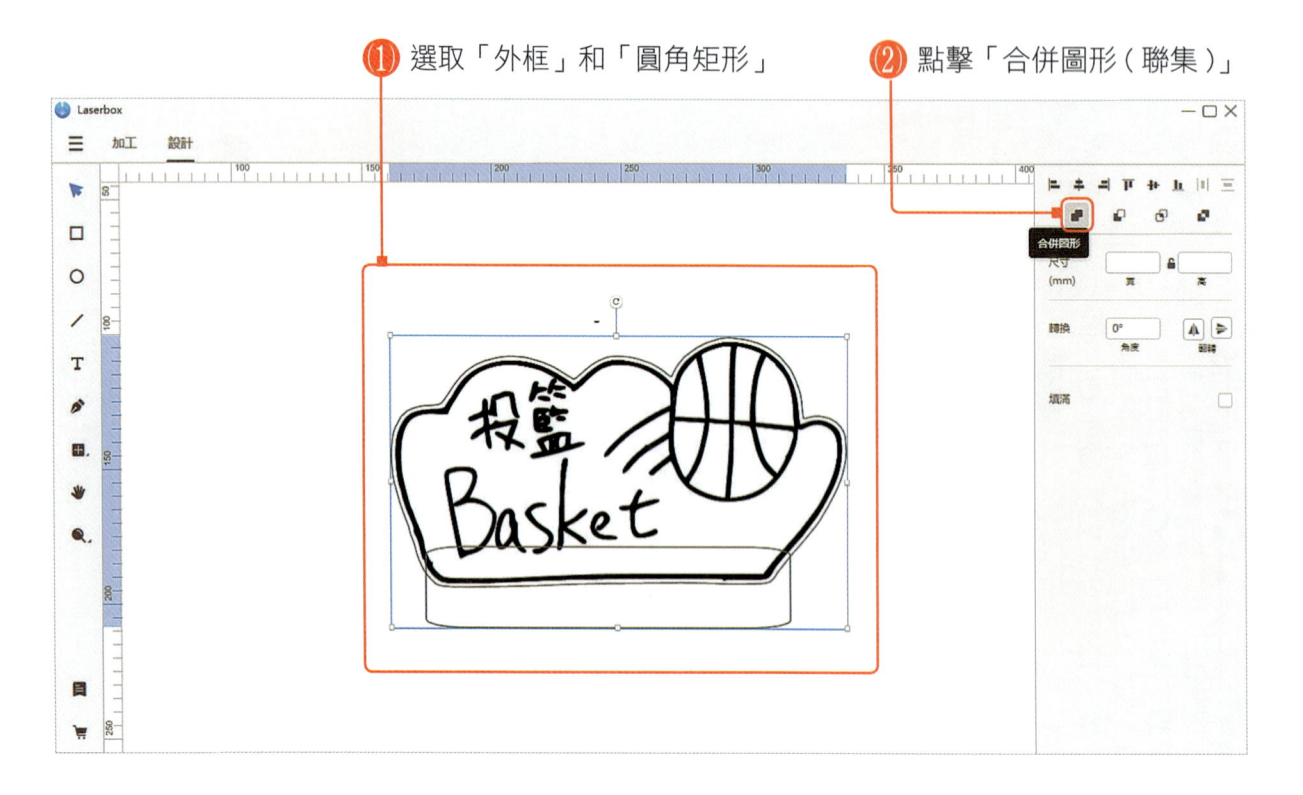

① 選取「外框」和「圓角矩形」　　② 點擊「合併圖形（聯集）」

主題 5　Onshape 繪圖軟體與激光寶盒介紹

10 將官方耗材放置激光寶盒內，自動偵測材料，設定切割和雕刻參數。

11 加工介面下，將所設計圖形放置於耗材上方，紫色線條為切割，橘色為雕刻，修改內容點選右方【切割】和【雕刻】的選項。

創客木工結合 3D Onshape 建模含雷雕製作與 Scratch 3.0 程式設計

12 於加工介面下，點選右上角【開始】（三角符號）。

13 加工介面下，將顯示預計時間，確認後即可點擊【發送】。

主題 5　Onshape 繪圖軟體與激光寶盒介紹

14 激光寶盒接收到訊息後會發出聲響，即可按壓環形鈕進行雕刻。

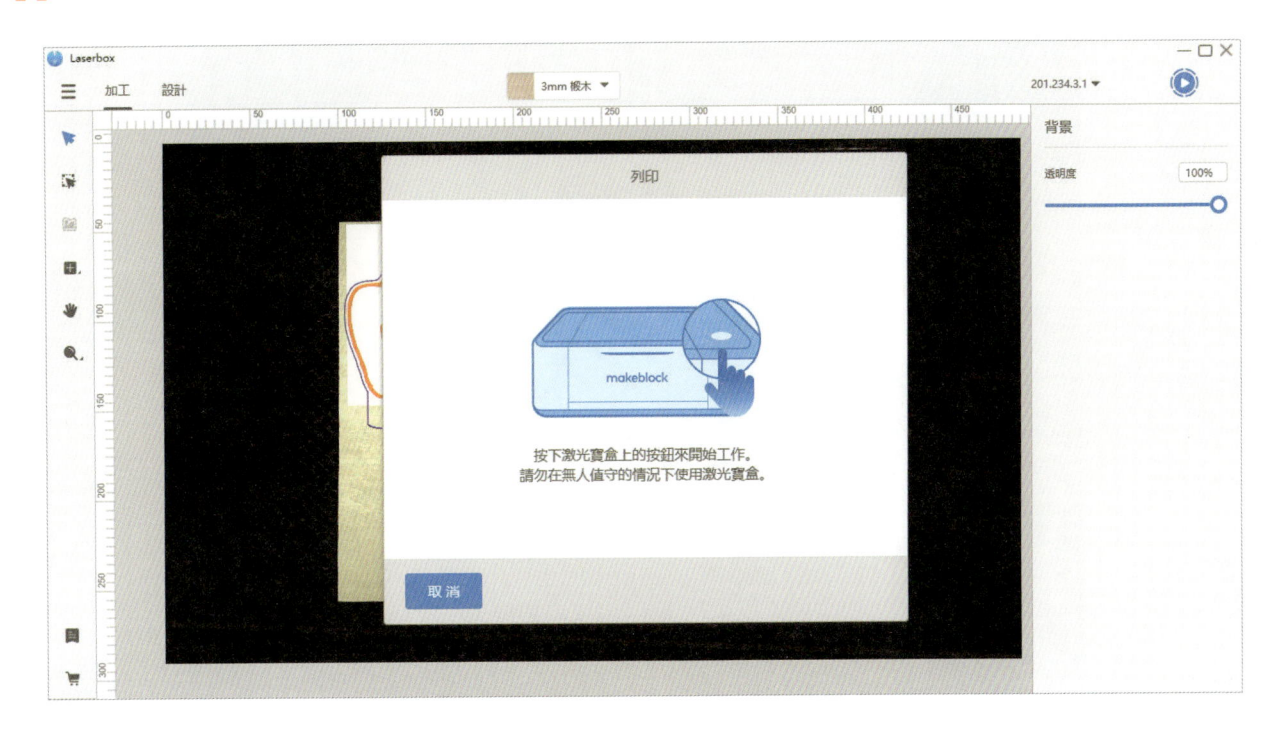

15 等待物件製作完成後，即可組合物件。

工作中　　　　　　　　　　　工作完成

創客木工結合 3D Onshape 建模含雷雕製作與 Scratch 3.0 程式設計

16 激光寶盒成品。

17 開始組裝,將籃框和雷雕作品拿出,並用雙面膠或膠水等黏接工具,將兩者組裝起來,可組裝於籃框上方的 140 x 30 mm 空間。

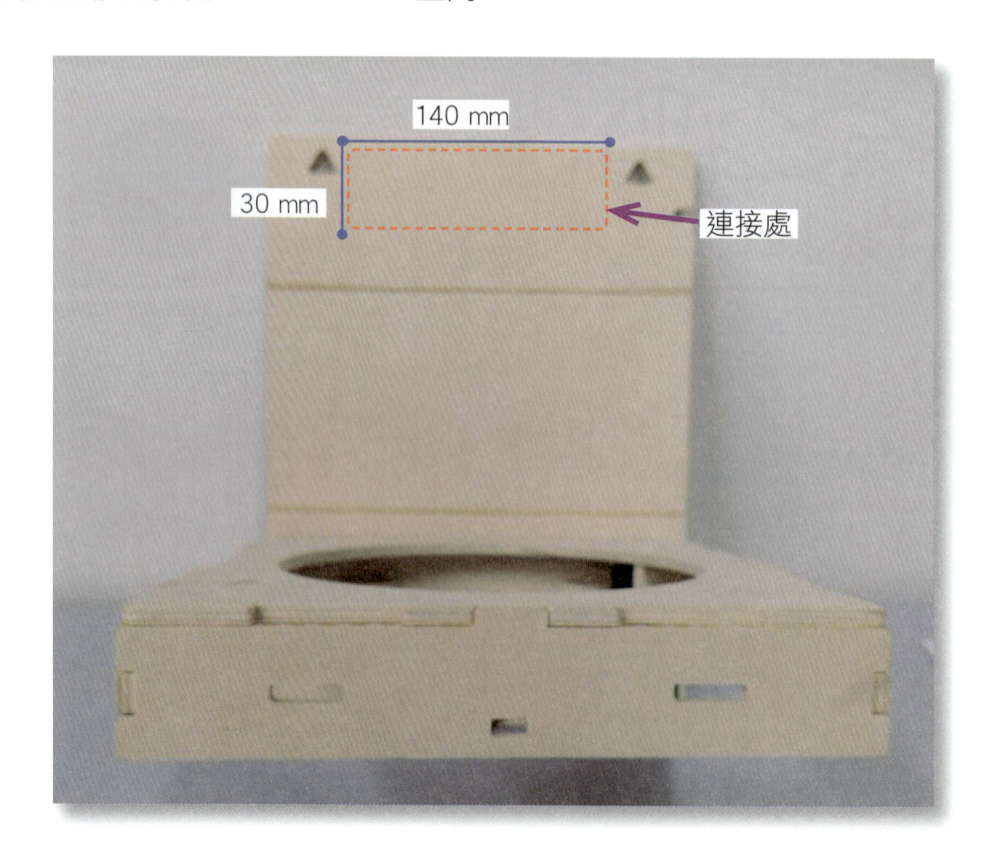

18 組裝完成。

附 錄

實作題參考解答

主題 3　實作題 1

「單人投籃機」遊戲程式變化

請修改遊戲程式，讓每顆投出的籃球顏色都不一樣。

參考解答

如下列講解所示，在**「角色 1」電子積木組** ② 內增加 1 組電子積木即可。透過隨機選取顏色參數即可投出不同顏色的籃球。

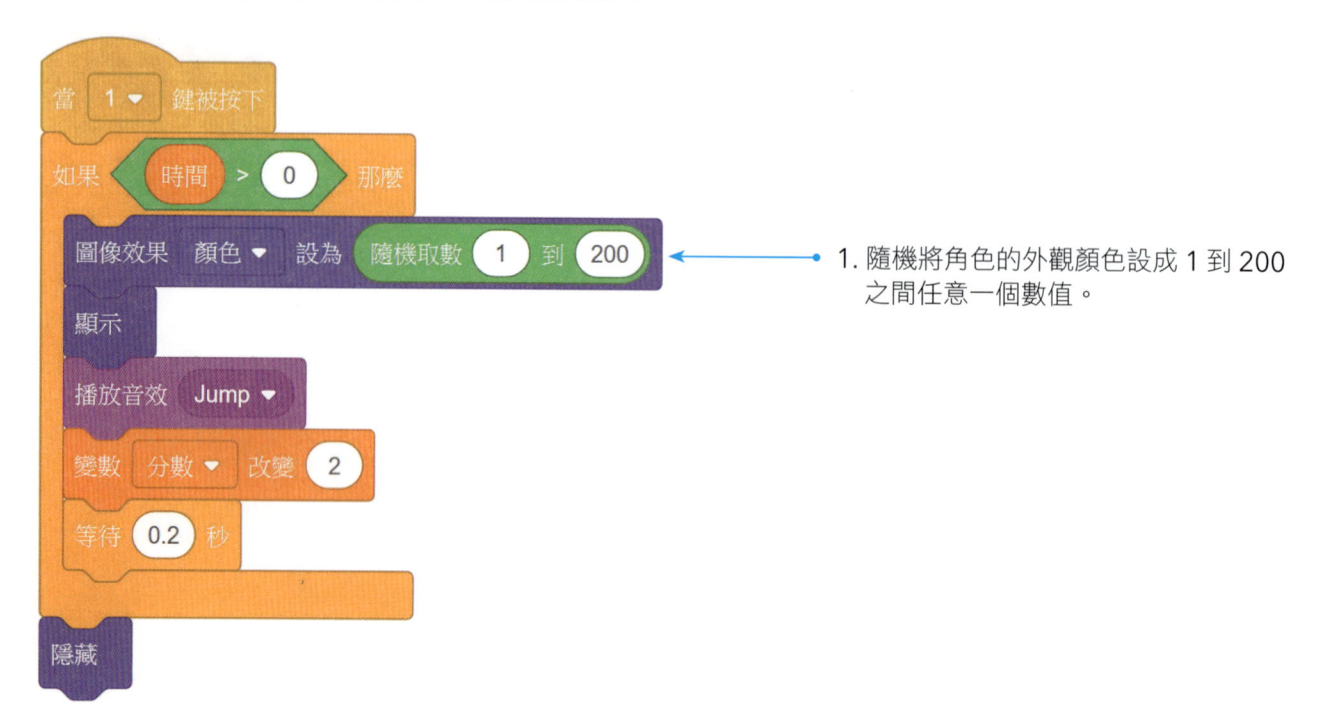

```
當 1▼ 鍵被按下
如果 〈時間 > 0〉那麼
    圖像效果 顏色▼ 設為 隨機取數 1 到 200  ← 1. 隨機將角色的外觀顏色設成 1 到 200
    顯示                                          之間任意一個數值。
    播放音效 Jump▼
    變數 分數▼ 改變 2
    等待 0.2 秒
隱藏
```

主題 3　實作題 2

「單人投籃機加強版」遊戲程式變化

請修改遊戲程式，將投籃球變成投西瓜。

參考解答

1. 新增「角色1」新造型

①點擊【電子積木區】→【造型】頁籤。
②點擊【選個造型】清單中的【選個造型】。

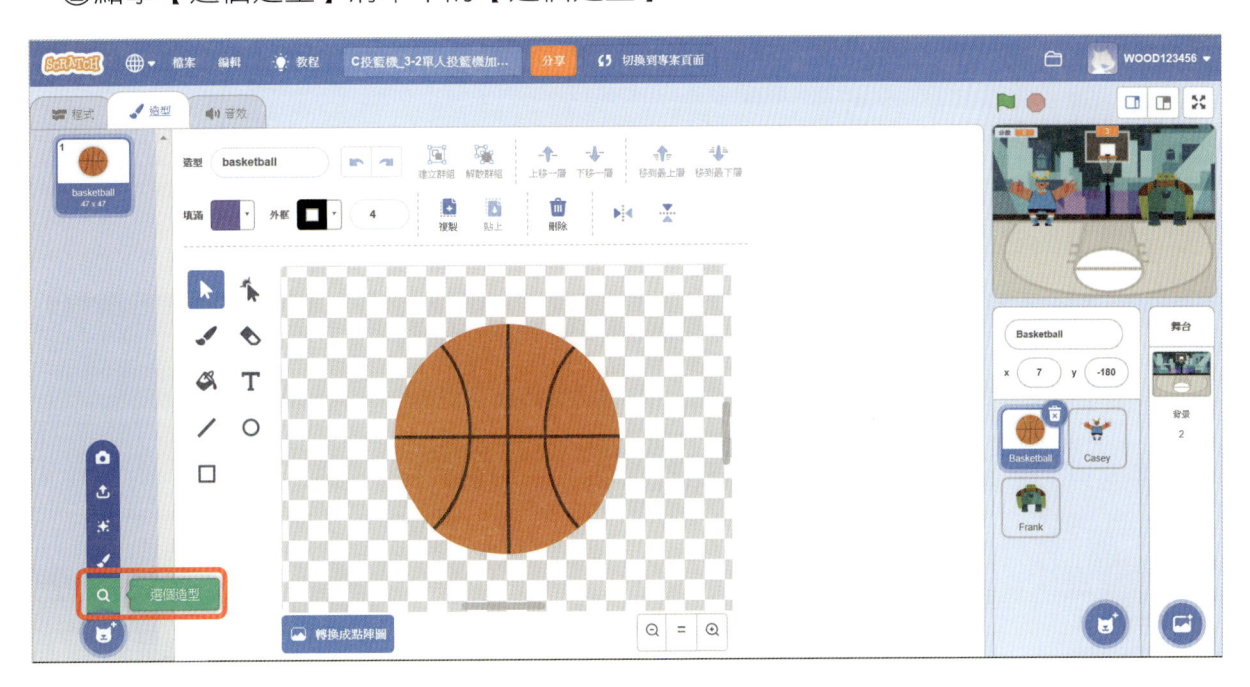

2 選擇新增「造型」

①點擊【食物】群組。
②選擇角色【Watermelon-a】。

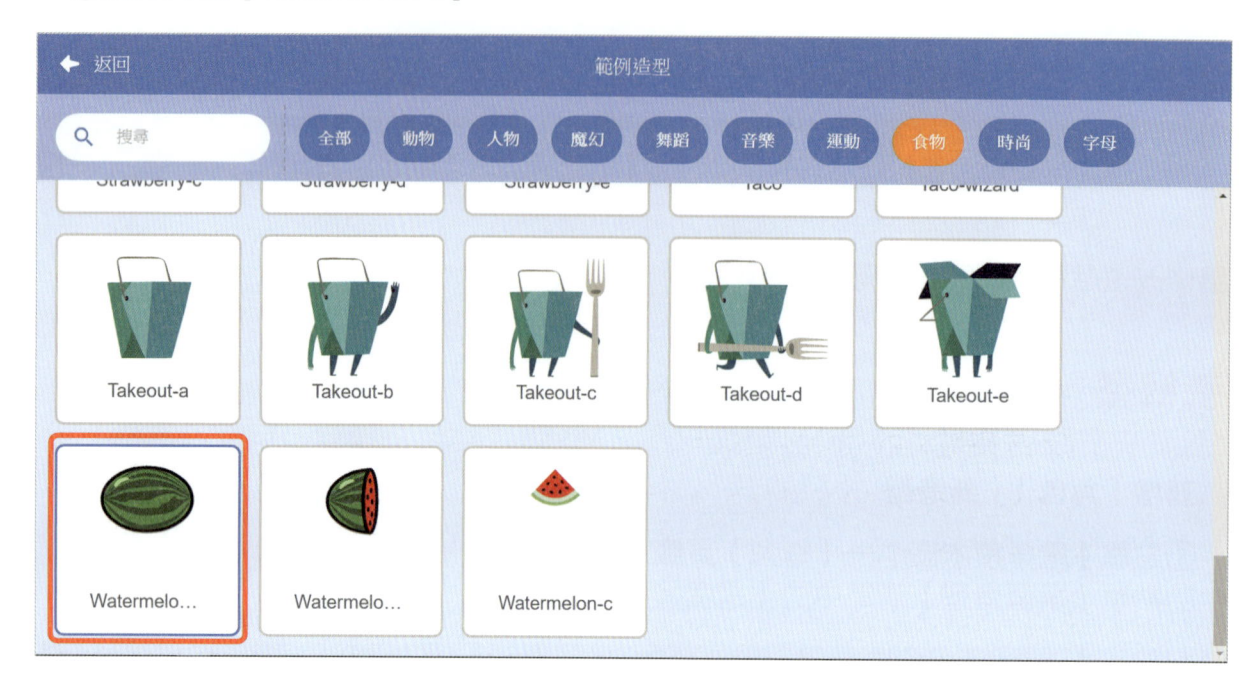

3 刪除「舊造型」

①點擊原造型【basketball】。
②點擊造型右上角垃圾桶圖案即可刪除造型。

4 完成。

主題 3　實作題 3

「雙人對戰投籃機」遊戲程式變化

請修改遊戲程式，當你投進球除了自己能得到 2 分，同時還可以讓對手扣掉 1 分。

參考解答

1. 在「角色 1」電子積木組 ④ 內增加 1 組電子積木。

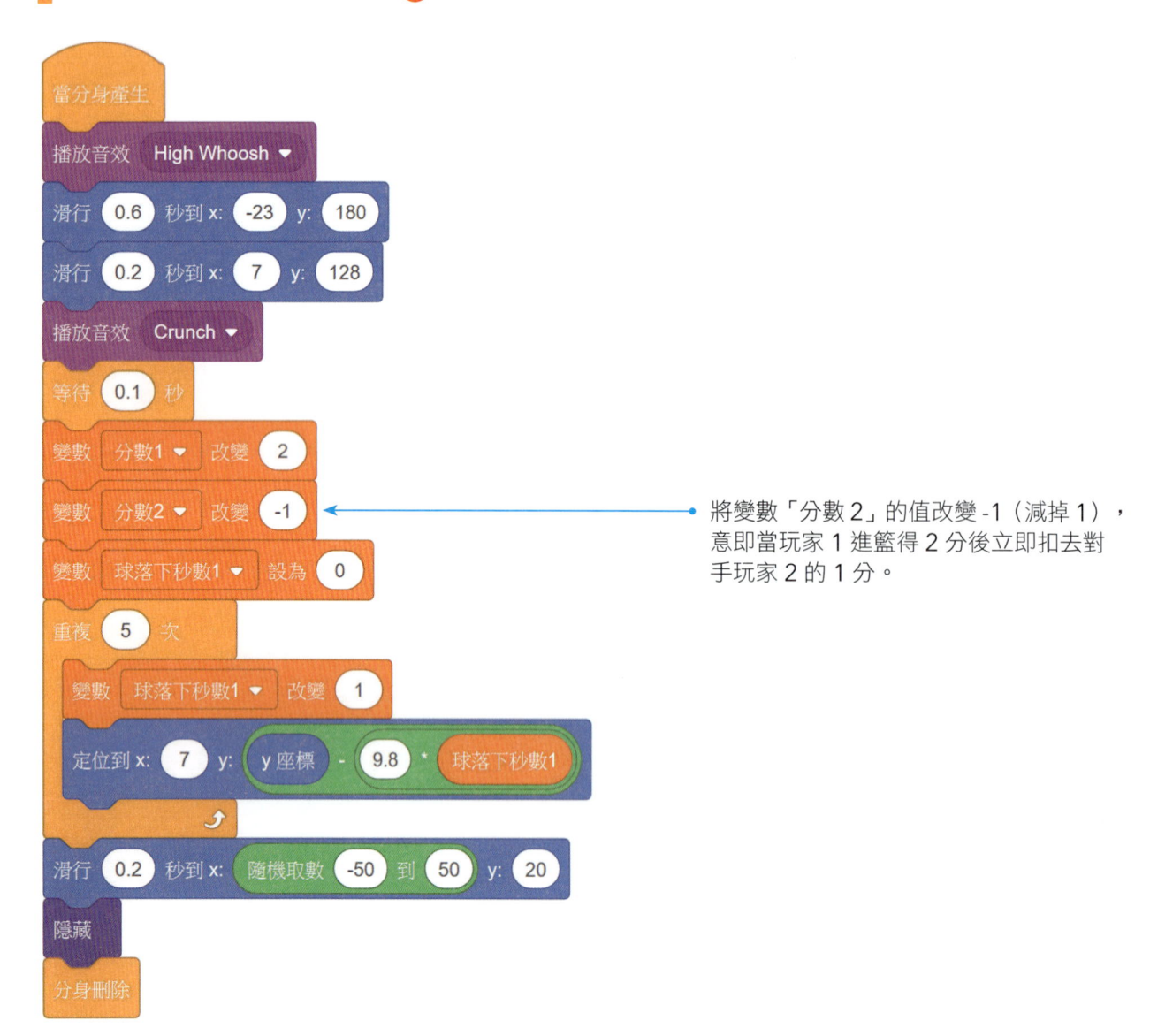

將變數「分數 2」的值改變 -1（減掉 1），意即當玩家 1 進籃得 2 分後立即扣去對手玩家 2 的 1 分。

2 同樣的，在「角色 4」電子積木組 ④ 內也增加 1 組電子積木。

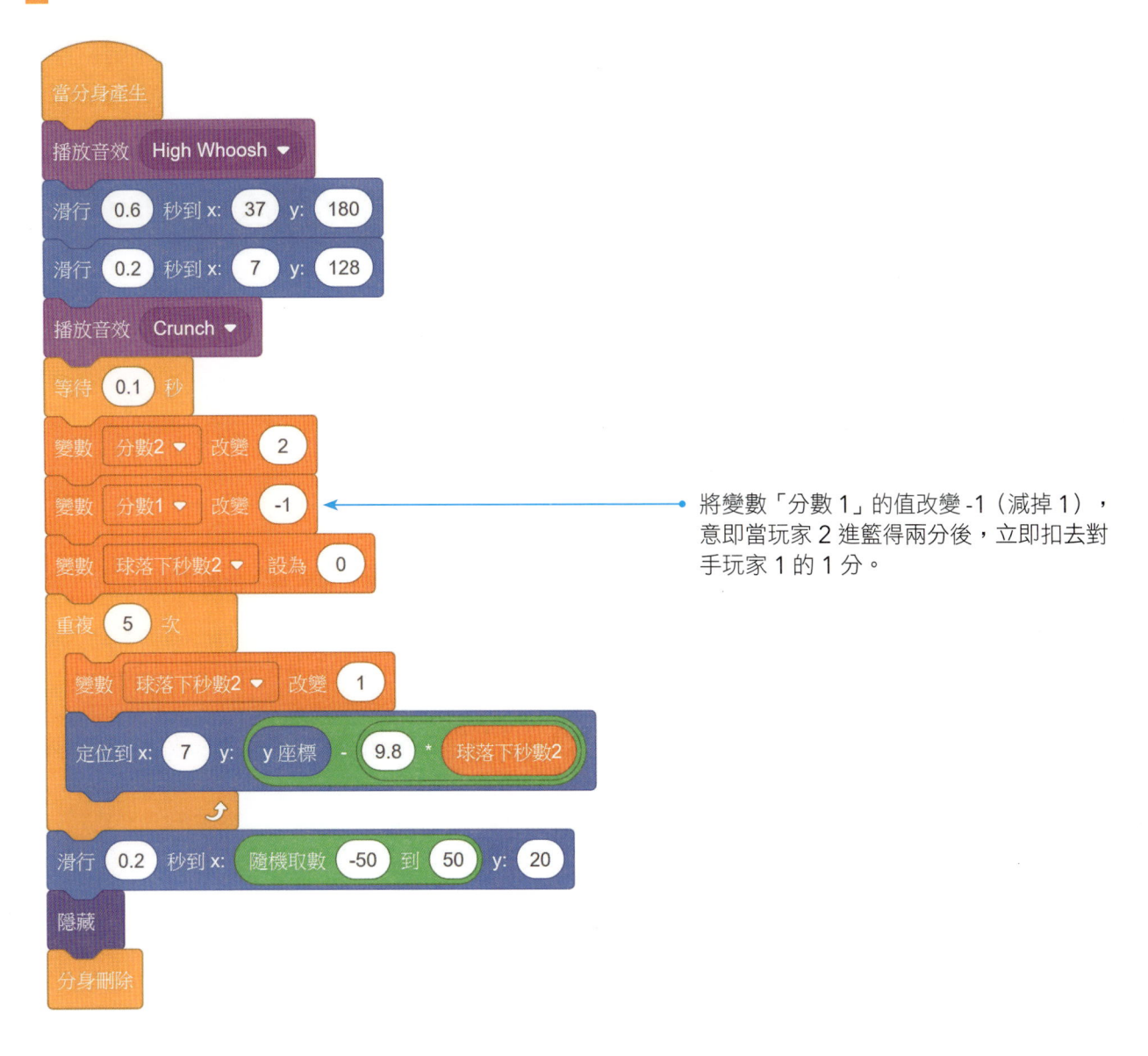

當分身產生
播放音效 High Whoosh
滑行 0.6 秒到 x: 37 y: 180
滑行 0.2 秒到 x: 7 y: 128
播放音效 Crunch
等待 0.1 秒
變數 分數2 改變 2
變數 分數1 改變 -1 ← 將變數「分數 1」的值改變 -1（減掉 1），意即當玩家 2 進籃得兩分後，立即扣去對手玩家 1 的 1 分。
變數 球落下秒數2 設為 0
重複 5 次
　變數 球落下秒數2 改變 1
　定位到 x: 7 y: y 座標 - 9.8 * 球落下秒數2
滑行 0.2 秒到 x: 隨機取數 -50 到 50 y: 20
隱藏
分身刪除

創客木工結合 3D Onshape 建模含雷雕製作與 Scratch 3.0 程式設計

主題 3　實作題 4

「勇者鬥惡龍」遊戲程式變化

請修改遊戲程式，試著讓武士攻擊時的畫面更震撼。

參考解答

1 在「舞台」新增 1 組電子積木組如下。

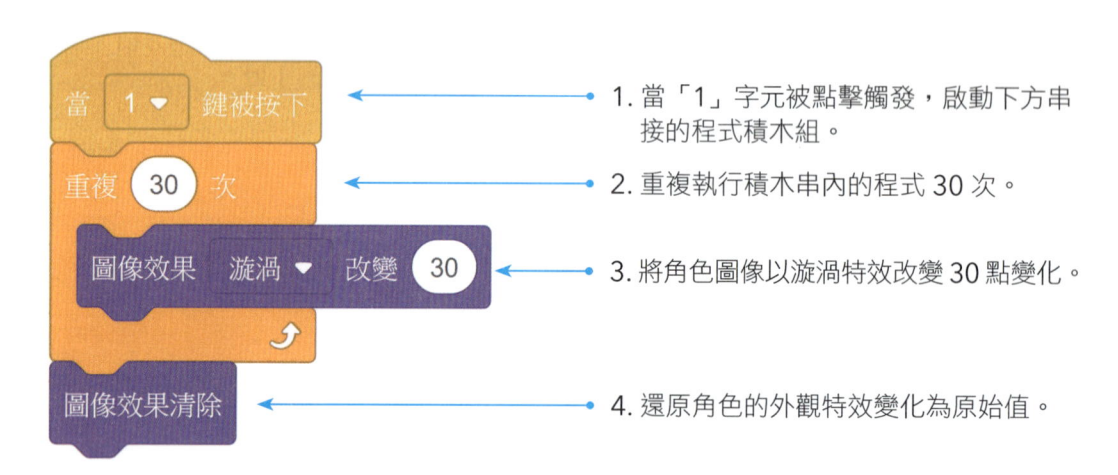

1. 當「1」字元被點擊觸發，啟動下方串接的程式積木組。
2. 重複執行積木串內的程式 30 次。
3. 將角色圖像以漩渦特效改變 30 點變化。
4. 還原角色的外觀特效變化為原始值。

2 新增電子積木組會讓武士每次攻擊時，背景產生漩渦黑洞塌陷的震撼特效。

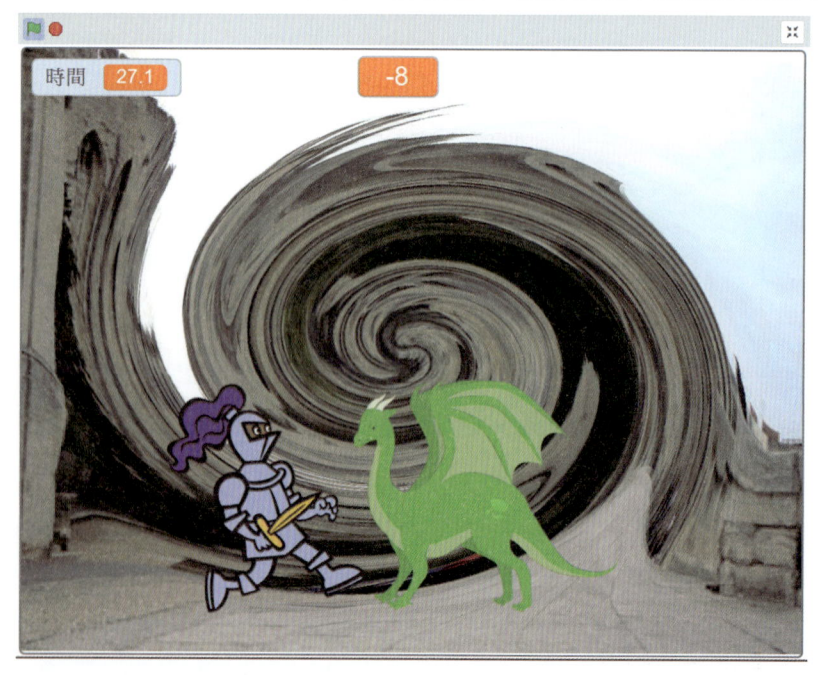

主題 3　實作題 5

「勇者鬥惡龍對戰版」遊戲程式變化

請修改遊戲程式，將遊戲時間拉長至 1 分鐘或更長。另外再加入一些遊戲提示訊息，讓遊戲節奏更精確。

參考解答

1 將「舞台」電子積木組 ① 做下列變更。

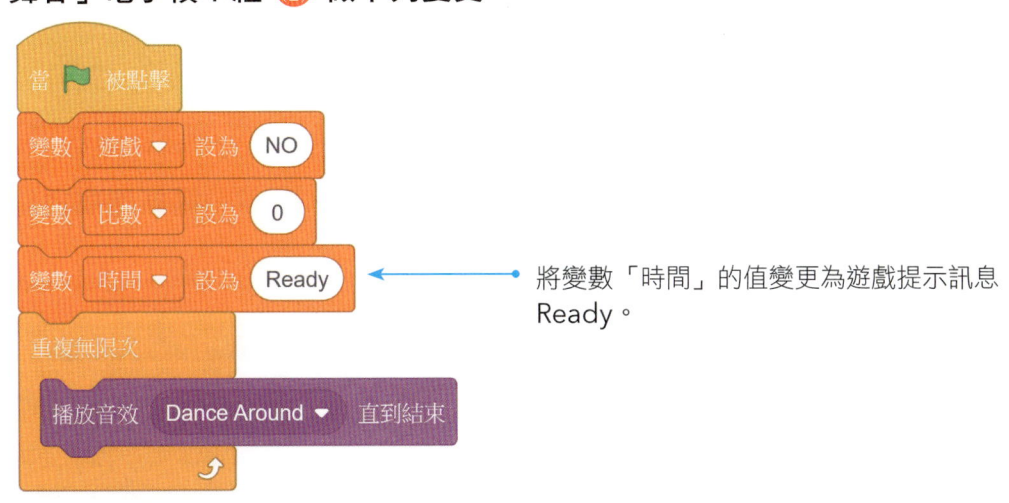

→ 將變數「時間」的值變更為遊戲提示訊息 Ready。

2 將「舞台」電子積木組 ② 做下列變更。

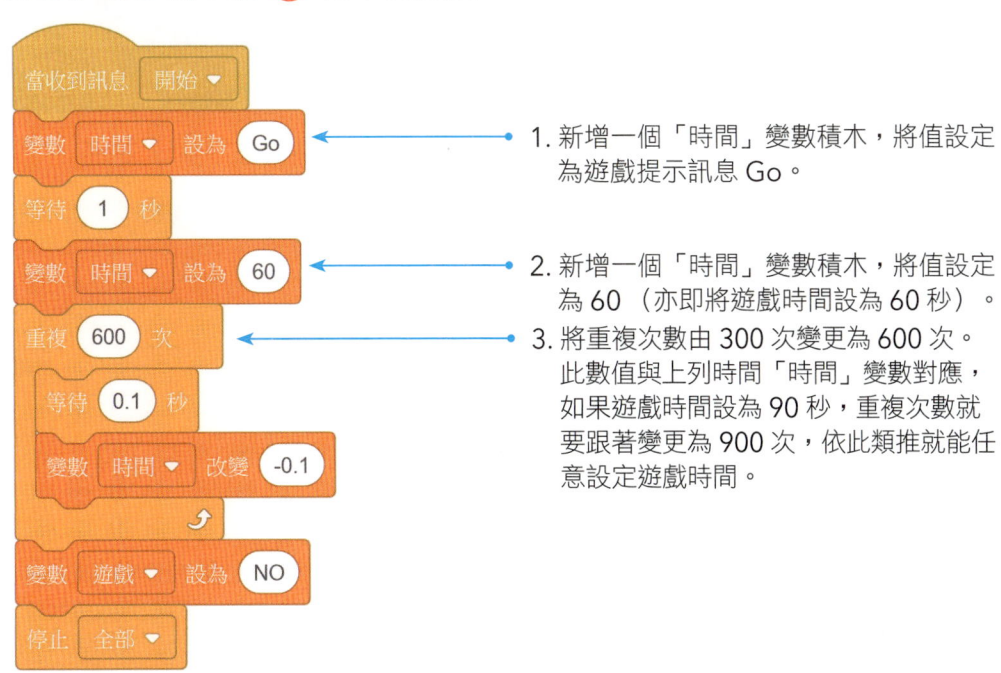

1. 新增一個「時間」變數積木，將值設定為遊戲提示訊息 Go。

2. 新增一個「時間」變數積木，將值設定為 60（亦即將遊戲時間設為 60 秒）。

3. 將重複次數由 300 次變更為 600 次。此數值與上列時間「時間」變數對應，如果遊戲時間設為 90 秒，重複次數就要跟著變更為 900 次，依此類推就能任意設定遊戲時間。

主題 3　實作題 6

「火箭升空」遊戲程式變化

請修改遊戲程式，讓火箭進球往前飛時，還可以讓其他玩家的火箭倒退。

如果要讓自己控制的火箭在進球往前飛的同時，還可以讓其他玩家的火箭倒退，就必須變更四組火箭的程式積木，不過四組火箭變更的步驟類似，以下先針對第一組火箭的程式變更作解說：

參考解答

1 第一艘火箭（角色 2）的程式需做下列變更。電子積木組 ④ 需新增廣播訊息，再新增 3 組接收訊息對應處理積木。

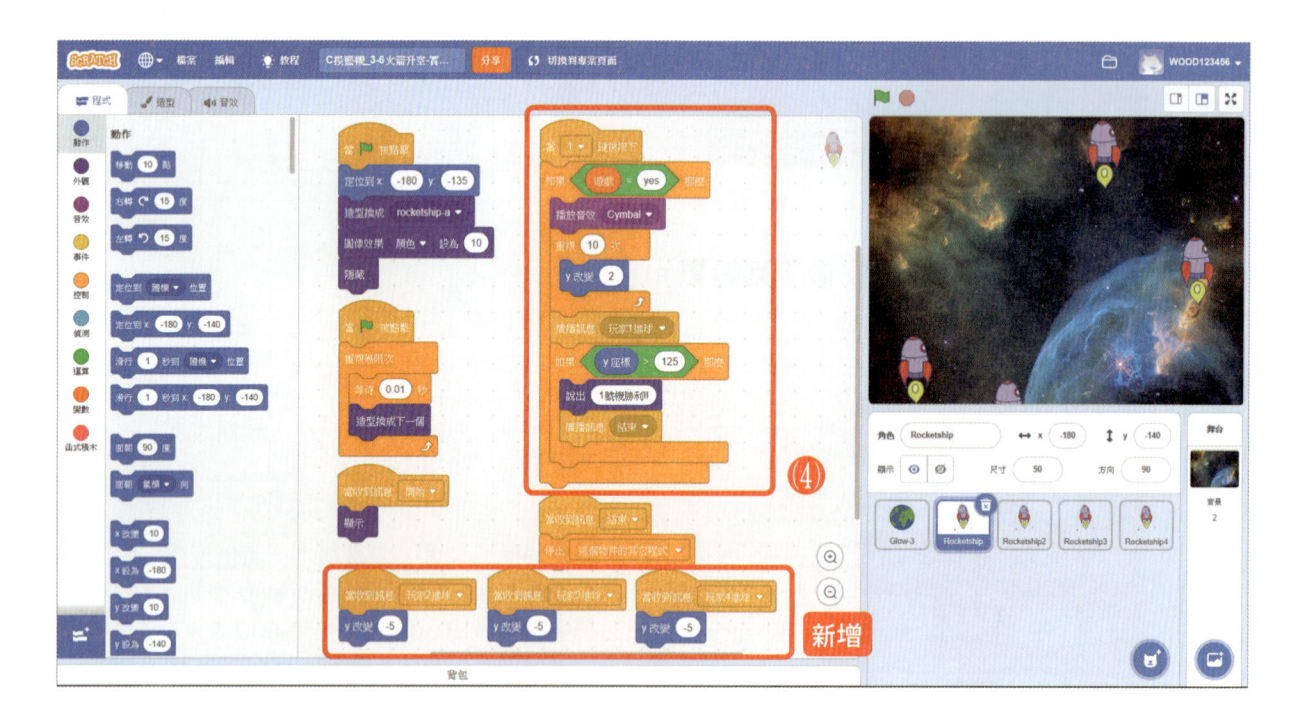

附錄 實作題參考解答

2 第一艘火箭（角色 2）的電子積木組 ④ 增加 1 組電子積木。

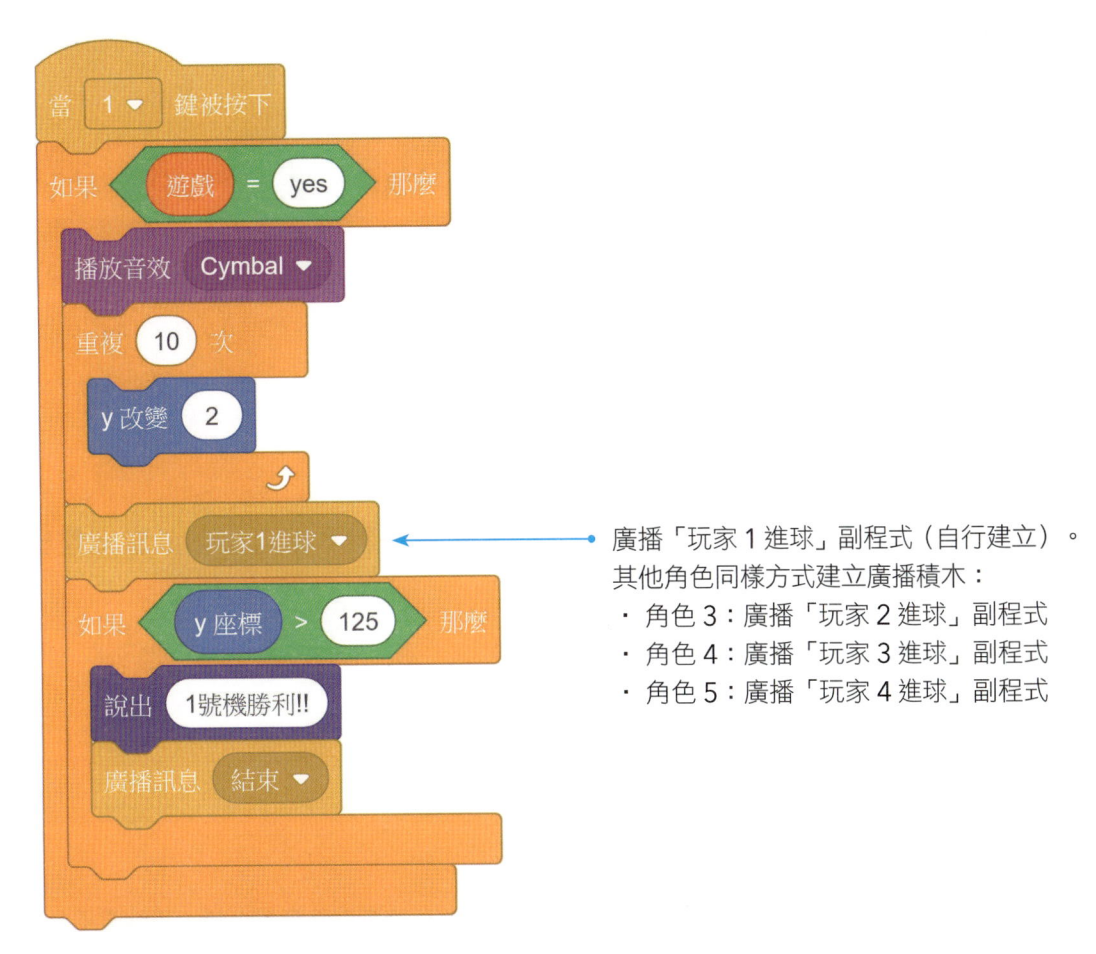

廣播「玩家 1 進球」副程式（自行建立）。
其他角色同樣方式建立廣播積木：
・角色 3：廣播「玩家 2 進球」副程式
・角色 4：廣播「玩家 3 進球」副程式
・角色 5：廣播「玩家 4 進球」副程式

3 第一艘火箭（角色 2）的電子積木組 ④ 變更完成後，接著在另外三艘火箭（角色 3、4、5）程式編輯區內都新增 1 組新的電子積木組。

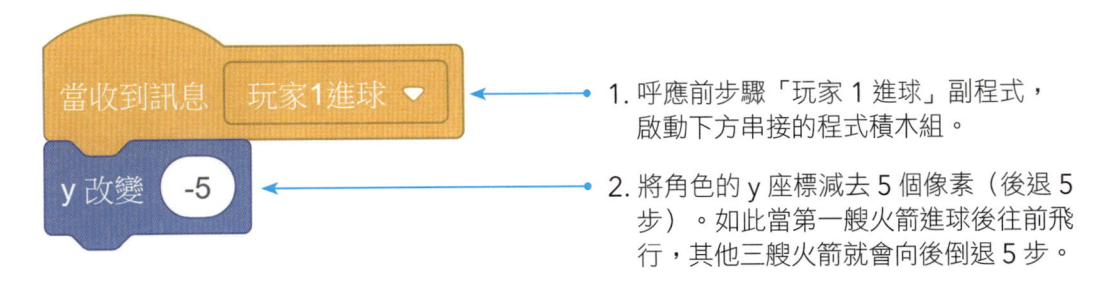

1. 呼應前步驟「玩家 1 進球」副程式，啟動下方串接的程式積木組。

2. 將角色的 y 座標減去 5 個像素（後退 5 步）。如此當第一艘火箭進球後往前飛行，其他三艘火箭就會向後倒退 5 步。

4 當四艘火箭（角色 2、3、4、5）都按照上列步驟完成變更與新增電子積木組，第一艘火箭（角色 2）會再新增下列 3 組電子積木組，意即當其他三艘火箭進球時也會造成第一艘火箭倒退 5 步。另外 3 艘火箭（角色 3、4、5）依此類推。

主題 4　實作題 1

「魔鬼剋星」遊戲程式變化

請修改遊戲程式，讓鬼出現的效果更震撼一點。

參考解答

1 在 9 個角色的電子積木組 ② 內都增加下列 4 組電子積木即可。如此當幽靈出現時會飄動到畫面中央並巨大化。

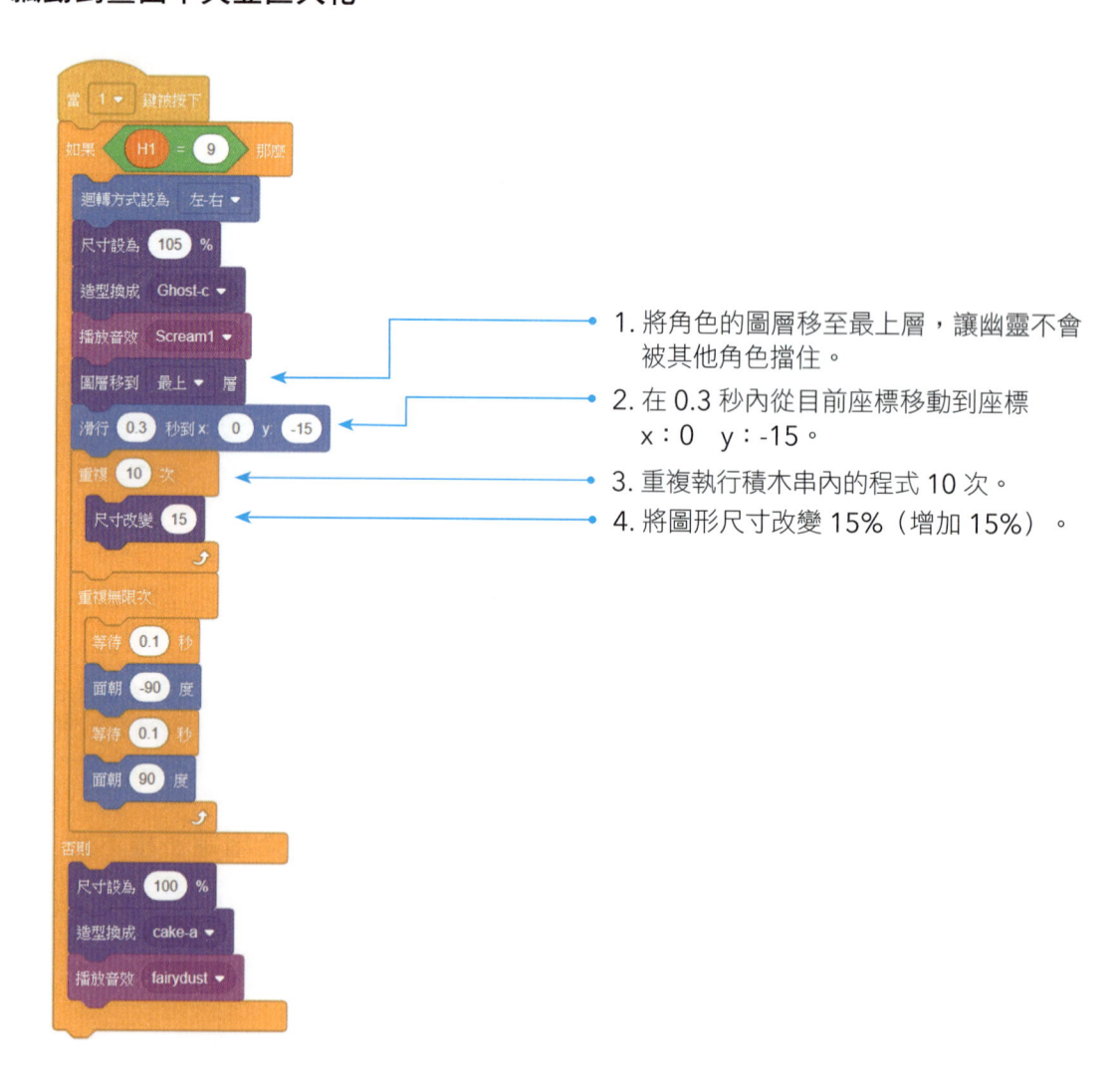

1. 將角色的圖層移至最上層，讓幽靈不會被其他角色擋住。
2. 在 0.3 秒內從目前座標移動到座標 x：0　y：-15。
3. 重複執行積木串內的程式 10 次。
4. 將圖形尺寸改變 15%（增加 15%）。

2 完成後遊戲畫面。

主題 4　實作題 2

「魔鬼剋星加強版」遊戲程式變化

請修改遊戲程式，試著做出由夜晚到清晨的效果，營造期待天明的遊戲氣氛。

參考解答

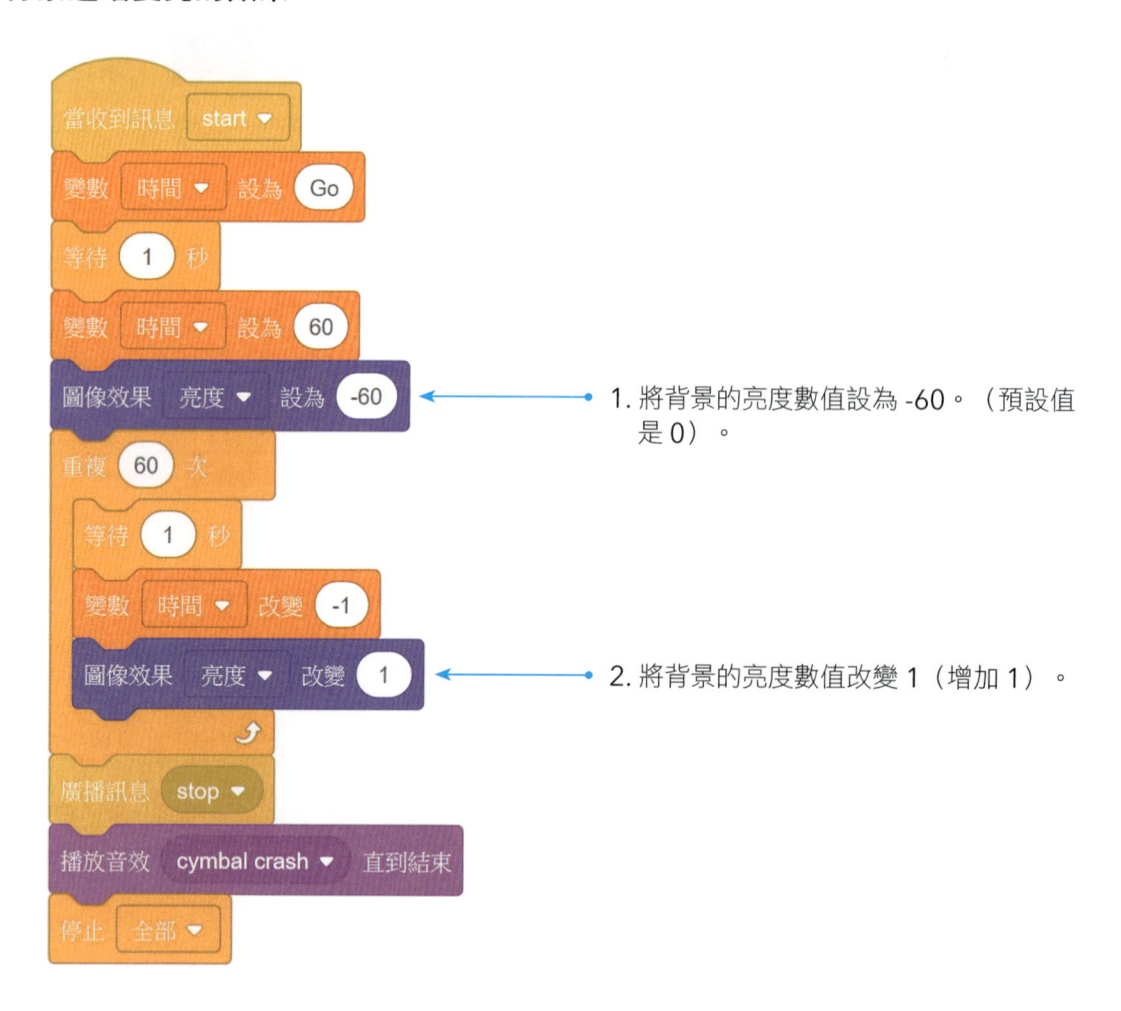

1. 在「舞台」電子積木組 ② 增加 2 組電子積木，就能在 60 秒的遊戲時間內產生 60 次背景遞增變亮的效果。

```
當收到訊息 start
變數 時間 設為 Go
等待 1 秒
變數 時間 設為 60
圖像效果 亮度 設為 -60        ← 1. 將背景的亮度數值設為 -60。（預設值是 0）。
重複 60 次
    等待 1 秒
    變數 時間 改變 -1
    圖像效果 亮度 改變 1      ← 2. 將背景的亮度數值改變 1（增加 1）。
廣播訊息 stop
播放音效 cymbal crash 直到結束
停止 全部
```

附錄　實作題參考解答

2 遊戲開始，背景天黑狀態（亮度數值為 -60）。

3 遊戲經過 60 秒後，背景天亮狀態（亮度數值遞增為 0）。

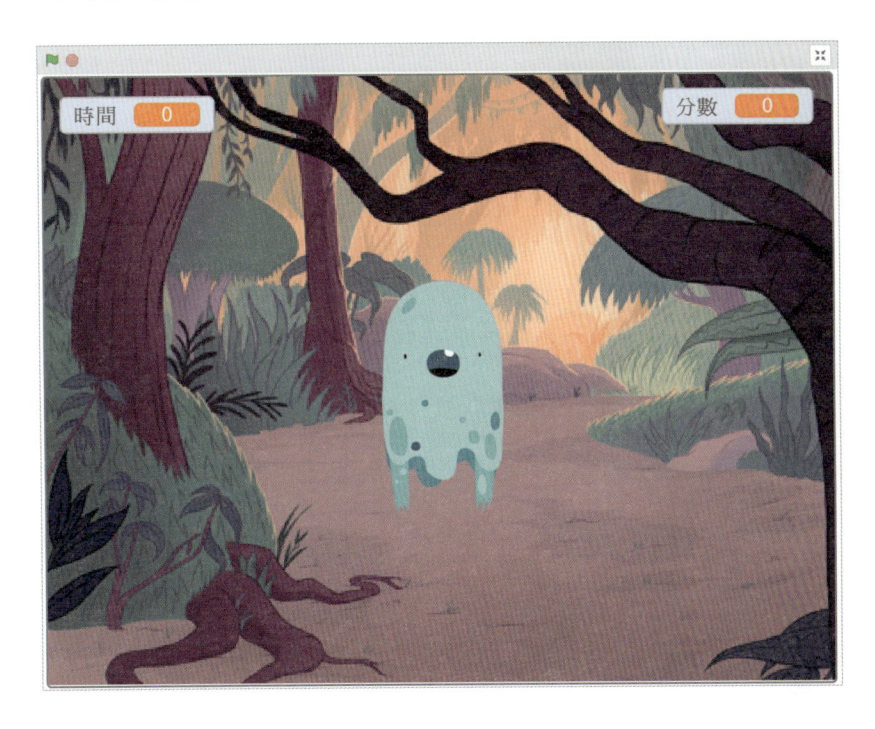

主題 4　實作題 3

「棒球九宮格」遊戲程式變化

請修改遊戲程式，讓球投進球框時不是出現音效，而是唸出對應的球框語音。

參考解答

1 在「角色 1（Baseball1）」的電子積木組 ② 都做下列變更。

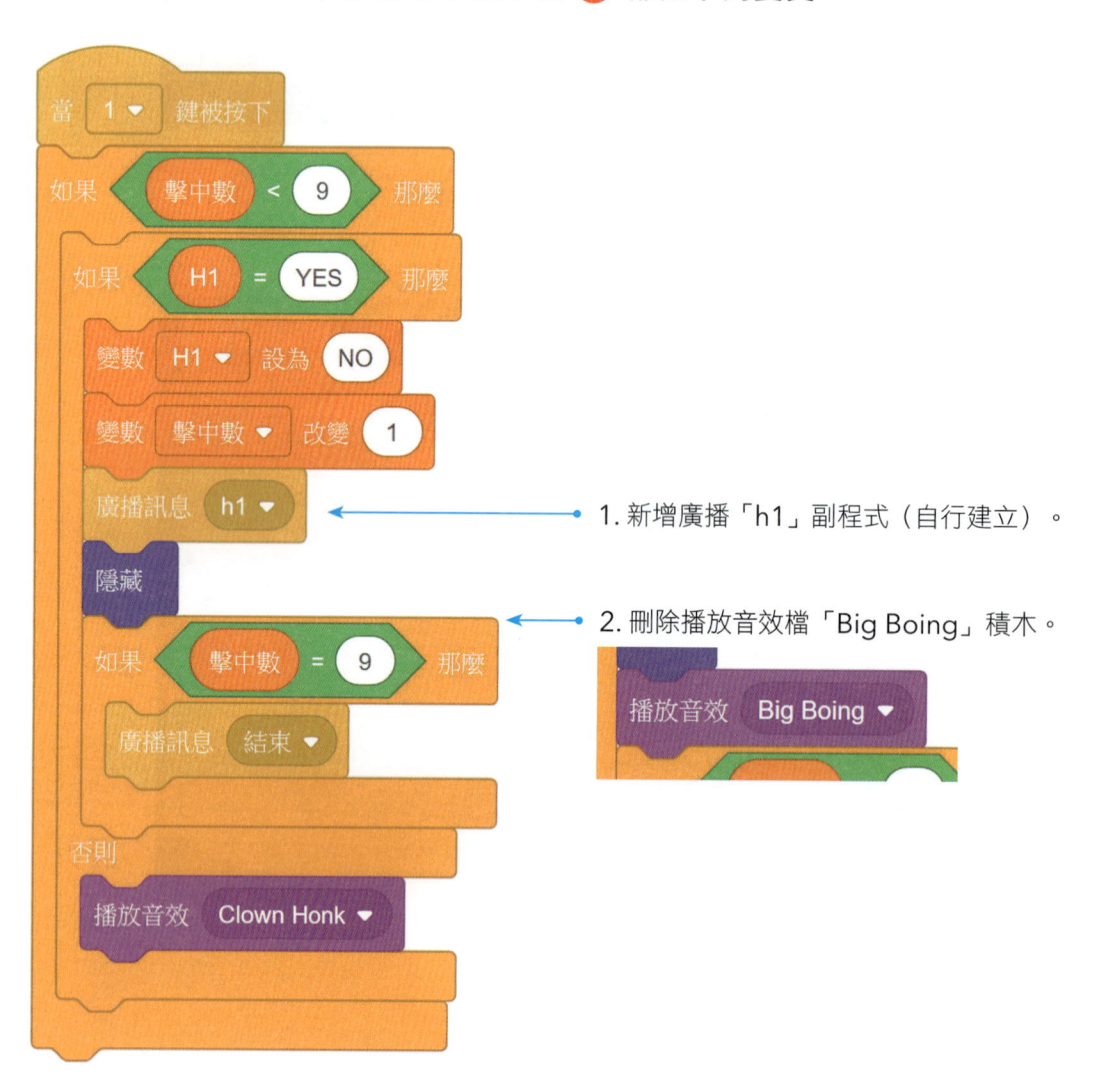

1. 新增廣播「h1」副程式（自行建立）。
2. 刪除播放音效檔「Big Boing」積木。

2 新增「選擇擴充功能」

① 點擊左下角【添加擴展】→選擇【文字轉語音】擴充功能。

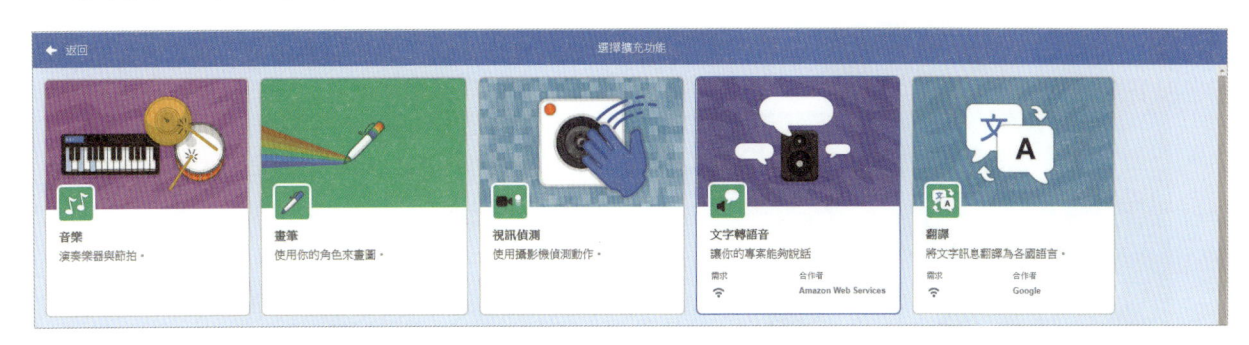

3 新增【文字轉語音】擴充功能後，模組會出現在電子積木群組內，【文字轉語音】新群組內會產生 3 組電子積木。

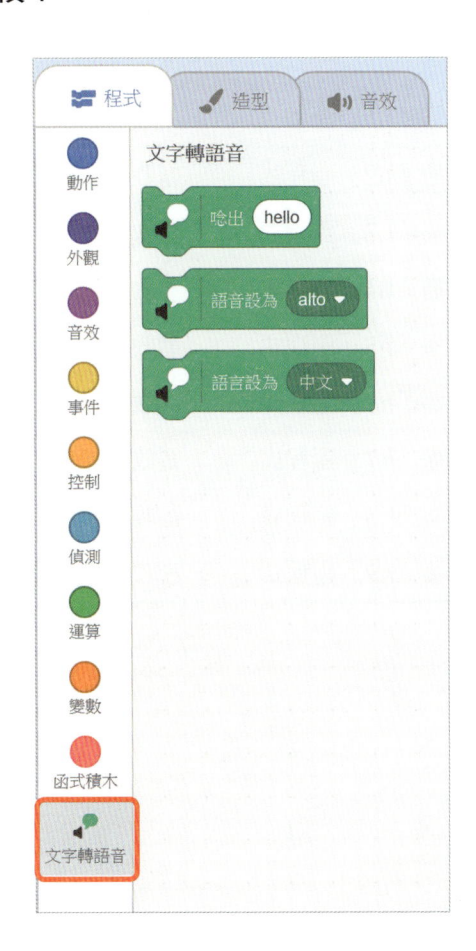

4 在「角色 1（Baseball1）」新增 1 組電子積木組 ③。

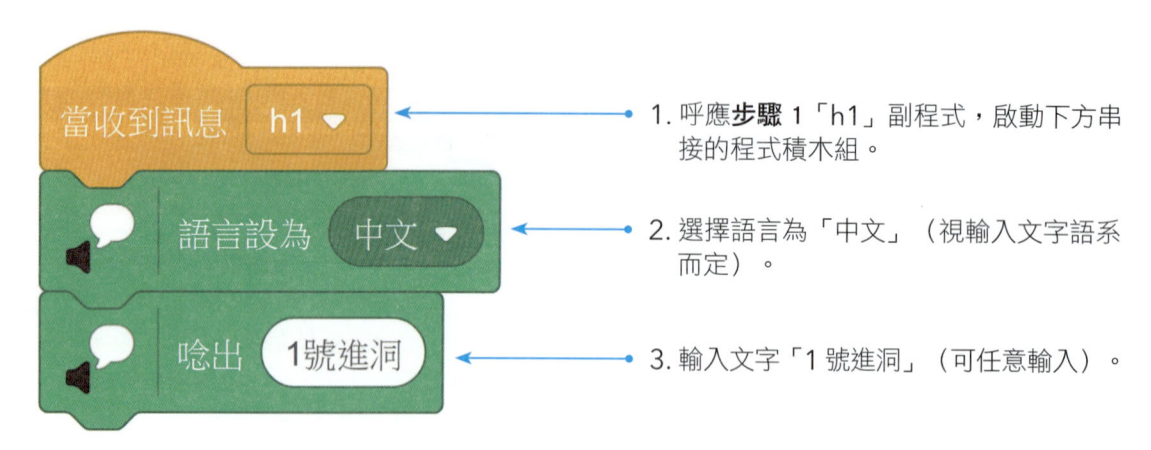

1. 呼應**步驟** 1「h1」副程式，啟動下方串接的程式積木組。
2. 選擇語言為「中文」（視輸入文字語系而定）。
3. 輸入文字「1 號進洞」（可任意輸入）。

5 「角色 1（Baseball1）～角色 9（Baseball9）」的修改步驟相同，內容差別如下表。

角色	電子積木組 ②	電子積木組 ③	
角色 1（Baseball1）	新增廣播「h1」副程式	當收到訊息「h1」	唸出「1 號進洞」
角色 2（Baseball2）	新增廣播「h2」副程式	當收到訊息「h2」	唸出「2 號進洞」
角色 3（Baseball3）	新增廣播「h3」副程式	當收到訊息「h3」	唸出「3 號進洞」
角色 4（Baseball4）	新增廣播「h4」副程式	當收到訊息「h4」	唸出「4 號進洞」
角色 5（Baseball5）	新增廣播「h5」副程式	當收到訊息「h5」	唸出「5 號進洞」
角色 6（Baseball6）	新增廣播「h6」副程式	當收到訊息「h6」	唸出「6 號進洞」
角色 7（Baseball7）	新增廣播「h7」副程式	當收到訊息「h7」	唸出「7 號進洞」
角色 8（Baseball8）	新增廣播「h8」副程式	當收到訊息「h8」	唸出「8 號進洞」
角色 9（Baseball9）	新增廣播「h9」副程式	當收到訊息「h9」	唸出「9 號進洞」

iPOE 單打投籃機套件

產品編號：0120012
建議售價：$700

「投籃機」是一種老少咸宜的休閒遊戲機台，從 8 歲至 80 歲都能入手遊戲。 傳統的投籃機皆為單人輪流比賽，如果善用本「投籃機」的多重組合功能，加上 Scratch Board 強大且容易設計遊戲的優點，就能讓單純的投籃機發揮多種玩法， 還能讓 1 至多人同時進行趣味比賽。除了傳統的投籃機玩法之外，還可以組成一 套「大型投準九宮格」，更多的玩法就靠你天馬行空的想像力。

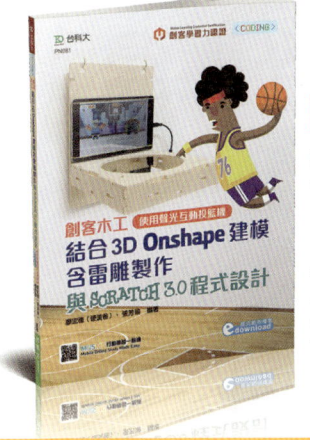

Maker 指定教材

輕課程 創客木工結合 3D Onshape 建模
含雷雕製作與 Scratch 3.0 程式設計
– 使用聲光互動投籃機
（程式範例檔案 download）
書號：PN081
作者：廖宏德（硬漢爸）・張芳瑜
建議售價：$400

產品清單

 投籃機結構板組 ×1	 電控板組 ×1	 感應開關 ×1	 母 - 母連接線 ×1	 掛勾 ×2
 螺絲 ×2	 木工膠 ×1	 束線帶 ×1	 橡皮筋 ×4	 OTG 轉接頭傳輸線 ×1

多機組合	雙打投籃機	九宮格投球機	選配
產品編號	0120012 （iPOE 單打投籃機套件）×2 組	0120012 （iPOE 單打投籃機套件）×1 組 + 0120011 （iPOE 投籃機擴充機構包）×8 組	**iPOE 投籃機擴充機構包** 產品編號：0120011 建議售價：$400
成品圖			

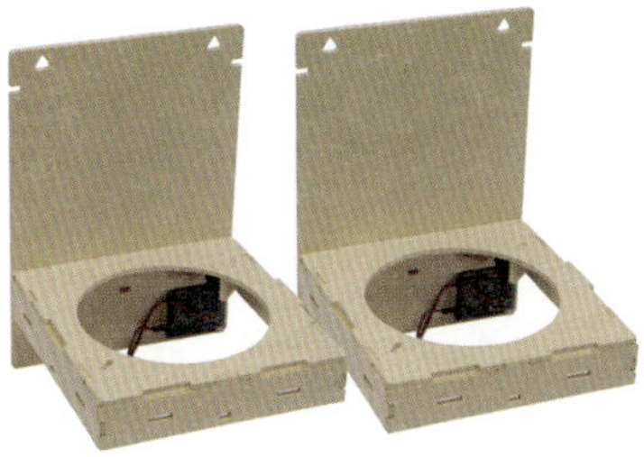

※ 價格 ・ 規格僅供參考　依實際報價為準

JYiC.net 勁園國際股份有限公司 www.jyic.net
諮詢專線：02-2908-5945 或洽轄區業務
歡迎辦理師資研習課程

makeblock
激光寶盒智能雷雕機　專業教育版

500 萬像素超廣角鏡頭結合 AI 電腦視覺演算法，使激光寶盒具備了"辨"的能力，專為教育現場及跨領域學習而量身打造，簡單、安全、易上手！

產品編號：5001307
建議售價：$148,000

介紹影片

唯有「激光寶盒」

簡　單

☑ **所畫即所得**
繪出獨一無二的圖案，無須電腦軟體操作，就算不會繪圖軟體照樣三步完成作品。

☑ **智能魚眼鏡頭**
鏡頭的可視範圍為 49×29cm，搭配軟體可進行自動對焦、自動識別材料種類、智能圖像提取等功能。

☑ **防呆環形碼板材**
軟體透過環形碼可識別板材種類、板材厚度，自動設定最佳化參數，不須做複雜設定。

☑ **機台啟動自動校正**
具有 AI 圖像矯正演算法，激光寶盒移動位置後，不需要經過複雜校正，開機即可使用。

☑ **輕鬆搬運的體積與重量**
體積適中，不笨重，容易搬移，移動後無須特別設定，活動展示使用率更高。

☑ **全機一開關**
單一按鈕擺脫繁瑣的控制面板，參數可由電腦端軟體設定，具有持續更新的優勢。

安　全

☑ **輸入電壓 110V**
符合台灣用電環境，不須額外拉 220V 的電。

☑ **煙霧淨化器四層高效過濾**
可吸附 99.7% 大小為 0.3 微米的懸浮顆粒，對 PM2.5 去除率超過 99%，確實去除煙塵、味道不刺激。

☑ **開蓋即停、斷訊後續工**
具有氣壓頂桿，開蓋會半自動彈起，且在工作中斷後，可繼續工作。

☑ **多種高性能感測器**
雷射高溫預警、水冷系統水位預警、雷射頭復位預警、鏡頭異常預警、濾芯堵塞預警等安全性功能。

加購
激光寶盒煙霧淨化器濾芯包（3 個裝）
產品編號：5001308　　建議售價：$4,000
激光寶盒尼龍布伸縮風管（10 公尺）
產品編號：5001309　　建議售價：$980
iPOE 大型設備安裝說明與運費
產品編號：4090022　　建議售價：$5,000

※ 價格 · 規格僅供參考　依實際報價為準

JYiC.net 勁園國際股份有限公司　www.jyic.net
諮詢專線：02-2908-5945 或洽轄區業務
歡迎辦理師資研習課程

- 網狀工作平臺
  · 特殊工藝處理
  · 不會變色
- 40W 功率雷射管
  500 萬像素超廣角攝像頭
- 智能煙霧淨化器
  · 智能調節風量
  · 含一個高效濾心
- 氣壓緩衝頂桿
- 環形燈按鈕，一鍵執行
  · 擺脫繁瑣的控制台
  · 所有設定都在電腦端軟體完成
- 內置碎屑託盤

※ 輸入電壓 110V

Maker 指定教材

輕課程 玩轉創意雷雕與實作
使用激光寶盒 LaserBox（範例 download）
書號：PN004　作者：許栢宗・木百貨團隊
建議售價：$300

產品 超 智 能

所畫即所得，3 步即可完成切割
無需電腦專業作圖軟體，只需在材料繪製出圖案，按下按鍵依照圖案進行切割／雕刻，三步即可讓創意快速成型。

智能識別材料，自動設置參數，自動對焦
通過識別材料上的環形碼，軟體自動設置好與當前材料匹配的參數。具備自動對焦功能，激光寶盒移動位置後，不需要再次校正。

自動掃描操作介面，在任意位置切割／雕刻
激光寶盒配備 500 萬像素廣角鏡頭，使雷射內的材料可顯示在軟體介面上，用戶可將導入的圖形拖動到材料的任意位置，按下按鈕，開啟一鍵切割／雕刻。

智能圖像提取
你可以提取任意物體（書籍，畫冊等）表面上的圖案到軟體中，並將其應用到自己的創作中。

智能路徑規劃，工時預覽，任務即時同步
激光寶盒內置智慧路徑規劃演算法，大幅提升雷射的工作效率，你可以在軟體介面即時查看工作進度和剩餘時間，時刻掌控你的工作進程。

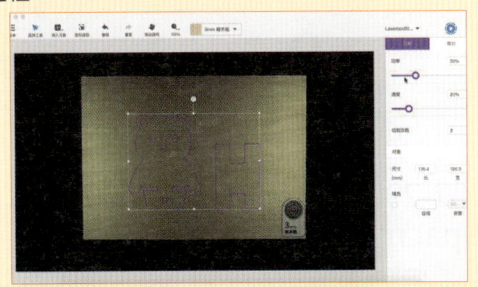

開蓋即停，智慧煙霧淨化，安全節能環保
智慧煙霧淨化器會在雷射工作時自動開啟，並根據當前操作（切割／雕刻）自動調整風量大小，將切割產生的煙霧吸走並過濾。

Maker Learning Credential Certification
創客學習力認證

創客學習力認證精神

以創客指標6向度：外形（專業）、機構、電控、程式、通訊、AI難易度變化進行命題，以培養學生邏輯思考與動手做的學習能力，認證強調有沒有實際動手做的精神。

MLC 創客學習力證書，累積學習歷程

學員每次實作，經由創客師核可，可獲得單張證書，多次實作可以累積成歷程證書。
藉由證書可以展現學習歷程，並能透過雷達圖及數據值呈現學習成果。

創客師 核發 **Maker Learning Credential Certification 創客學習力認證** → **學員**

學員收穫：
1. 讓學習有目標
2. 診斷學習成果
3. 累積學習歷程

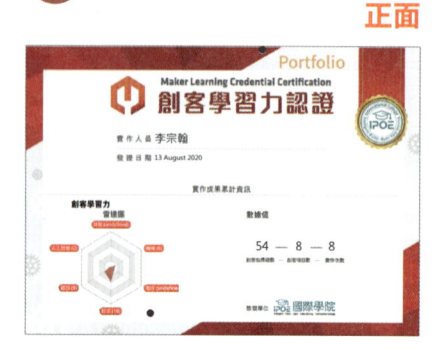

單張證書

歷程證書
正面
反面

雷達圖診斷
1. 興趣所在與職探方向
2. 不足之處

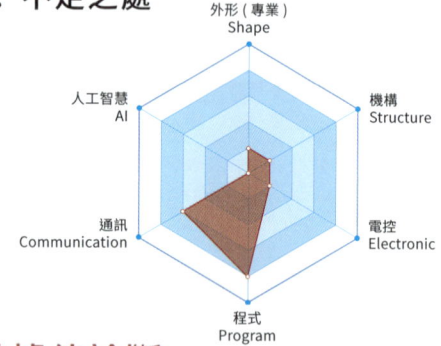

外形（專業）Shape
機構 Structure
電控 Electronic
程式 Program
通訊 Communication
人工智慧 AI

數據值診斷
1. 學習能量累積
2. 多元性（廣度）學習或專注性（深度）學習

9 — 1 — 1
創客指標總數 — 創客項目數 — 實作次數

iPOE 國際學院

諮詢專線：02-2908-5945 # 132
聯絡信箱：pacme@jyic.net

書　　　名	創客木工結合3D Onshape建模 含雷雕製作與Scratch 3.0 程式設計-使用聲光互動投籃機
書　　　號	PN081
版　　　次	109年9月初版
編 著 者	廖宏德（硬漢爸）・張芳瑜
總 編 輯	張忠成
責 任 編 輯	曲禹宣
校 對 次 數	9次
版 面 構 成	楊蕙慈
封 面 設 計	楊蕙慈

國家圖書館出版品預行編目資料

創客木工結合3D Onshape建模含雷雕製作與Scratch 3.0 程式設計-使用聲光互動投籃機/廖宏德・張芳瑜
-- 初版. -- 新北市：台科大圖書, 2020.09
面；　公分
ISBN 978-986-523-056-2（平裝）
1.電腦遊戲　2.電腦動畫設計
312.8　　　　　　　109010346

出 版 者	台科大圖書股份有限公司
門 市 地 址	24257新北市新莊區中正路649-8號8樓
電　　　話	02-2908-0313
傳　　　真	02-2908-0112
網　　　址	tkdbooks.com
電 子 郵 件	service@jyic.net
版 權 宣 告	**有著作權　侵害必究** 本書受著作權法保護。未經本公司事前書面授權，不得以任何方式（包括儲存於資料庫或任何存取系統內）作全部或局部之翻印、仿製或轉載。 書內圖片、資料的來源已盡查明之責，若有疏漏致著作權遭侵犯，我們在此致歉，並請有關人士致函本公司，我們將作出適當的修訂和安排。
郵 購 帳 號	19133960
戶　　　名	台科大圖書股份有限公司 ※郵撥訂購未滿1500元者，請付郵資，本島地區100元 / 外島地區200元
客 服 專 線	0800-000-599
網 路 購 書	PChome商店街　JY國際學院 博客來網路書店　台科大圖書專區
各服務中心	總　公　司　02-2908-5945　　台中服務中心　04-2263-5882 台北服務中心　02-2908-5945　　高雄服務中心　07-555-7947
	線上讀者回函 歡迎給予鼓勵及建議 tkdbooks.com/PN081